LES PLANTES INDUSTRIELLES

PAR

GUSTAVE HEUZÉ

MEMBRE DE LA SOCIÉTÉ NATIONALE D'AGRICULTURE
INSPECTEUR GÉNÉRAL HONORAIRE DE L'AGRICULTURE

TOME IV

Plantes narcotiques, saccharifères,
pseudo-alimentaires, lactifères, résineuses, astringentes
médicinales et funéraires.

TROISIÈME ÉDITION — 55 FIGURES

PARIS

LIBRAIRIE AGRICOLE DE LA MAISON RUSTIQUE
26, RUE JACOB, 26

LES PLANTES

INDUSTRIELLES

IV

OUVRAGES DU MÊME AUTEUR

Les Assolements et les systèmes de culture, 2ᵉ édition (*en préparation.*)

Les Matières fertilisantes, 5ᵉ édition (*en préparation*).

Les Plantes alimentaires : les céréales et les gros légumes.

Les Plantes fourragères. 2 vol. in-18.

Tome Iᵉʳ : *Les Plantes à racines et à tubercules, et les plantes cultivées pour leurs feuilles* : betteraves, carottes, panais, raves, navets, rutabagas, pommes de terre, topinambours, choux à vaches. 5ᵉ édit. 1 vol. in-18 de 324 pages et 89 figures... 3. 50

Tome II : *Les Prairies artificielles :* luzerne, sainfoin, ajonc, ray-grass, etc.; trèfle, lupuline, vesce, etc.; mélanges et feuillards. 5ᵉ édit. 1 vol. in-18 de 396 pages et 52 figures............................ 3. 50

Les Pâturages, les Prairies naturelles et les Herbages : pâturages permanents et temporaires ; classification des prairies naturelles, flore des prairies, création, entretien et irrigation des prairies, fenaison, valeur alimentaire des produits ; création des herbages, clôtures et abreuvoirs, soins d'entretien ; location des herbages. 3ᵉ édit. 1 vol. in-18 de 372 pages et 47 figures... 3. 50

Les Plantes industrielles. 4 vol. in-18. 3ᵉ édition.

Tome Iᵉʳ : Plantes textiles ou filamenteuses de sparterie, de vannerie et à carder. 1 vol. in-18 de 364 pages et 50 figures............ 3. 50

Tome II : Plantes oléagineuses, tinctoriales, saponaires, tannifères et salifères. 1 vol. in-18 de 432 pages et 69 figures.................. 3. 50

Tome III : Plantes aromatiques, à parfums, à épices et condimentaires. 1 vol. in-18 de 360 pages et 48 figures...................... 3. 50

Tome IV : Plantes narcotiques, saccharifères, pseudo alimentaires, lactifères, résineuses, astringentes, médicinales et funéraires. 1 vol. in-18 de 386 pages et 55 gravures.

La Pratique de l'agriculture. 2 vol. in-18.

Tome Iᵉʳ : Les agents de la production ; les opérations culturales (labours, hersages, roulages, etc.) ; l'application des engrais; les semailles. 1 vol. in-18 de 368 pages et 141 figures.......................... 3. 50

Tome II : Les cultures d'entretien (sarclages, binages, etc.) ; la fenaison ; la moisson ; le nettoyage et la conservation des produits ; l'organisation et la direction de l'exploitation. 1 vol. in-18 de 360 pages et 71 figures... 3. 50

Le Porc, historique, caractères, races ; élevage et engraissement; abatage et utilisation, études économiques, 4ᵉ édition. 1 vol. in-18 de 322 pages et 50 gravures.. 3. 50

Culture du Pavot. In-18 de 144 pages............................ 0. 75

Lectures et dictées |d'agriculture. In-12 de 128 pages.......... 0. 75

Typographie Firmin-Didot et Cⁱᵉ. — Mesnil (Eure).

LES PLANTES INDUSTRIELLES

PAR

GUSTAVE HEUZÉ

MEMBRE DE LA SOCIÉTÉ NATIONALE D'AGRICULTURE
INSPECTEUR GÉNÉRAL HONORAIRE DE L'AGRICULTURE

TOME IV

Plantes narcotiques, saccharifères,
pseudo-alimentaires, lactifères, résineuses, astringentes,
médicinales et funéraires.

TROISIÈME ÉDITION. — 55 FIGURES

PARIS

LIBRAIRIE AGRICOLE DE LA MAISON RUSTIQUE

26, RUE JACOB, 26

1895

AVANT-PROPOS.

—————

Sous le titre de PLANTES INDUSTRIELLES on comprend tous les végétaux annuels ou vivaces, herbacés ou ligneux, dont les produits sont principalement destinés aux arts et aux industries. Quand ils concourent à l'alimentation de l'homme, ils n'y participent que d'une manière secondaire.

La présente édition a été revue et notablement augmentée. Elle comprend quatre volumes renfermant les cultures des plantes suivantes :

TOME I.

Plantes textiles ou filamenteuses. — Plantes de sparterie et de vannerie. — Plantes à carder.

Lin, chanvre commun, cotonnier, corètes, ramie, chanvre d'Australie, de Manille et du Mexique, alfa, papyrus, agave, aloès, roseau canne, bambou, rotang, osier, cardère ou chardon à foulon, etc., etc.

TOME II.

Plantes oléagineuses. — Plantes saponaires. — Plantes tinctoriales. — Plantes tannifères. — Plantes salifères.

Colza, navette, cameline, pavot-œillette, arachide, sésame,

ricin, gaude, safran, épine-vinette, garance, curcuma, rocouyer, bois de Brésil, henné, pastel, indigotier, cactus à cochenille, orcanette, arbres à huile et à suif, sumac, écorces à tanin, salicor, etc., etc.

TOME III.

Plantes aromatiques. — Plantes à parfums. Plantes à épices et condimentaires.

Houblon, anis, coriandre, fenouil, angélique, rosier, jasmin, tubéreuse, cassie, héliotrope, géranium rosat, menthe, lavande, vanille, benjoin, citronnelle, myrrhe, vétiver, patchouli, bois de santal, eucalyptus, benjoin, myrrhe, poivrier, cannellier, giroflier, muscadier, moutarde, etc., etc.

TOME IV.

Plantes narcotiques. — Plantes sacchariffères. — Plantes pseudo-alimentaires. — Plantes gommo-résineuses. — Plantes astringentes. — Plantes médicinales. — Plantes funéraires.

Tabac, pavot à opium, canne à sucre, betterave saccharine, caféier, thé, chicorée à café, cacaoyer, coca, camphrier, baumes, cachou, gutta-percha, caoutchouc, kino, réglisse, rhubarbe, absinthe, guimauve, quinquina, camomille, gingembre, aloès, immortelle d'Orient, coïx lacryma, etc., etc.

Les plantes mentionnées dans cet ouvrage sont très nombreuses; elles complètent celles décrites dans les volumes portant les titres suivants : *les Pâturages, les Prairies naturelles et les Herbages; — les Plantes fourragères; et les Plantes alimentaires.*

Versailles, le 15 août 1894.

TABLE DES CHAPITRES

DU TOME IV.

Les arbres résineux.

Les arbres lactifères.

Les arbres astringents.

V. — PLANTES MÉDICINALES

VI. — PLANTES FUNÉRAIRES

FIN DE LA TABLE DES CHAPITRES DU TOME IV.

LES
PLANTES INDUSTRIELLES

PREMIÈRE PARTIE

PLANTES NARCOTIQUES.

Sous le nom de *plantes narcotiques* j'ai réuni : 1° le *tabac*, qui est très cultivé en France et dont la consommation prend chaque année plus d'extension ; 2° le *pavot* qui fournit l'*opium*, dont la Chine et l'Inde font une si grande consommation ; 3° la *laitue*, qui fournit le produit connu en pharmacie sous le nom de *lactucarium*.

La culture du tabac est aussi détaillée qu'elle devait être. Je n'ai pas négligé de rappeler les conditions impérieuses que la loi impose aux planteurs français, et j'ai regardé comme utile de dire un mot de la fabrication des divers tabacs, afin de faire connaître aux cultivateurs les feuilles qui sont regardées comme bonnes et celles qui sont jugées comme étant de qualité très secondaire.

J'ajouterai que je n'ai pas omis de signaler les opérations culturales adoptées dans les pays européens, dans l'Asie ou l'Amérique, lorsqu'elles méritaient de fixer l'attention des cultivateurs français.

CHAPITRE PREMIER.

TABAC OU NICOTIANE.

NICOTIANA TABACUM, L.

Plante dicotylédonc de la famille des Solanées.

Anglais. — Tobacco.   *Persan.* — Tanbaku.
Allemand. — Tabak.   *Italien.* — Tabacco.
Russe. — Tiotion.   *Espagnol.* — Tabaco.
Arabe. — Doccham.   *Danois.* — Tobak.

Historique. — Lieux de production. — Législation française. — Mode de végétation. — Composition. — Espèces et variétés. — Terrain. — Permis de culture. — Refus et retrait de permis. — Semis. — Germination des graines. — Transplantation. — Engrais nécessaire. — Arrachage des plants. — Exécution de la plantation. — Soins d'entretien. — Premier inventaire. — Écimage. — Nombre de feuilles à conserver par pied. — Épamprement. — Deuxième inventaire. — Ébourgeonnement. — Agents atmosphériques. — Animaux, plantes et insectes nuisibles. — Récolte des graines. — Récolte des feuilles. — Transport du tabac au séchoir. — Seconde récolte ou regain. — Dessiccation du tabac. — Effeuillaison des tiges. — Mise en tas. — Triage des feuilles. — Mise en manoques. — Mise en masse des manoques. — Emballage des tabacs. — Livraison. — Dénombrement des feuilles au magasin. — Classement. — Balance des comptes des planteurs. — Culture du tabac pour l'exportation. — Vol de tabac. — Motifs d'interdiction de culture. — Produit par hectare. — Prix des tabacs. — Qualité des tabacs. — Fabrication du tabac en poudre, à fumer, à mâcher, en cigares et en cigarettes.

Historique.

Le tabac, dédié à Nicot ambassadeur de France en Portugal, est originaire de l'Amérique méridionale. Neander dit dans sa *Tabacologia* publiée en 1626, que cette plante a été importée en Europe, en 1619, par Fernand Cortez, de la province de Tabasco (Yucatan) ou de l'île de Tabago;

mais généralement on se plaît à dire que c'est Christophe Colomb qui fit connaître pour la première fois aux Européens, à la fin du quinzième siècle, que les Indiens aspiraient la fumée d'une herbe qu'ils brûlaient dans un appareil à deux branches appelé *tabacco,* et ce fut François Hernandez, de Tolède, qui envoya cette plante, en 1520, en Espagne et en Portugal. C'est le cardinal de Sainte-Croix qui l'introduisit en Italie. L'Angleterre l'a connue en 1570 par les soins de François Drake; mais c'est Walter Raleigh qui la vulgarisa dans ce royaume après son retour de la Virginie, en 1586.

Est-ce à Nicot que revient l'honneur d'avoir introduit le tabac en France? L'opinion générale, basée sur la tradition, résout affirmativement cette question. L'histoire ne permet pas d'adopter une telle opinion. C'est le cordelier André Thevet, né à Angoulême, qui, le premier, le fit connaître, ainsi que le contaste l'ouvrage qu'il a publié en 1558, c'est-à-dire deux ans avant l'envoi fait par Nicot, seigneur de Villemain, au grand prieur de France pour qu'il le remît, à Catherine de Médecis, et deux ans après l'avoir importé du Brésil et désigné sous le nom d'*herbe angoulmoisine* (1).

Le tabac était connu à Java en 1496, c'est-à-dire deux années après l'arrivée de Christophe Colomb, et à Saint-Domingue avant la découverte de l'Amérique. On connaît le tabac en Perse depuis 1660.

Si l'on doit à Thevet les premières graines de tabac, c'est à Nicot que revient l'honneur d'avoir rendu populaire cette *herbe estrange,* en la propageant sous les noms d'*herbe à l'ambassadeur,* d'*herbe au grand prieur,* de *nicotiane,* noms auxquels on substitua plus tard les dénominations suivantes : *herbe à la reine, catherinaire, herbe médicée* (2).

(1) Thevet devint en 1558 aumônier de Catherine de Médicis.

(2) Au Brésil, les Tupinambas nomment le tabac *petun*; les Bretons l'appellent *betun*. Cette similitude de nom permet de dire que Thevet

Malgré l'édit de Jacques Ier, roi d'Angleterre, en 1619, l'ordonnance d'Amurat IV, sultan turc, la bulle du pape Urbain VIII, en 1624, et l'édit de Michel Federowitch, czar de Russie, qui en défendirent l'usage pendant les seizième et dix-septième siècles, le tabac est aujourd'hui connu dans toutes les parties du monde et partout on le fume et on le prise avec plaisir.

Lieux de production.

Le tabac est cultivé en France dans dix-neuf départements, et dans les colonies françaises, à la Martinique, à la Guadeloupe, à la Guyane, en Cochinchine et en Algérie. La culture est libre dans ces colonies. L'Algérie récolte le tabac appelé *chebly,* qui est de qualité secondaire.

Cette plante est aussi cultivée en Belgique, dans les Flandres orientale et occidentale et dans le Hainaut, en Hollande, en Suisse et en Allemagne ; elle a une grande importance dans la Livonie et la Silésie et dans les provinces centrales et méridionales de la Russie, et principalement dans les gouvernements de Tchernigow et de Poltava. En Prusse, la culture du tabac est importante dans les territoires de Dantzig, Francfort, Kœnigsberg et Overbruck. En Autriche, cette culture n'est pratiquée que dans la Transylvanie, la Galicie, la partie méridionale du Tyrol et dans la Hongrie. Les tabacs hongrois les plus estimés pour la pipe sont le *Tulnœur* et le *Kospallager ;* et pour la poudre le *Zigediner* et le *Funkirhner.* Le tabac *Debreczin* sert à faire des cigares et le tabac *Szeghedin* du tabac à fumer.

Les tabacs récoltés en Italie fument mal, mais on fabrique de bonne poudre avec le tabac de Salerne.

Dans l'Asie, cette culture est plus ou moins importante

a dû en envoyer sous le premier nom dans l'ancienne province de Bretagne.

en Turquie, Perse, en Cochinchine, Chine, dans l'Inde et au Japon. Les tabacs de Syrie les plus recherchés sont d'abord le tabac noir de Sinai, ceux de Yenidjé-Karasou, puis les tabacs brun clair de Salonique, Alep, Djebal et Yanina, et ensuite les tabacs dits *Latakieh* ou *Latakié* et le tabac *Tombaki* qui sont très parfumés. Les meilleurs tabacs de Manille et des Philippines sont partout regardés comme de premier choix. Ceux de Perse et principalement les tabacs de Chiraz sont remarquables par leur belle qualité. Les tabacs de Java et de Sumatra sont fins et très parfumés. Au nombre des tabacs récoltés dans la Macédoine, on distingue principalement ceux qu'on récolte dans les plaines et qu'on nomme *Guibeck*. Ceux d'Anatolie et surtout ceux de Trébizonde sont très forts ; ils sont moins cherchés que les tabacs de Bafra.

L'Amérique septentrionale produit d'excellents tabacs. On connaît depuis longtemps la qualité des tabacs de Virginie, Maryland, Kentucky et de la Havane. La Louisiane, la Pensylvanie, l'Indiana et le Connecticut cultivent aussi le tabac sur de vastes surfaces. Les meilleurs tabacs de l'île de Cuba sont ceux de Vuelta de Abejo, Vuelta de Arriba et de Partidas. Ceux de Porto-Rico sont bons, mais les tabacs de Santiago leur sont inférieurs en qualité. Le tabac est aussi cultivé à Guatemala, Haïti, au Mexique et à la Jamaïque.

L'Amérique du Sud produit aussi beaucoup de tabac ; sa culture, en effet, est assez étendue au Brésil, et surtout dans les plaines voisines de San-Salvador, au Chili, Bolivie, Paraguay, Pérou, Mexique, Vénézuéla, Guyane, etc.

L'Afrique cultive aussi le tabac en Égypte, à la Guinée où il est appelé *toah*, à Madagascar, aux Açores. En général les tabacs africains sont peu recherchés, quoiqu'ils aient une couleur claire, parce qu'ils ne sont pas très combustibles, défaut qui tient à ce que les terrains où ils sont cultivés contiennent très peu de potasse.

On récolte aussi du tabac à la Nouvelle-Galles du Sud, à Victoria, à Queensland, à la Nouvelle-Guinée, à Java et à Manille. Ce dernier tabac est apprécié par les Hollandais.

Dans l'Océanie où il est cultivé depuis 1601, il alterne avec le riz dans les rizières, afin qu'on puisse l'arroser pendant sa végétation.

Le *tabac Macouba* qu'on cultivait autrefois très en grand à la Macouba, terroir de la côte septentrionale de la Martinique, et qui était très renommé pour ses qualités, a perdu de son importance depuis qu'on a donné beaucoup d'extension à la culture de la canne à sucre.

La culture et la vente du tabac sont libres en Hollande, en Belgique, en Suisse, en Hongrie, etc. Elle est restreinte ou limitée en France, en Autriche, en Italie, en Prusse, etc. Elle est complètement interdite en Angleterre depuis le règne de Charles II ; mais le commerce y est libre moyennant un droit de douane de 4 fr. 40 par livre et une licence imposée aux fabricants et aux débitants. La culture du tabac est aussi prohibée en Espagne.

Législation française.

C'est sous le règne de Louis XIII, en 1621, qu'on songea pour la première fois à frapper le tabac d'une taxe de 2 fr. par 100 livres. De 1674, jusqu'en 1697, la perception de cet impôt fut dans les attributions de la Ferme générale. Voici ce que rapportait alors la Ferme des tabacs :

1680............................	500 000 livres.
1690............................	1 500 000 —
1710............................	1 700 000 —
1718............................	2 200 000 —
1720............................	4 200 000 —

A dater de 1723 jusqu'en 1747, la Ferme des tabacs fut

régie par la Compagnie des Indes. Depuis cette dernière époque jusqu'en 1781, la Ferme des tabacs fut réunie aux autres droits (1).

Au dix-septième siècle, l'impôt de 40 sous par 100 livres fut élevé, en 1632, à 7 livres et en 1664 à 10 livres. Les tabacs exotiques ne payaient que 4 livres. Sous Louis XIV, le tabac se vendait 25 sous la livre au détail.

La culture de cette plante devint libre de 1791 à 1793. A partir de cette époque jusqu'en 1810, on imposa une licence à tous les marchands de tabac. C'est le 29 décembre 1810 que parurent les décrets qui ordonnèrent que la fabrication et la vente des tabacs seraient faites à l'avenir par le gouvernement. L'État, depuis cette époque, a conservé le monopole exclusif de l'achat, de la fabrication et de la vente de tous les tabacs et cigares.

Voici quelques chiffres indiquant l'importance de la vente des tabacs et des bénéfices réalisés annuellement par la Régie :

Années.	Recettes.	Dépenses.	Bénéfices.
1815.....	53 872 857 fr.	13 427 014 fr.	32 123 303 fr.
1825.....	67 332 718 —	22 306 810 —	44 030 453 —
1835.....	74 433 720 —	22 003 524 —	51 700 181 —
1845.....	111 899 920 —	32 096 811 —	82 534 494 —
1855.....	153 197 415 —	53 746 326 —	113 816 271 —
1856.....	164 218 310 —	38 268 869 —	120 975 140 —

Ainsi, en quarante ans, les bénéfices de la Régie ont presque quadruplé. Il est très probable qu'ils continueront de s'accroître (2).

(1) La Franche-Comté, l'Alsace, l'Artois, le Hainaut, le Cambrésis et la Flandre, par exception, n'étaient pas soumis au privilège de la Ferme générale.

(2) Le chiffre de la consommation annuelle du tabac en France s'élève, par chaque habitant, à 937 grammes valant 9 fr. 73. La consommation individuelle en Belgique est au moins deux fois plus forte.

Le bénéfice réalisé en 1862 s'est élevé à 167.173.492 fr., en 1875 à 312.432.471 fr., et en 1893 à 374.001.707 fr.

Les bénéfices encaissés par l'État, de 1811 à 1858, ont atteint 3.044.073.536 fr.

Le prix moyen de vente a été, en 1891, de 9 fr. 64 le kilogramme.

Voici les quantités de feuilles que les planteurs français ont livrées à l'administration des contributions indirectes :

Années.	Kilogrammes.	Valeur.	Prix moyens des 100 kilog.
1815.....	3 810 480	3 017 813 fr.	79 fr.
1825.....	8 552 428	5 631 689 —	66 —
1835.....	11 226 301	8 199 884 —	73 —
1845.....	11 976 114	8 858 048 —	74 —
1855.....	15 318 915	11 684 000 —	70 —
1856.....	15 816 282	12 147 784 —	76 —

L'État a acheté à l'étranger en :

1856...........	4 312 874 kilog. de tabac.
1858...........	20 009 456 — —

Mais de nos jours, les quantités exotiques ne dépassent pas par an 10 millions de kilogrammes.

On compte en France dix-neuf manufactures de tabac. Les principales sont situées à :

Paris,	Tonneins,
Lille,	Toulouse,
Le Havre,	Marseille,
Morlaix,	Lyon,
Bordeaux,	

À Lyon et à Marseille, on ne fabrique que des cigares.

Le tabac n'occupe pas sur chaque exploitation une grande étendue. On peut dire qu'il appartient principalement à la petite culture. On en jugera par les chiffres suivants recueillis en 1851 :

Départements.	Nombre de planteurs.	Surface cultivée par chaque planteur.	Quantité récoltée. par chaque planteur.
Lot...............	5180	28 ares.	417 kilogr.
Nord.............	2110	51 —	1550 —
Pas-de-Calais....	1050	53 —	1333 —
Lot-et-Garonne..	4397	61 —	235 —
Ille-et-Vilaine...	958	63 —	885 —

Suivant M. Mourgues, l'étendue des cultures a très peu varié dans le département du Lot depuis 1846. La moyenne de chaque culture était alors de 27 ares (1).

Voici le nombre des planteurs allemands :

Jusqu' à 1 are...............	78 496
1 à 5 ares.............	10 328
5 à 10 —	19 837
10 à 15 —	34 011
25 à 100 —	18 514
Au delà de 100 —	1 657
Total..........	162 243

Ces planteurs ont cultivé le tabac sur 18 549 hectares.

D'après la loi sur la culture et la vente des tabacs en date du 28 avril 1816, loi qui n'a pas été abrogée, mais qui a été modifiée par les décrets des 21 avril 1832, 12 février 1835, 22 juin 1862 et 21 décembre 1872, la culture du tabac n'est autorisée en France que dans cinq départements (2) :

Nord..........	Arrondissements	de Lille et d'Hazebrouck.
Pas-de-Calais...	—	de Saint-Pol, Béthune et Montreuil·
Lot...........	—	de Cahors, Figeac et Gourdon.
Lot-et-Garonne.	—	d'Agen, Marmande, Nérac et Villeneuve.
Ille-et-Vilaine..	—	de Saint-Malo et Dol.

(1) Il existe dans le Connecticut, surtout dans le comté d'Herefort, des champs de tabac d'une grande étendue. On cite un fermier qui a vendu une année pour 150.000 fr. de tabac qu'il avait récolté près de la rivière de Connecticut.

(2) Le Bas-Rhin formait le sixième département autorisé par la loi de 1816.

L'augmentation de la consommation des tabacs à fumer a conduit le gouvernement depuis 1852, à autoriser la culture du tabac à titre d'essai dans vingt-et-un départements :

Bouches-du-Rhône,	Gironde,
Var,	Dordogne,
Isère,	Meurthe-et-Moselle,
Savoie,	Haute-Savoie,
Puy-de-Dôme,	Haute-Saône,
Landes,	Hautes-Pyrénées,
Meuse,	Alpes-Maritimes,
Belfort,	Vosges.

La culture du tabac, en Algérie, n'est soumise encore à aucun règlement. Elle a produit, en 1844, 23.469 kilogr.; en 1852, la quantité récoltée s'est élevée à 1.784.536 kilogrammes.

La Turquie, l'Autriche-Hongrie et l'Espagne se sont aussi réservé la fabrication et la vente des tabacs. En Italie, la fabrication et la vente sont confiées à une société financière.

En Grèce, le gouvernement a le monopole de la fabrication et de la vente du papier à cigarettes. En Russie, c'est l'État qui fournit aux fabricants les enveloppes dont ils ont besoin.

En Allemagne et en Belgique, les tabacs indigènes et les tabacs importés sont frappés d'un impôt qui est fixe, selon qu'il est question de tabac en feuilles ou de tabacs ouvrés. En Hollande et en Angleterre, les tabacs importés sont soumis à une taxe qui varie selon leur nature et leur qualité.

Mode de végétation.

Le tabac (fig. 1) est annuel. Sa racine est pivotante. Sa tige s'élève de 1 à 2 mètres; elle atteint 3 mètres dans la

Malaisie ; elle est glabre ou poilue, glutineuse et presque

Fig. 1. — Tabac en végétation.

simple ou rameuse. Ses feuilles sont pétiolées, linéaires et
lancéolées ou ovales ou cordiformes, et chargées d'une sorte

de gomme visqueuse qui aide à leur conservation. Ses fleurs
(fig. 2 et 3) sont verdâtres, jaunâtres, blanches ou roses ; elles sont tubuleuses et disposées en panicules, en corymbe ou
en grappe. Les fruits (fig. 4) sont des capsules s'ouvrant
au sommet en deux valves bifides ; ils sont enveloppés
par le calice, qui est persis-
tant ; chaque capsule contient
de 2.000 à 2.500 graines très
petites et de couleur brun clair.

Petit-Lafitte a observé que
le tabac exigeait pour se développer, dans le département
de la Gironde, depuis le 1er juin
jusqu'au 25 août, 1857 degrés
de chaleur totale.

La véritable région du tabac est comprise entre le 42e et
le 46e degré de latitude. Cette
zone comprend le Maryland,
le Lot, le Lot-et-Garonne et
la Virginie, contrées où la
chaleur est assez élevée pour
que les plantes puissent mûrir
avant les froids d'automne et

Fig. 2. — Fleurs du tabac.

fournir des tabacs corsés et ayant une odeur pénétrante et
agréable.

Le tabac de la Havane végète dans l'île de Cuba entre
les 20e et 34e degrés de latitude ; le tabac de Manille qu'on
récolte dans les îles Philippines ne dépasse pas le 20e degré. Ces faits expliquent pourquoi les variétés cultivées
de ces localités équatoriales n'ont pu être, jusqu'à ce jour,
naturalisées en Europe.

Le tabac a été appelé *sana sancta inodorum*, par Lobel,
Petun Theventi, par Clusius, *herba sancta crucis* par le

naturaliste Castel, et *tabacum majus*, par Bauhin. On le nomme encore *petun* ou *betun* dans la basse Bretagne, dénominations qu'il porte au Brésil, au Mexique et à la Floride. Au Chili, on l'appelle *petuen*.

Composition.

Le tabac contient un grand nombre de matières fixes.

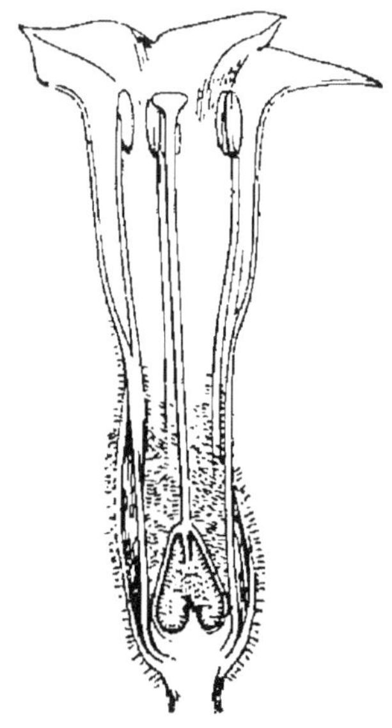

Fig. 3. — Fleur coupée
verticalement.

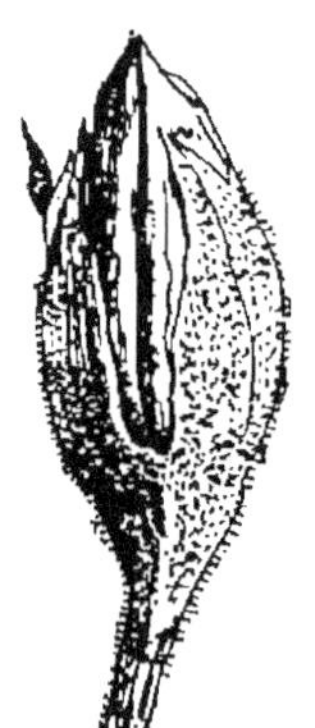

Fig. 4. — Fruit
du tabac.

MM. Pelouze et Frémy ont constaté les quantités de cendres suivantes :

	T. du Lot.	T. du Nord.	T. de Maryland.
Tiges.........	16,5	11,2	10,3
Côtes.........	23,3	20,2	18,3
Feuilles.......	19,8	24,1	17,2

Selon MM. Poselt et Reimann, les *feuilles fraîches du Nicotiana tabacum* ont la composition suivante :

Nicotine..	0,060
Matière grasse (nicotianine)...............	0,010
Albumine..	0,260
Résine verte....................................	0,261
Substance analogue au gluten............	1,048
Gomme avec un peu de malate de chaux..	1,140
Matière extractive un peu amère.........	2,840
Fibre ligneuse.................................	2,969
Acide malique.................................	0,510
Malate d'ammoniaque.......................	0,120
Sulfate de potasse...........................	0,048
Chlorure de potassium.....................	0,063
Azotate et malate de potasse.............	0,095
Phosphate de chaux	0,166
Malate de chaux..............................	0,242
Silice...	0,088
Eau...	88,080
	100,000

D'après cette analyse et celles faites par MM. Pelouze et Frémy, le tabac absorbe une notable quantité de potasse et de chaux. Will et Fresénius ont obtenu de 1,89 à 2,42 de cendres pour 100 de feuilles, et 22,2 à 27,26 de cendres par 100 de tiges. Ces cendres contenaient, en moyenne :

Potasse........................	17,82 p. 100.
Soude..........................	1,81 —
Chaux..........................	23,64 —

La nicotine existe dans une proportion plus ou moins grande, selon les tabacs et leur provenance. Voici les quantités qu'on a constatées :

ANALYSES DE MM. BOUTRON ET HENRI.		ANALYSES DE M. SCHLOESING.	
Provenances.	Feuilles ayant à leurs côtes.	Provenances.	Feuilles privées de leurs côtes.
Nord............	11,28 p. 100.	Lot.............	7,96 p. 100.
Ille-et-Vilaine...	11,20 —	Lot-et-Garonne..	7,34 —
Virginie........	10,00 —	Virginie........	6,87 —

Provenances.	Feuilles ayant à leurs côtes.		Provenances.	Feuilles privées de leurs côtes.	
Cuba	8,64 p. 100		Nord	6,58 p. 100.	
Lot-et-Garonne..	8,20	—	Ille-et-Vilaine...	6,29	—
Lot	6,48	—	Pas-de-Calais....	4,94	—
Maryland	5,28	—	Bas-Rhin	3,21	—
Tabac préparé..	3,86	—	Maryland	2,29	—

Le tabac, en vieillissant, perd de sa nicotine et de sa force, c'est-à-dire devient plus doux.

Voici, d'après M. Schlœsing, la quantité d'ammoniaque que contiennent les tabacs en feuilles :

Lot	0,910 p. 100.	
Nord	0,815	—
Bas-Rhin	0,630	—
Havane	0,870	—
Maryland	0,212	—
Virginie	0,153	—

L'ammoniaque qui provient de la décomposition de la matière azotée pendant la fermentation, met à nu une certaine quantité de nicotine. Suivant M. Fermond, c'est lorsque la nicotine est devenue libre en partie que le tabac préparé est odorant.

M. Lenoble a divisé les tabacs en quatre classes, suivant la quantité de nicotine qu'ils contiennent :

Tabac très fort	6,70 p. 100 de nicotine.		
Tabac un peu moins fort	5,50	—	—
Tabac suave	2,00	—	—
Tabac moins fort que les autres...	1,80	—	—

D'après les analyses précitées de M. Schlœsing, les tabacs du Lot et du Lot-et-Garonne seraient aussi forts que celui de Virginie.

La *nicotine* est un liquide huileux, sans couleur, soluble

dans l'eau, l'alcool, l'éther, les huiles grasses et la potasse ; elle a une odeur très forte. Dans la pipe, pendant la combustion du tabac, il se produit du carbonate d'ammoniaque, de la nicotianine, de l'hydrogène carboné, de l'acide carbonique, de l'oxyde de carbone et de l'huile empyreumatique. Cette dernière substance est un violent poison. Mêlée au jus de tabac, elle peut donner lieu à de violentes convulsions ; elle brunit ou culotte les pipes.

Les tabacs du Levant, de Grèce, de Russie et de Hongrie sont ceux qui contiennent le moins de nicotine.

Espèces et Variétés.

On connaît aujourd'hui un grand nombre d'espèces et de variétés de tabac. Nous ne signalerons que les espèces ou variétés cultivées comme plantes industrielles.

Les tabacs ont été divisés en trois classes principales :

1° La *première classe* comprend les *tabacum,* plantes glutineuses, à grandes feuilles, *à fleurs rouges*, disposées en grappes courtes et terminales, à corolle en entonnoir, renflée, ventrue et à limbe étalé et découpé en lobes aigus ; capsule à deux valves.

1. Tabac commun, tabac à larges feuilles.

(NICOTIANA TABACUM, NICOTIANA MACROPHYLLA.)

Tiges de 1 à 2 mètres de hauteur et rameuses. Feuilles alternes, ovales, entières, aiguës, semi-amplexicaules, vert pâle en dessous, vert plus foncé en dessus ; les supérieures plus petites, lancéolées et non embrassantes. Fleurs en juillet et août, disposées en grappes paniculées et terminales ; corolle velue, renflée vers son sommet et rose ou purpurine. Capsule ovale, sillonnée extérieurement, contenant des semences brunes ou chagrinées.

Cette espèce, originaire du Pérou, est cultivée en France

dans les départements du Pas-de-Calais, du Nord et d'Ille-et-Vilaine, et en Hollande, Belgique, Cuba, Océanie, etc.

Le *tabac à feuilles étroites* ou *tabac de Virginie* (NICO-TIANA ANGUSTIFOLIA, Ehr.) est une variété de l'espèce précédente. Ses feuilles sont pétiolées, ovales-lancéolées et longuement aiguës; elles ont une côte épaisse et des nervures très apparentes. Ses fleurs sont grandes et roses.

Le tabac que fournit cette variété est corsé, très séveux, très parfumé et excellent pour la poudre. On l'a abandonné en France parce qu'il y dégénère facilement.

La variété dominante dans le Nord est le *tabac philippin*, qui est dérivé, croit-on, du tabac de Virginie. Cette race s'est abâtardie. Néanmoins ses feuilles sont corsées, gommeuses. Cette variété exige de l'air, un certain espace; elle végète bien sur les sols légers et sablonneux. Ses feuilles sont longues, mais leurs côtes sont grosses.

Le *tabac croquart* a un feuillage plus ample, plus large, à nervures plus minces. Il est riche en couleur et convient très bien pour les terres fortes, les sols fertiles; il doit être planté un peu rapproché, car il est cassant et redoute les coups de vent.

On a introduit dans les départements du Lot, du Lot-et-Garonne et de la Gironde, deux variétés que l'on désigne sous les noms de *tabac d'Amersfort* et *tabac de Nykerk* (1).

Le *tabac d'Amersfort* (2), qui paraît être le NICOTIANA LATIFOLIA de Tournefort, a une tige droite et rameuse, des feuilles ovales très belles, vert pâle, à surface présentant de grandes boursouflures, des fleurs rose tendre; il est excellent pour la poudre et dégénère difficilement. On l'a importé de Hollande. Il est très estimé dans le Palatinat.

(1) Nykerk est situé dans les anciennes provinces de Gueldre (Hollande).

(2) On écrit souvent Amersfort de la manière suivante : *Amers-foort.*

On en connaît deux sous-variétés : le *tabac d'Amesrfort jaune* ou *tabac cabessut* et le *tabac d'Amersfort noir*. Ce dernier tabac est plus productif que le précédent ; mais si ses feuilles ont un tissu moins fin, un arome moins agréable, un velouté moins prononcé, elles ont plus d'ampleur et plus de corps. Il demande des terres argilo-calcaires. Le tabac d'Amersfort jaune réussit très bien sur les sols de moyenne consistance.

Le *tabac de Nykerk* a des feuilles moins larges que le tabac d'Amersfort noir, mais il mûrit et sèche très promptement. Si les pluies détériorent facilement ses feuilles, il a l'avantage de végéter vigoureusement dans tous les terrains. L'administration des tabacs le propage dans les départements du Sud-Ouest et dans celui d'Ille-et-Vilaine. J'ai été à même d'apprécier à Cahors l'excellente qualité de ses feuilles.

2. Tabac à feuilles de lance.

(NICOTIANA LANCIFOLIA.)

Tige de 0^m,70 à 1 mètre de hauteur, velue, glutineuse ou visqueuse. Feuilles sessiles, linéaires, très visqueuses, d'un très beau vert et présentant de nombreuses boursouflures ; côte épaisse et saillante. Fleurs en corymbes paniculés de juillet à septembre ; corolle rouge ou purpurine deux fois au moins plus longue que le calice. Capsule ovoïde ou conique renfermée dans le calice.

Cette espèce, qu'on a confondue avec le NICOTIANA AN-GUSTIFOLIA, est originaire de l'Amérique méridionale. Elle a été importée en Europe en 1823. Elle fournit aux États-Unis les tabacs de Virginie et de Kentucky. Elle est aussi cultivée à la Havane, à Java, en Hongrie, et en Alsace.

Le *tabac Maryland,* qui mûrit mal en France, en est une variété.

Il en est de même du *tabac d'Alsace* et du *tabac de Hollande.*

2° La *seconde classe* comprend les *rustica*, espèces à *fleurs jaunes*, à corolle tubuleuse et à lobes aigus.

1. Tabac rustique, tabac à feuilles rondes.

(NICOTIANA RUSTICA, NICOTIANA TARTARICA.)

Tige ne dépassant pas un mètre de hauteur, velue et glutineuse. Feuilles ovales, obtuses, cordiformes, épaisses, peu pétiolées, d'un vert foncé et légèrement velues. Fleurs petites de juillet à septembre, en grappes terminales ; corolle jaune-verdâtre à lobes arrondis. Capsule presque ronde dépassant à peine le calice.

Cette espèce, originaire du Mexique, fournit un tabac parfumé et principalement le tabac de Manille, mais moins fort que le tabac des espèces précédentes. Elle est peu délicate et très répandue dans le midi de l'Europe, en Asie, en Afrique et en Égypte. Elle a été importée d'Amérique en 1570. On la cultive très en grand au Brésil et dans divers districts appartenant au sud de l'Inde.

Le tabac cultivé dans l'Asie Mineure et en Égypte est exporté en grande partie en Grèce et en Turquie. Le plus apprécié est le *lataquié* ou *latakié*. Ce tabac est jaunâtre et très doux. On le fume principalement dans le *chibouk*, pipe spéciale qui est en bois de jasmin ou de merisier odorant, ou dans le *narghileh* ou tuyau flexible fixé à un vase, dans lequel la fumée traverse une eau parfumée. Il ne vaut pas le tabac de Constantinople parce qu'il est moins fin et moins agréable pour cigarettes. Le latakié est connu en Syrie sous le nom de *Dgidar*.

2° Tabac paniculé.

(NICOTIANA PANICULATA, Lin.; NICOTIANA VIRIDIFLORA, Cav.)

Tige ayant un mètre de hauteur ; feuilles cordiformes, pétiolées, entières ; fleurs vert-jaunâtre en panicules terminales.

Cette espèce est cultivée en Orient et dans l'Amérique du Sud ; c'est elle qui fournit le produit appelé *tabac d'Asie, tabac turc,* ou *tabac vérinas* qui est très estimé par les Turcs. Cette espèce produit aussi le *tabac du Brésil.*

3° La *troisième classe* comprend les *petunoïdes,* espèces velues et visqueuses, à *fleurs blanches,* à corolle en tube cylindrique divisé en lobes aigus ou obtus.

1° **Tabac odorant.**

(NICOTIANA SUAVEOLENS, Leh.; NICOTIANA UNDULATA, V.).

Tige haute de 0^m,60 à 0^m,70. Feuilles variables, ovales, oblongues, ondulées, légèrement velues, décurrentes sur le pétiole ; les supérieures amplexicaules. Fleurs d'août à septembre, blanches, à odeur de jasmin ; corolle à tube très long, grêle et à divisions inégales et obtuses.

Cette espèce est originaire de la Nouvelle-Hollande, et rappelle un peu le *Nicotiana fragrans* qui est originaire de la Nouvelle-Calédonie ; elle a été introduite en Europe en 1800. C'est elle qui fournit le meilleur tabac de Virginie et de Maryland. On la cultive quelquefois dans les jardins comme plante d'ornement.

2° **Tabac ondulé.**

(NICOTIANA REPANDA, Will.; NICOTIANA LYRATA, Kun.).

Tige ne dépassant pas 0^m,70 et presque glabre. Feuilles cordiformes, un peu étroites, amplexicaules, arrondies et ondulées. Fleurs blanches en grappes lâches et terminales ; corolle à tube très long, grêle et renflé au sommet. Capsule ovale plus courte que le calice.

Cette espèce est originaire de Cuba ; elle a été importée en France en 1820. Elle est cultivée en grand à la Havane ; ses feuilles servent à la fabrication des cigares.

3° Tabac de Perse.

(NICOTIANA PERSICA, Lind.; NICOTIANA ALATA.)

Plante ayant de 0^m,80 à 1 mètre de hauteur. Ses feuilles radicales sont oblongues et spatulées ; ses feuilles caulinaires sont acuminées, sessiles et semi-amplexicaules. Ses fleurs sont blanches en dedans et vertes au dehors ; elles sont très odorantes pendant la nuit.

Cette espèce est très cultivée en Perse, dans les parties montagneuses ; elle fournit le tabac appelé à Chiraz *tombakou* ou *tombaki*.

4° Tabac à quatre valves.

(NICOTIANA QUADRIVALVIS, Pub., ou NICOTIANA MULTIVALVIS, Lind.)

Plante ne dépassant pas 40 à 50 centimètres en hauteur. Ses feuilles sont petites, oblongues, les supérieures presque sessiles et les inférieures pétiolées. Ses fleurs sont blanches en dedans et légèrement roses à l'extérieur. Ses capsules sont globuleuses et à quatre valves.

Cette espèce est celle qui produit le *tabac de Missouri*. Elle est originaire de l'Amérique boréale et connue en Europe depuis 1811.

La maison Vilmorin-Andrieux peut livrer aux agriculteurs des graines de tabac de Kentucky, de Maryland, de la Havane, de Virginie, du Connecticut, de l'Inde, de Sumatra, de tabac Turc et de Czetneck (Hongrie).

Terrain.

NATURE. — Le tabac demande des terrains profonds, argilo-sablonneux ou silico-argileux, c'est-à-dire des terres de consistance moyenne, à la fois meubles, fraîches, et substantielles. Cultivé sur de tels terrains ou sur des alluvions sablonneuses, des terres douces, calcaires et plutôt légères qu'argileuses, il produit des feuilles développées, corsées, onctueuses et aromatiques.

Les terres argileuses, compactes et humides, les sols crayeux et les terres trop sablonneuses ne lui conviennent pas. Il en est de même des terrains qui se durcissent facilement pendant l'été et des sols gras ou d'une grande fertilité. Dans ces derniers terrains, les feuilles se durcissent et brûlent mal.

Les feuilles qu'on récolte sur les tabacs plantés dans des terres humides, diminuent considérablement à la pente. En effet, après leur dessiccation, les feuilles sont minces, transparentes et acides. En outre, le tabac est plus fort, plus chargé de nicotine.

En général, les terres silico-calcaires, argilo-calcaires ou silico-argileuses, caillouteuses ou non, profondes, fraîches, fertiles et qui se refroidissent lentement en automne, sont éminemment propres à la culture du tabac.

Le carbonate de chaux rend le tabac plus odorant. Les tabacs récoltés sur des terrains privés de potasse se fument mal, ainsi que l'a démontré M. Schlœsing. D'après ses intéressantes études, la combustibilité des tabacs a pour cause la potasse combinée aux acides organiques.

Les cendres des tabacs qui brûlent bien contiennent 5 pour 100 de carbonate de potasse ; celles des tabacs qui brûlent mal n'en contiennent que 0,5 pour 100. Les cendres blanches sont généralement l'indice d'un tabac qui brûle bien.

En général, on plante peu de tabac dans les terres légères.

Voici quelques analyses de terres à tabac du département du Lot-et-Garonne. Ces analyses et les observations qui les accompagnent ont été faites par Petit-Lafitte :

Localités.	Argile.	Sable.	Calcaire.	Qualité des tabacs.
Senestris	83,00	9,50	7,50	Lourd, mou et peu de sève.
Mas d'Agenais.	89,00	10,50	0,50	Moins lourd, bonne sève, mais mou.
Mas d'Agenais.	82,50	17,50	traces	Léger, corsé, très bonne sève.
Birac.........	57,00	41,50	1,00	Léger, corsé, sève excellente.

Ainsi, la qualité du tabac est en raison directe de la quantité de sable que contient la couche arable. Si le tabac récolté en Flandre sert à fabriquer d'excellents cigares, c'est qu'on le cultive sur des sols de consistance moyenne ou sur des terres franches de bonne qualité.

Les tabacs du département d'Ile-et-Vilaine doivent leur qualité secondaire à la nature argileuse et humide des marais sur lesquels on les cultive. Le tabac qu'on récolte en Belgique et en Hollande sur les polders argileux et humides est âcre, peu odorant et manque d'onctuosité. Il en est de même du tabac qui est cultivé sur la vaste tourbière de Peel (Hollande).

Les terres sur lesquelles on cultive le tabac se louent de 120 à 200 fr. l'hectare.

A la Havane, le sol qui dans la *Vuelta de Abajo*, produit du tabac qui n'a pas de rival sous le rapport de la finesse et de l'arome, contient sur 100 parties 90 de sable, 6 à 7 d'argile et 2 à 3 d'humus, et un peu de potasse. Lorque l'argile s'élève à 10 pour 100 dans les *Partidas*, le tabac est plus fort et il contient plus de nicotine. Le sol argileux de la *Vuelta de Ariba* produit du tabac médiocre et très foncé en couleur. Ces divers terrains sont arrosés par le Rio-Feo, le Rio-Seco et le Rio-Hundo. Lorsque les Espagnols firent la conquête de la Havane, ils interdirent aux Indiens de cultiver le tabac dans les vallées des *tres villas*, c'est-à-dire d'Orizaba, Cordova et Jalapa où les terres sont argileuses. Le tabac qu'on récolte dans l'état de Tabasco est fort et amer.

CONFIGURATION. — Les plaines non abritées des vents

violents du nord et du nord-ouest par des élévations ou des plantations, sont moins favorables au tabac que les vallées et les coteaux.

Les terres basses, humides, ombragées et mal aérées, ne fournissent jamais du tabac de premier choix ; en outre, sur de tels terrains, les feuilles inférieures sont sujettes à pourrir ou à se couvrir de taches de rouille, surtout quand l'été est pluvieux. En Hollande, le tabac est protégé contre les vents marins par des rangées de fèves qui entourent les champs. Dans la région de l'olivier, on le garantit du *mistral,* vent d'une violence extrême, par des lignes de maïs ou de sorgho à balais.

En général, les terres exposées au levant ou au midi, garanties du nord par des élévations et bien aérées, sont celles qui conviennent le mieux à la culture du tabac, parce que cette plante y subit l'influence de la lumière et d'une chaleur continue, douce et vivifiante. Si ses feuilles ne présentent pas un développement aussi grand que l'ampleur qu'elles possèdent, quand le tabac végète sur des terres situées à la base de versants, elles y mûrissent plus complètement et y acquièrent plus de force, plus de finesse et un arome plus pénétrant.

Nonobstant, il est utile d'éloigner les cultures de tabac des routes qui deviennent poudreuses pendant l'été, si les champs où elles sont établies ne sont pas entourés d'une haie vive un peu élevée.

Permis de culture.

Pour être autorisé en France à cultiver le tabac, il faut habiter l'un des départements précités (voy. pages 9 et 10), et être fermier ou propriétaire dans l'une des communes désignées dans le tableau publié par le préfet.

D'après l'article 180 de la loi du 28 avril 1816, l'étendue cultivée par chaque planteur ne peut être moindre de

20 ares. Dans le bas-Rhin, alors que l'ancienne province alsacienne appartenait à la France, cette surface pouvait être formée de deux pièces de 10 ares chacune.

Suivant la même loi, nul ne peut se livrer à la culture du tabac sans avoir fait préalablement une déclaration (1), et sans en avoir obtenu la permission.

Les déclarants sont forcés de produire un certificat de solvabilité (2).

Les cultivateurs autorisés à planter du tabac sont tenus :

1° De faire connaître aux employés de la Régie les pièces de terre déclarées ; de se soumettre en tout temps aux exercices des mêmes employés, et de leur donner entrée à toute réquisition dans leurs séchoirs, magasins, maison d'habition et autres parties de leur domicile depuis le lever jusqu'au coucher du soleil ;

2° De ne cultiver en tabac que les pièces de terres déclarées ;

3° De planter au moins les quatre cinquièmes de la surface autorisée ;

4° De livrer fidèlement à la Régie la totalité du tabac qu'ils ont récolté ;

5° De conduire leur tabac au magasin que la Régie indiquera ;

Sous les peines prononcées par les articles 182, 195 et 199 de la loi mentionnée ci-dessus.

Ce sont les maires qui sont chargés de la remise des permis de culture.

---

(1) Les procès-verbaux relatifs à la culture illicite du tabac se sont élevés en 1834 à 699. Les pieds saisis par la Régie ont atteint 133 734.

Les départements où cette culture est le plus pratiquée sont : les Bouches-du-Rhône, l'Aisne, la Meurthe, la Meuse, la Moselle, les Basses-Pyrénées et la Somme.

(2) La solvabilité d'un déclarant est suffisamment établie par la justification de 15 ou 20 fr. de contribution foncière.

La culture du tabac est interdite aux gardes champêtres.

Refus et retrait de permis.

Les permis de culture peuvent être refusés :

1° Aux déclarants qui n'auront pas justifié de leur titre de propriétaire ou de fermier, de leur solvabilité ou de celle de leur caution ;

2° Aux planteurs qui n'ont pas cultivé, l'année précédente, au moins les quatre cinquièmes de la quantité pour laquelle ils avaient obtenu un permis de culture, à moins qu'ils n'aient justifié d'accidents imprévus ;

3° Aux cultivateurs contre lesquels il aura été rédigé des procès-verbaux judiciaires on administratifs, pour contravention à la loi sur le tabac ou aux dispositions du règlement concernant la culture de cette plante ;

4° A ceux qui, pendant trois années consécutives, n'auront obtenu de leurs récoltes qu'un prix moyen de dix pour cent au-dessous du prix moyen général (1).

L'administration peut retirer les permis accordés :

1° A tous planteurs qui, avant l'époque de la plantation, auront été pris en fraude ou en contravention, ou qui n'auront pas livré intégralement leur dernière récolte ;

2° Aux cultivateurs qui se seraient substitués à des planteurs légalement autorisés (2).

----

(1) Les cultivateurs qui n'ont pas satisfait à cette condition, et qui ont fait dûment constater que la mauvaise qualité de leurs produits provient d'intempéries ou autres accidents, ne sont pas sujets à l'interdiction.

(2) La loi et les règlements sur la culture du tabac sont très sévères. Cette loi, puis l'arbitraire et la vexation des employés de la Régie et aussi des injustices faites à l'époque des livraisons, obligent chaque année plusieurs planteurs à renoncer à la culture de cette plante.

Semis.

Époque. — Les semis de tabac se font en France depuis la fin de février jusqu'à la mi-avril.

Les semis en plein air ne doivent être faits que lorsque la température moyenne a atteint $+ 7°$ à $+ 8°$.

En Algérie et en Égypte, on les exécute en novembre ou décembre. Au Brésil, les semis se font de mai à juillet et dans la Malaisie en juin (1). A Java, les semis ont lieu dans la montagne à 1.000 mètres d'altitude, mais les plants sont repiqués dans les plaines fertiles de la zone du nord après la récolte du riz.

En France, les semis sont soumis aux visites des employés de la Régie.

Les cultivateurs peuvent être autorisés par le préfet, dans quelques départements, à faire des semis dans le but de vendre des plants aux agriculteurs autorisés à exécuter des plantations.

Les planteurs sont tenus :

1° De placer les semis dans des lieux exposés au midi ;

2° De les garantir des gelées et des vents du nord ;

3° De ne pas semer une trop grande quantité de graines, afin que les plants deviennent vigoureux ;

4° D'entourer les semis de rigoles profondes pour faciliter l'écoulement des eaux et intercepter le passage des taupes ou des animaux nuisibles.

Préparation du terrain. — La délicatesse des plants de tabac oblige à opérer les semis soit sur une *couche sourde*, soit sur une *plate-bande*, abritée contre les vents de l'est, du nord et de l'ouest, par une palissade de roseaux, par des paillassons placés verticalement ou par des murs, et légèrement inclinée vers le midi.

(1) Dans l'hémisphère austral, on est en hiver au mois de juin.

Les couches sont généralement en usage dans le Nord, l'Est et l'Ouest (1) ; elles se font en ouvrant une fosse ayant 1 mètre à $1^m,30$ de largeur sur $0^m,15$ à $0^m,20$ de profondeur. Quand cette fosse est prête, on la remplit avec du fumier à demi décomposé. Cet engrais doit excéder la surface du sol de $0^m,30$ environ. On termine la couche en la couvrant de $0^m,12$ à $0^m,18$ de terreau léger, ou de terre fine mêlée de terreau qu'on égalise aussi complètement que possible avec un râteau à dents fines, courtes et rapprochées.

Quand on doit opérer le semis sur une plate-bande, on fume celle-ci avec du fumier chaud à demi décomposé ; on la laboure à la bêche, et on la divise ensuite à l'aide d'un râteau, afin de bien ameublir sa surface. Lorsqu'elle a été ainsi préparée, on la couvre d'une couche de bon terreau. Cette plate-bande doit aussi avoir un mètre de largeur, être bien exposée au soleil et abritée des vents du nord et du nord-ouest.

Le tabac, en Amérique, n'est pas cultivé sur des terrains labourés à plat. Le sol, au dernier labour préparatoire, est disposé en petits billons. Ce labour terminé, on divise ces mêmes billons transversalement avec un buttoir, afin d'avoir de petits monticules isolés les uns des autres. C'est sur ces petites buttes qu'on opère la mise en place des plants.

Étendue des semis. — La longueur que doivent avoir les couches ou les plates-bandes varie, suivant la surface qu'on doit planter en tabac et le nombre de pieds qu'on peut planter par hectare.

Un mètre carré de couche fournit en moyenne 1.000 à 1.500 plants; un mètre carré de plate-bande produit au minimum 600 à 800 plants de premier choix.

Voici, d'après ces données, l'étendue maxima que doi-

____

(1) La tabac est semé sur couche en Belgique, en Hollande, dans la province d'Utrecht, en Prusse et en Amérique.

vent avoir les couches ou les plates-bandes, eu égard au nombre de pieds qu'on doit planter par hectare :

Nombre de pieds par hectare.	Surface de la couche.			Surface de la plante-bande.		
10 000	6 à 8	mèt. carrés.		13 à 17	mèt. carrés.	
11 000	8 à 12	—		15 à 20	—	
18 000	12 à 18	—		23 à 30	—	
25 000	16 à 25	—		31 à 42	—	
30 000	20 à 30	—		38 à 50	—	
36 000	24 à 36	—		45 à 60	—	
40 000	26 à 40	—		50 à 70	—	
48 000	32 à 48	—		60 à 80	—	

On doit, par prudence, lorsqu'on cultive le tabac pour la première fois, adopter les chiffres indiquant l'étendue maximum, afin de pouvoir faire face aux accidents.

EXÉCUTION DES SEMIS. — Lorsque la couche est terminée, ou quand la plate-bande a été préparée, on enveloppe la graine dans un linge après l'avoir mêlée à de la sciure fine de bois blanc, et on la met tremper pendant quelques heures dans l'eau. Au bout de ce temps, on la suspend dans une cheminée ou dans une chambre chauffée, en ayant soin d'humecter un peu le linge soir et matin avec de l'eau légèrement tiède.

Au bout de huit jours environ, lorsqu'on voit apparaître à la surface des graines de très petites pointes ou radicules blanchâtres, on retire les semences du linge, on les étend sur un vase plat qu'on place pendant un jour ou deux dans un local ayant une température moins élevée, et on les sème par une belle journée sur la couche ou la plate-bande que l'on a préalablement arrosée la veille.

Cette dissémination doit être faite avec beaucoup de soin afin que le semis soit bien uniforme. Beaucoup de cultivateurs se servent dans cette circonstance d'une passoire en fer-blanc ou d'un crible à petits trous, ou mêlent la semence

2.

à 10 ou 12 fois son poids de sable fin ou de cendres tamisées.

On peut aussi confier la graine à la terre sans l'avoir fait au préalable tremper dans l'eau.

Quand la semence a été répartie sur toute l'étendue de la pépinière, on la couvre d'une couche de terreau fin et sec de $0^m,005$ à $0^m,010$ au plus d'épaisseur. On répartit le terreau très uniformément en le tamisant avec un crible.

On termine le semis en couvrant la couche ou la plate-bande de menus débris de paille, dans le but d'empêcher les pluies de battre la terre, et en la plombant légèrement avec une planche.

Le plus ordinairement les planteurs de tabac établissent plusieurs pépinières, qu'ils sèment à diverses reprises, afin de pouvoir exécuter des plantations successives pendant les mois de mai et de juin.

Soins a donner aux semis. — Quand le semis est terminé, on abrite la couche avec des châssis ou des paillassons, des nattes ou du papier huilé. Ces paillassons et ces nattes sont placés perpendiculairement sur trois des côtés de la couche ou de la plate-bande.

Ces abris ne persistent pas continuellement sur les semis ; quand le temps est beau, on les enlève pendant le jour pour que les rayons solaires échauffent la terre. On a soin de les replacer au moment du coucher du soleil, afin qu'ils protègent les semis ou les plantes des gelées ou du froid pendant la nuit.

Quand on garantit le semis avec des châssis, on maintient ces derniers soulevés pendant le milieu du jour à l'aide de crémaillères, et on les couvre le soir avec des paillassons.

Chaque jour, ou tous les deux ou trois jours selon le besoin, on exécute une *mouillure* ou un arrosage avec un arrosoir à pomme percée de très petits trous, afin de ne pas battre la terre ou déchausser les plants. On doit employer de préférence de l'eau de pluie ou de rivière.

Après la germination des graines, on aère les plantes le plus possible pendant le jour, si le temps est beau, pour qu'elles se fortifient. Quand le soleil est trop vif pendant le milieu du jour, on ombre les châssis ou les semis avec une toile ou un paillasson, pour modérer l'action des rayons lumineux.

Quand on fait des semis à l'air libre, on établit quelquefois au-dessus de la pépinière, et dans toute la longueur de la couche ou de la plate-bande, un léger treillis en baguettes ou en roseaux destiné à soutenir les paillassons. Ce treillis doit être placé horizontalement à $0^m,10$ ou $0,^m15$ au-dessus de la terre. On peut aussi lui donner la forme d'une toiture ayant deux versants.

On continue les arrosements lorsque les circonstances l'exigent, et, s'il y a lieu, on enlève les mauvaises herbes.

Lorsque les plants ont quelques feuilles et qu'on constate qu'ils sont trop nombreux, on les éclaircit avec la main. On agit de manière qu'ils soient séparés de $0^m,02$ à $0^m,03$ au moins les uns des autres.

On répète les sarclages quand cela est nécessaire. Ces opérations sont ordinairement confiées à des jeunes filles ou à des femmes.

Germination des graines. — Les graines de tabacs semées sur une couche abritée par des châssis lèvent du quinzième au vingtième jour. Celles qui ont été répandues sur des plates-bandes, protégées seulement par des paillassons ou du papier huilé, ne germent souvent qu'au bout de vingt-cinq à trente jours. Les graines de deux à trois ans de bonne qualité lèvent bien.

Il faut de 3 à 4 grammes de graines par mètre carré de pépinière.

Transplantation.

Époque. — La mise en place des plants se fait en mai ou en juin, lorsque les tabacs ont de trois à quatre feuilles.

Elle doit être terminée aux époques fixées par l'administration.

Ici, elle ne peut plus être faite après le 10 juin ; ailleurs, les cultivateurs peuvent l'exécuter jusqu'au 20 du même mois. Dans d'autres départements, l'administration prescrit de la terminer le 25 juin.

Voici les époques qui limitent la transplantation :

Lot......................	avant	le 10 juin.
Ille-et-Vilaine...............	—	15 —
Lot-et-Garonne.............	—	25 —
Nord......................	—	30 —
Bas-Rhin	—	1er juillet.

Toute contravention à ces époques réglementaires est constatée par un procès-verbal administratif.

Le préfet peut, par un arrêt spécial, proroger le délai fixé, quand la saison n'a pas permis d'exécuter la mise en place des plants avant l'époque arrêtée.

En Algérie, on opère la mise en place du tabac avant l'arrivée des grandes chaleurs, c'est-à-dire du 15 février au 15 mars. Les plantations faites en avril laissent toujours à désirer quant à leurs résultats.

Nombre de plants a repiquer par hectare. — Le cultivateur est obligé de planter par hectare le nombre de plants déterminé par l'administration. Ce nombre varie suivant les départements, c'est-à-dire la qualité et la destination des feuilles. Voici les chiffres fixés par les règlements concernant la culture du tabac :

Départements.	Nombre de plants par hectare.	Surface occupée par chaque plant.
Lot...............	10 000	1$^{m.c.}$,00
Lot-et-Garonne...	10 000	1 ,00
Ille-et-Vilaine....	10 000 à 15 000	0 ,80 à 1 mèt.
Bas-Rhin........	30 000	0 ,60
Nord.............	40 000	0 ,50
Pas-de-Calais.....	40 000	0 ,50

Ces nombres ne sont pas invariables. L'article 193 de la loi du 28 avril 1816 tolère un excédent, pourvu qu'il ne dépasse pas le cinquième du nombre de pieds en principal prescrit par hectare. L'administration a fait connaître qu'elle tolérait aussi un cinquième en moins.

Ainsi, les cultivateurs du Lot ont la latitude de repiquer de 8.000 à 12.000 plants par hectare, et ceux du Nord et du Pas-de-Calais de planter entre 32.000 et 48.000 pieds

Tout agriculteur qui plante par hectare un nombre de pieds qui dépasse l'excédent toléré, est passible d'une amende de 25 fr. par 100 pieds, sans toutefois que cette amende puisse s'élever au-dessus de 1.500 fr.

En Algérie, on espace les pieds de 0^{m},60 à 0^{m},80 en tous sens.

En Belgique, en Hollande et en Allemagne, les plants ayant trois à quatre feuilles sont espacés les uns des autres de 0^{m},50 sur des lignes éloignées de 0^{m},45 à 0^{m},55. Dans la Virginie et le Maryland (Amérique du Nord), les plants sont espacés d'un mètre en tous sens.

PRÉPARATION DU SOL. — La *petite culture* prépare à la bêche les terres qu'elle consacre à la culture du tabac.

La *moyenne culture* les laboure d'abord à la charrue, et termine leur préparation en les ameublissant avec la bêche.

La *grande culture* donne trois labours aux terres sur lesquelles elle doit planter du tabac : elle exécute ordinairement le premier à la fin de l'automne, le deuxième après les gelées à la glace, et le troisième quelques jours seulement avant la mise en place des plants. Quelquefois, elle fait suivre la charrue au second labour par une fouilleuse, dans le but d'ameublir le sous-sol et de faciliter le développement des racines du tabac.

Dans les trois cas, on termine la préparation en faisant suivre le dernier labour par plusieurs hersages et roulages, ou par des râtelages répétés, afin que la surface de la terre soit très meuble.

Il est essentiel, pendant la préparation des terres, de les débarrasser avec soin des plantes indigènes à racines vivaces, telles que *agrostis traçante, chiendent, sureau hièble, ronce,* etc.

Engrais nécessaire.

Le tabac est une plante à la fois exigeante et épuisante. On doit donc fumer abondamment les terres qu'on lui consacre. On peut leur appliquer du fumier d'écurie ou de bergerie demi-consommé, de la colombine, de la fiente de volailles, des déjections de bêtes à laine ou des matières fécales. Le lupin blanc, le trèfle incarnat et le colza enfouis en fleur, le buis, etc., constituent des engrais puissants. En général, plus les engrais sont solubles et riches en matières organiques et alcalines et surtout en potasse, plus ils agissent favorablement sur le développement et la qualité du tabac à fumer.

Les fumiers doivent être appliqués deux à trois mois avant la plantation. Les engrais verts devront être aussi enterrés deux mois avant la mise en place des plants. Ils peuvent avoir pour complément les engrais potassiques (carbonate, sulfate ou nitrate), qui augmentent la combustibilité des tabacs.

Le chlorure de potassium rend le tabac moins combustible ; on doit lui préférer de carbonate ou le sulfate. On applique ces derniers à la dose de 150 à 200 kilog. par hectare.

Le Cte de Gasparin recommande d'appliquer 25.000 kilog. de fumier dosant 0,40 d'azote par chaque 100 kilog. de feuilles sèches de tabac. D'après cette donnée, il faudrait répandre par hectare dans le département du Lot 150,000 kilog. de fumier, et dans celui du Pas-de-Calais 620.000 kilog. L'expérience journalière ne permet pas d'accepter ces données théoriques.

J'ai remarqué que 4.000 kilog. de fumier suffisaient par hectare et par 100 kilog. de feuilles. D'après cette base on devra fumer les terres dans les proportions suivantes :

Départements.	Feuilles sèches par hectare.		Quantité de fumier nécessaire.	
Lot-et-Garonne.....	600	kilog.	25 000	kilog.
Lot...............	800	—	30 000	—
Ille-et-Vilaine......	1 200	—	48 000	—
Bas-Rhin..........	2 000	—	80 000	—
Pas-de-Calais.......	2 500	—	100 000	—

Dans le Mas d'Agen, on enfouit ordinairement 25.000 kilog. de fumier par hectare ; dans les environs de Cahors on en emploie 28.000 kilog. ; en Flandre on en répand 80.000 kilog., indépendamment de la courte graisse qu'on applique après la plantation.

Le fumier donne du poids, de la gomme, un tissu serré et un arome agréable.

Les matières fécales sont prohibées dans les localités, où l'on récolte des feuilles pour le scaferlati et les cigares.

Dans le Nord, on doit les employer avec prudence et ménagement. Elles communiquent au tabac une odeur particulière peu agréable et le rend ammoniacal ; en outre, les feuilles qu'on récolte sur les pieds qui ont subi leur influence ont un tissu grossier, spongieux, dépourvu de gomme et elles sont d'une dessiccation plus difficile. Quand on veut employer ces engrais, il faut les appliquer avant l'hiver. En général, les engrais ammoniacaux augmentent la proportion de nicotine.

Le guano du Pérou est aussi un mauvais engrais pour le tabac, parce qu'il est pauvre en potasse.

M. Boussingault a fait, en 1857, à Bechelbronn (Bas-Rhin), une expérience dans le but de déterminer ce que le tabac exige et consomme d'engrais. Il a constaté : 1° que le produit en feuilles d'un hectare, soit 2.986 kilog., enlève au sol les éléments suivants :

Azote.....................	$137^{kilog.},13$
Acide phosphorique..........	22 — 59
Potasse....................	85 — 13

2° Que les tiges et les racines laissées sur le sol contenaient :

Azote.....................	$292^{kilog.},29$
Acide phosphorique..........	113 — 74
Potasse....................	349 — 41

La récolte sur pied a donc puisé dans la couche arable : azote, $429^{kg},42$; acide phosphorique, $113^{kg},74$; potasse, $434^{kg},54$.

On a constaté dans diverses expériences que 1.000 kilog. de feuilles sèches enlevaient au sol :

Azote.....................	50	kilog.
Potasse...................	30	—
Chaux.....................	110	—
Magnésie..................	15	—
Acide phosphorique........	70	—

Les engrais riches en azote font naître de très belles feuilles, mais celles-ci sont toujours d'une dessiccation lente et elles brûlent mal. C'est pourquoi on les utilise ordinairement dans la fabrication de la poudre.

Arrachage des plants.

L'arrachage des plants ayant quatre à cinq feuilles, sur les couches ou sur les plates-bandes, constitue une opération très délicate et qui demande une grande surveillance.

Quand le champ a été préparé, on arrose les semis le matin de très bonne heure et on procède à l'arrachage des tabacs. Les arrosages rendent plus faciles l'enlèvement des plants avec un peu de terre. L'ouvrier chargé d'exécuter cette opération se sert d'une vieille truelle de maçon ; il introduit l'extrémité de cet outil dans la terre, à quelques centimètres du plant, afin de le déterrer sans briser ses racines. Il ne faut pas arracher les plants en les tirant, car en agissant ainsi on endommage presque toujours les racines. Si, en se servant de la truelle ou d'une large spatule, on arrache en même temps plusieurs plants, on les sépare immédiatement.

Les tabacs, au fur et à mesure de leur arrachage, doivent être placés dans des corbeilles ou des paniers garnis d'un linge mouillé si l'air est chaud et sec ou le soleil ardent. On doit éviter de faire tomber la terre qui adhère aux racines et de presser les plants les uns contre les autres, afin de ne point endommager leurs feuilles.

Quand un panier est rempli on le couvre d'un autre linge mouillé pour garantir les plants de l'action de l'air et du soleil, et on l'expédie aux planteurs.

On n'arrache les tabacs que successivement, afin de pouvoir les replanter très promptement. Le cultivateur ne doit jamais oublier que l'air, la lumière et la chaleur flétrissent les plants qui restent quelques heures sans être mis en place. Il faut rejeter les plants mal conformés, les pieds rabougris ou étiolés.

Exécution de la plantation.

Lorsque le plant a quatre ou six feuilles et $0^m,06$ à $0^m,08$ de hauteur, on termine la préparation des champs où la plantation doit être faite.

Alors, suivant la distance à laquelle les pieds doivent être plantés, on rayonne le champ dans le sens de sa longueur, de sa largeur. Quelquefois, on se contente de *tracer des lignes dans le sens de la longueur du champ en se servant d'un cordeau à nœuds, qui indiquent aux planteurs les points où les tabacs doivent être repiqués.*

Quand le champ a été rayonné, ou lorsque le cordeau à nœuds a été tendu, on procède à la mise en place des plants. On doit opérer de préférence par un temps couvert ou un peu pluvieux.

Quatre ouvriers sont nécessaires, si l'on veut que la plantation soit bien faite et exécutée promptement. Le *premier ouvrier* fait les trous au moyen d'un plantoir ; ces trous ont de $0^m,12$ à $0^m,15$ de profondeur. Le *second ouvrier* place les plants, les enfonce jusqu'au collet dans les trous en *laissant le cœur* en dehors du sol, et les assujettit avec un peu de terre en comprimant celle-ci. Le *troisième ouvrier* arrose copieusement les pieds si le temps est beau ou si l'air est agité et desséchant, en évitant de verser l'eau sur l'œil du tabac. Le *quatrième ouvrier* chausse avec la main et avec précaution les plants arrosés ; il doit se garder de trop presser la terre contre les racines.

On peut mêler à l'eau qui sert à arroser les tabacs environ un douzième d'urine. Dans le nord, on ajoute de la *courte graisse.*

Chaque plant doit recevoir au moins un demi-litre d'eau.

Quand on opère la plantation par un beau temps et qu'on agit sur une petite surface, on couvre les tabacs plantés avec des feuilles de *chou* ou de *bardane,* afin d'assurer leur reprise. Cette opération est nécessaire en Algérie.

On doit cesser la mise en place pendant le milieu du jour, si le soleil luit avec force et si l'air est sec et agité.

Pendant cette opération, on doit éviter de replier les racines sur elles-mêmes. Lorsqu'on arrose pour faciliter la reprise des plants, il faut agir de manière à ne pas mouiller les feuilles.

L'administration impose aux cultivateurs de tabacs des conditions auxquelles ils ne peuvent se soustraire sous peine d'être privés de l'autorisation de culture pour l'année suivante. Voici ces dispositions :

1° Les plantations doivent être faites en quinconce, au cordeau, bien alignées et sans lacune ; 2° il est formellement interdit de repiquer plusieurs plants sur la même place, dans le but de remplacer des pieds morts ou ceux détruits par les insectes ; 3° les *pieds intercalaires* tolérés doivent être plantés aux extrémités des lignes, et le nombre ne peut pas excéder 3 pour 100 du nombre de plants de tabac mis en place.

Lorsque la forme irrégulière d'un champ ne permet pas de garnir toutes les lignes d'un même nombre de plants, les lignes incomplètes de la *pointe* ne doivent être établies que sur les côtés de la pièce.

Dans plusieurs départements, il est interdit de planter des choux, etc., entre les rangées de tabac.

Dans les départements du Lot et du Lot-et-Garonne, on compte qu'il faut quatre journées d'homme et quatorze journées de femme pour planter et arroser 12.000 plants, nombre nécessaire à un hectare. En comptant les journées d'ouvriers à 2 fr. 50 et celles des femmes à 1 fr. 50, on trouve que la plantation coûte 31 fr. de main-d'œuvre.

Dans le département du Pas-de-Calais, les frais de plantation de 48.000 plants au maximum par hectare, exigent

10 journées d'hommes et 25 journées de femmes, qui occasionnent une dépense de 67 fr. 50.

Ces deux exemples comprennent les frais nécessaires pour remplacer les pieds manquants.

Dans le premier cas, la plantation d'un hectare dure deux jours; dans le second, on la termine le cinquième jour.

Les plants de tabacs se vendent de 2 à 6 fr. le 1.000, suivant leur force et les années.

Dans les circonstances ordinaires, la reprise des plants est complète vers le sixième jour, surtout si leur mise en place a eu lieu par un temps couvert.

Quelques jours après la plantation, on s'occupe de remplacer les pieds de mauvaise venue, ceux qui n'ont pas pris racine ou ceux qui ont été détruits par les insectes ou les agents atmosphériques. Les tabacs qu'on plante dans cette circonstance sont ceux qui ont été transplantés aux extrémités des lignes comme pieds intercalaires.

Il est interdit de remplacer les pieds manquants et d'en replanter sur un endroit quelconque du champ après le premier inventaire.

Les plants qui n'ont pas été utilisés dans les plantations doivent être détruits avant l'époque fixée par le préfet du département. Les semis qui subsisteraient après le délai prescrit seraient considérés comme des plantations illicites. Les contrevenants sont passibles d'une amende de 50 fr. par 100 pieds de tabac (article 181 de la loi du 28 avril 1816).

Les plants intercalaires non mis en place doivent être détruits au fur et à mesure de la croissance des plants. Les employés de la Régie ont le droit de les faire détruire, s'il en existe encore au moment du premier inventaire, et de constater cette contravention par un procès-verbal judiciaire.

L'administration autorise les cultivateurs de tabac à conserver dans leurs plantations, ou dans leurs jardins ou autres lieux abrités qu'ils sont tenus de faire connaître aux employés des contributions indirectes, les *plants-mères* nécessaires à la prochaine culture.

Le nombre de ces *porte-graines* ne doit pas excéder 25 par 10.000 pieds de tabac. On les comprend dans l'inventaire.

Soins d'entretien.

BINAGES. — On exécute un, deux et quelquefois trois binages à la houe à main ou à la binette, selon que la terre se durcit superficiellement plus ou moins facilement et le nombre de plantes indigènes qui l'envahissent. Le premier est exécuté une quinzaine de jours après la transplantation.

La houe à cheval ne peut guère être employée pour exécuter ces binages, parce que le tabac est ordinairement cultivé sur de petites surfaces.

Les ouvriers ou les femmes chargées d'exécuter les binages doivent éviter de briser les feuilles.

LABOURS. — Dans le département du Lot-et-Garonne, on donne ordinairement deux légers labours à la terre pendant la première végétation du tabac. Le premier est exécuté à la fin de juin avec une charrue sans versoir; on opère le second avant le 15 de juillet, en employant une charrue munie d'un petit versoir.

Avant chaque labour, on fait exécuter par des femmes un binage sur toute la surface du champ.

Le deuxième labour butte légèrement les pieds de tabac.

BUTTAGE. — On termine les travaux de culture en opérant un ou deux buttages (fig. 5) à l'aide d'une charrue, d'un buttoir ou d'une houe à main. Ces opérations maintiennent une plus grande fraîcheur à la base des tabacs; elles consolident ces derniers contre les vents et elles augmentent leur solidité. On exécute le premier buttage lorsque les plants ont de $0^m,35$ à $0^m,50$ de hauteur et presque toujours après l'épamprement. C'est pourquoi on enlève ordinairement les feuilles inférieures jusqu'à 0^m,20 ou 0^m,25 au-dessus du sol.

En Algérie, on l'effectue aussitôt que les plants ont 0^m,30 de hauteur.

Le buttage demande beaucoup d'attention ; l'ouvrier qui l'exécute doit éviter d'agiter les plants, de briser les feuilles et d'endommager les racines.

Quelquefois, on complète le travail de la charrue ou du buttoir, en unissant, avec la bêche ou le râteau, la surface des billons au centre desquels existent les tabacs.

Six journées d'hommes ou de femmes suffisent pour exécuter ce travail complémentaire.

Au mois de septembre, le champ a la disposition que présente la fig. 5.

ARROSAGES. — Dans les provinces méridionales, souvent on arrose le tabac lorsque le sol est sec. Les arrosages doivent

Fig. 5. — Pieds de tabac buttés.

être exécutés avec une grande attention. Un plant de tabac auquel on a donné *trop à boire* jaunit et finit par mourir.

Le buttage rend faciles les irrigations quand celles-ci sont possibles.

En général, les arrosages bien exécutés dans les pays chauds rendent les feuilles plus souples.

Inventaire des plantes.

Pendant le mois de juillet et à une époque fixée par le préfet, les employés de la Régie procèdent à l'opération dite *inventaire.*

Cette opération a pour objet de vérifier la superficie cultivée par chaque planteur et de constater le nombre de plants qu'on y a plantés.

Huit jours avant d'y procéder, les employées de la Régie, en donnent avis au maire de la commune, pour qu'il informe les planteurs du jour de leur arrivée. En outre, les employés se présentent le jour même de l'opération au domicile du planteur chez lequel ils doivent opérer, ou ils le font prévenir par le garde champêtre.

Les plantations sont mesurées à l'aide d'un cordeau-mètre. La mesure est prise en décimètres, d'après l'espace occupé par dix plants en longueur et en largeur, ou bien en décomposant le champ par trapèzes renfermant un nombre impair de rangées, 3, 5, 7, 9, etc. On compte pied par pied la rangée du milieu de chaque trapèze ou *terme*, et on multiplie le nombre de pieds constatés par le nombre de rangées. Les portées tout à fait irrégulières du champ qui ne peuvent être décomposées en trapèzes sont comptées pied à pied.

Les *manquants* sont constatés par des jalons et leur nombre est défalqué du résultat du calcul.

Le dénombrement des plantes est inscrit sur le registre portatif des employés. Les planteurs sont requis de signer leur compte sur ce registre. Le maire, en présence duquel a lieu l'inventaire, ne peut se refuser sous aucun prétexte à signer l'inventaire inscrit au registre portatif.

Les agents de la Régie dressent un procès-verbal, si la vérification fait connaître qu'il y a eu excédent de plus d'un cinquième sur la quantité de terre ou le nombre de pieds de tabac déclarés. Le contrevenant est passible d'une amende de 25 francs pour 100 pieds, excédant sa déclaration, mais cette amende ne peut s'élever au-dessus de 1.500 francs.

En cas de contestation sur la contenance et le nombre de pieds, le cultivateur peut réclamer l'expertise. Il doit adresser sa demande dans les 48 heures au sous-préfet ou au directeur des contributions indirectes. Les frais occasionnés par cette vérification restent à la charge de celle des parties dont l'estimation aura présenté la différence la plus forte, comparativement à la contenance réelle (1).

Écimage ou pincement.

Au fur et à mesure du développement des tabacs, on procède à l'écimage, c'est-à-dire, on supprime la tête des pieds en exécutant un pincement (fig. 6) ou en tordant l'extrémité de la tige sur elle-même, ce qui occasionne souvent des déchirures qui nuisent à l'avenir de la plante. Cette opération facilite le développement des feuilles. Si on évitait de l'exécuter, la sève serait en partie utilisée par les fleurs et les fruits au détriment des feuilles.

On agit ordinairement dès que les premiers boutons à fleurs apparaissent, et au-dessus du nombre de feuilles qu'on doit laisser sur chaque pied. Alors la dernière feuille à conserver à la partie supérieure de la tige a déjà 0^m,15 environ de largeur.

On écime plus ou moins haut, selon la fertilité du sol et

(1) Les inventaires ont occasionné à la Régie en 1835 les dépenses suivantes :

Par hectare.............	8 fr.	90 c.
Par planteur...........	3	31
Par plantation..........	2	18
Par 10 000 pieds........	4	32

la situation de la plantation. Les tabacs qui végètent sur des sols riches et abrités peuvent être écimés plus haut que les tabacs qui croissent dans un terrain de qualité secondaire et qui sont exposés à des vents violents.

Fig. 6. — Tabacs écimés et ébourgeonnés.

Cette opération, d'après les arrêtés administratifs, doit être terminée, au plus tard, aux époques suivantes :

Lot...................... 15 août.
Ille-et-Vilaine........... 15 —
Nord.................... 20 —
Bas-Rhin.............. 20 —

Dans quelques départements, on ne tolère qu'un écimage sur chaque plantation; dans d'autres, on en autorise de deux à trois.

Plus l'écimage est retardé, plus le tabac est léger.

L'écimage exige l'emploi de 6 à 10 journées d'homme par hectare.

Nombre de feuilles à conserver sur chaque pied.

Les planteurs sont tenus de laisser un nombre déterminé de feuilles sur chaque pied. Voici les chiffres maximum fixés :

Lot......................	9 feuilles.
Lot-et-Garonne...........	9 —
Ille-et-Vilaine............	8 à 10 —
Nord.....................	6 à 10 —
Pas-de-Calais.............	12 à 15 —
Bas-Rhin.................	22 à 15 —

Ainsi, le nombre de feuilles à laisser sur chaque pied est en raison inverse de la qualité du tabac.

Les cultivateurs habiles de l'Algérie et de la Tunisie évitent de surcharger le tabac, afin de récolter des feuilles de premier choix. Ils en laissent 15 à 20 au plus sur les pieds vigoureux. Les pieds faibles n'en conservent que 12 à 15, nombres qui sont admis en Belgique et en Hollande.

Quand la culture du tabac était libre en France, on ne laissait sur chaque plante que les feuilles suivantes :

Tabac très fort, 1re classe.......	10 à 12 feuilles.
— fort, 2e classe............	12 à 15 —
— doux, 3e classe............	15 à 20 —

M. Mourges conseille, dans le Lot, l'écimage suivant :

Terre 1re classe....................	8 feuilles.
— 2e classe.....................	7 —
— 3e classe....................	6 —

Le chiffre 7 représente la quantité moyenne de feuilles.

Les planteurs sont obligés d'enlever toutes les feuilles sans valeur, principalement celles qui existent au bas des plantes et qui traînent sur le sol et qu'on nomme *feuilles terriennes, feuilles séminales, feuilles savonnettes, feuilles de couche*, afin qu'on puisse, à l'époque de la récolte, couper les pieds de tabac au-dessous des feuilles.

Les *feuilles terriennes* ou *feuilles basses*, dites *savonnettes* dans la région du Nord, ont peu de qualité et de valeur. On les emploie dans la fabrication du tabac de cantine. Elles sont achetées à bas prix par la Régie. Les *feuilles de bauches* sont les plus inférieures. On a remarqué que leur enlèvement nuit au développement des plantes.

L'épamprement doit être ordinairement terminé en même temps que l'écimage.

Le cultivateur qui ne livre pas les feuilles d'épamprement à la Régie est obligé de les détruire au fur et à mesure qu'elles sont détachées des tiges.

Second inventaire des feuilles.

Les employés procèdent au récolement des feuilles aussitôt après le premier inventaire, en commençant par les pieds les plus avancés. Après s'être assurés que l'écimage a été fait régulièrement, ils multiplient le nombre des pieds par celui des feuilles laissées sur chaque tabac. Le résultat de ce calcul constitue la charge du planteur. Les employés constatent cette opération dans un nouvel acte au registre portatif. Ce deuxième inventaire a souvent lieu trois à quatre semaines avant la maturité.

Voici comment on procède : on compte les feuilles d'un certain nombre de plantes prises au hasard en suivant une ligne diagonale comprenant 100 pieds au moins et 200 à 300 plants au plus.

L'écimage, en arrêtant le développement de la tige en hauteur, provoque l'émission de bourgeons à l'aisselle des feuilles.

Ébourgeonnement.

Les *jets*, *rejets* ou *bourgeons* doivent être détruits au fur et à mesure qu'ils se développent et *avant* que les feuilles n'aient atteint une longueur de $0^m,25$. Ils ont l'inconvénient d'énerver les plantes.

Les jets apparaissent à la base des pieds et les bourgeons se développent à l'aisselle des feuilles. On les supprime avec une serpette ou avec l'ongle de l'index et celui du pouce ; ils sont très cassants. Les feuilles qui en proviennent n'ont jamais de qualité.

On répète l'ébourgeonnement tous les huit ou douze jours, c'est-à-dire deux ou cinq fois.

L'ébourgeonnement d'un hectare exige de quatre à huit journées de femmes.

Le planteur est obligé d'enterrer au pied des tabacs, tous les jets qu'il détache des tiges. Les infractions à cette prescription sont constatées par un procès-verbal administratif.

Agents atmosphériques, animaux et plantes nuisibles.

1° Les *pluies continues* sont nuisibles au tabac : elles diminuent la qualité de ses feuilles en contrariant l'élaboration des sucs. Les *chaleurs excessives* crispent les feuilles, arrêtent leur développement, et réduisent le poids du produit. Les *brouillards* altèrent le parfum des feuilles, et modifient la solidité de leur tissu. Les *vents violents* brisent les tiges, déchirent et anéantissent les feuilles ; la *grêle* et *les pluies d'orage* produisent les mêmes désastres. Enfin, les *gelées hâtives d'automne* nuisent aux feuilles en précipitant leur maturité.

Quand on cultive le tabac en plaine ou à une faible distance de la mer, on doit le protéger contre la violence des vents par des plantations de houblons, de topinambours ou de haricots à rames. Dans les arrondissements de Dol et de Saint-Malo (Ile-et-Vilaine), la Régie autorise les planteurs à diviser leurs champs en parties régulières, par des topinambours, des pois ramés, du maïs, afin de garantir les tabacs contre l'influence fâcheuse des vents de mer. Dans les contrées méridionales, le tabac craint un soleil très ardent.

2° Les *taupes* doivent être détruites avec soin, car elles détruisent quelquefois beaucoup de jeunes pieds en creusant leurs galeries. Il est très important de les détruire en se servant de pièges spéciaux, soit en bois, soit en fer. Au Brésil, les *lézards* coupent les racines des jeunes pieds et détruisent plus tard leurs feuilles.

3° Le tabac est attaqué par un grand nombre d'insectes :

Les *limaces* nuisent beaucoup au tabac dans les années où les pluies sont continuelles; elles mangent les feuilles des plants en pépinière ou des tabacs transplantés. On les ramasse le matin de très bonne heure, ou la nuit en se servant d'une lanterne.

La *larve du hanneton* dite *ver blanc* attaque principalement les racines du tabac. Cette larve n'est pas d'une destruction facile.

La *courtilière* creuse des galeries qui compromettent l'avenir des semis ou qui font périr un certain nombre de pieds de tabac. On les détruit aisément en introduisant un peu d'huile et ensuite de l'eau dans les galeries qu'elles habitent.

Le *vers gris* ou chenille de l'*Agrostis segetum* est aussi un grand ennemi pour le tabac; il fait souvent périr beaucoup de pieds en rongeant leurs racines. Il apparaît en mai et juin.

La *sauterelle verte* ou *Locusta viridissima* ronge le parenchyme des feuilles sans toucher à la côte.

Il est utile aussi de signaler la *punaise grise* (CIMEX GRISENS) et la *punaise bleue* (CIMEX CŒRULEUS); l'une et l'autre causent souvent beaucoup de dégâts en faisant périr les pieds sur lesquels elles vivent.

Au Brésil, le tabac est parfois attaqué par un très petit insecte noir appelé *pulgao;* cet insecte perce les feuilles.

4° L'*orobanche rameuse* (PHELIPEA RAMOSA) est une plante redoutable; elle apparaît en août en s'implantant sur les racines du tabac. Alors vivant entièrement à ses dépens, elle l'épuise et ne tarde pas à le faire périr. On doit, pour arrêter ses ravages, c'est-à-dire empêcher qu'elle mûrisse ses graines, la détruire, ou couper le plus tôt possible toutes les tiges qu'elle a produites. Ce procédé est le seul que le planteur puisse exécuter. La destruction des tabacs envahis par ce parasite pourrait parfois devenir très onéreuse, surtout lorsque le nombre de pieds de tabacs est considérable.

Le tabac est sujet à trois altérations ou maladies :

1° Les sols humides et les années pluvieuses favorisent le développement sur les feuilles de taches roussâtres qui constituent ce qu'on appelle la *rouille*. Les feuilles sur lesquelles on observe cette altération se flétrissent et ne tardent pas à se détacher des tiges. On ne connaît encore aucun moyen pour éviter ces altérations.

2° Les feuilles de tabac sont aussi désorganisées par une maladie signalée par des marbrures jaunâtres sur lesquelles ne tardent pas à se développer des taches nombreuses de rouille. Cette maladie, à laquelle on a donné le nom de *nielle,* diminue la vitalité des pieds sur lesquels elle apparaît. On ignore les causes qui favorisent son développement.

3° Le tabac est parfois arrêté dans son développement par une altération que l'on a appelée *blanc.* Les pieds qui en sont atteints sont dépourvus de chevelu et la tige contient une moelle molle et blanchâtre. Les tabacs dits *blancs* ne produisent ni bourgeons ni rejetons, et se conservent difficilement à la pente. Les experts chargés du classement des feuilles n'acceptent pas celles qui en sont attaquées, parce qu'elles font moisir les feuilles saines avec lesquelles elles sont en contact. Ces faits suffisent pour engager les cultivateurs à détruire les tabacs blancs, après avoir prévenu les employés de la Régie.

Les plantes avariées ou de mauvaise venue, et les feuilles altérées ou déchirées, ne peuvent être détruites hors de la présence des employés de la Régie, sous peine pour le planteur de ne pas en obtenir décharge.

Ainsi, en cas d'accidents éprouvés après l'inventaire soit par la grêle, soit par toute autre cause, le planteur est tenu, suivant l'article 197 de la loi du 2 avril 1816, d'en faire la déclaration au maire de la commune, au moins dans les vingt-quatre heures. Ce fonctionnaire prévient les employés, qui doivent constater en sa présence le nombre de plantes et de feuilles endommagées.

Les planteurs qui négligent de se conformer à ces dispositions ne sont point admis, à l'époque de la livraison, à se prévaloir des accidents éprouvés.

La décharge à laquelle le cultivateur peut prétendre est estimée de gré à gré ; en cas de contestation, il est prononcé par des experts nommés par le préfet.

Récolte des graines.

J'ai dit précédemment que la loi autorisait les planteurs à récolter les semences dont ils ont besoin.

Il est nécessaire, si on veut avoir de bonnes graines, de choisir comme *plantes mères* les pieds les plus forts et les plus vigoureux. Ces porte-graines doivent être isolés les uns des autres et bien exposés au soleil.

Ces pieds ne doivent pas être écimés et effeuillés; les feuilles sont considérées comme nécessaires à la formation et à la nutrition des graines. Si ces porte-graines étaient écimés, ils seraient considérés comme constituant une plantation illicite, et le planteur serait passible des peines édictées par l'article 181 de la loi précitée. On ne doit pas oublier qu'un trop grand nombre de capsules nuit à la qualité des semences.

Nonobstant, on peut enlever les rejets, les bourgeons qui se développent sur la tige et les feuilles situées à la base des pieds; on peut aussi supprimer les boutons à fleurs qui se montrent tardivement. Cette suppression aura l'avantage de faciliter le développement des capsules qu'on aura laissées et la maturité des graines qu'elles contiendront.

On procède à la coupe des tiges à la fin de septembre ou au commencement d'octobre, lorsque les capsules ont pris une teinte jaune brunâtre et que les graines sont arrivées à maturité. On doit opérer par un beau temps. On les fait ensuite sécher en les suspendant au soleil ou dans une chambre aérée et sèche. Quand les capsules sont sèches, on les détache des ramifications pour les conserver dans une boîte. On ne les ouvre qu'au moment de semer les graines qu'elles renferment. Lorsqu'on égrène les capsules en automne, on conserve les semences dans une bouteille ou une gourde bien bouchée.

Les bonnes graines de tabac sont lourdes et ont une grosseur uniforme; leur couleur est roussâtre.

Les graines qui restent verdâtres, sont de mauvaise qualité. En général les semences de tabac perdent d'année en année leur faculté germinative, par suite de l'évaporation de leur huile essentielle.

Un litre de bonnes graines de tabac pèse 550 grammes environ.

Il contient de 1.000.000 à 1.200.000 semences.

On a constaté que 25 pieds de tabac cultivés avec soin dans un endroit abrité des vents du nord produisent environ 1 kilog. de graines.

Récolte des feuilles.

ÉPOQUE. — L'époque à laquelle on exécute la récolte des feuilles varie suivant la latitude sous laquelle le tabac est cultivé.

En Flandre, elle a lieu ordinairement vers le 25 septembre, c'est-à-dire 115 à 125 jours après la plantation.

Dans la Guyenne, on l'opère vers le 25 août, soit 85 à 95 jours après la mise en place des plants.

Ainsi, la cueille des feuilles a lieu à la fin de l'été, plus tard ou plus tôt, selon le climat ; mais ordinairement elle est faite aussitôt que les feuilles sont arrivées à maturité, parce que la proportion de potasse qu'elles renferment va en diminuant à partir du 75^c jour qui suit la mise en place des plants.

Au Brésil, on l'exécute de septembre à février ; en Égypte, en mars et avril, et dans la Malaisie, en octobre et novembre, avant l'arrivée des pluies.

INDICES DE LA MATURITÉ DES FEUILLES. — Le tabac est à maturité quand ses feuilles se sont légèrement marbrées d'un jaune-brun, ou de jaune pâle, lorsqu'elles se crispent à leur extrémité, se cassent net quand on veut les plier, lorsque la surface offre des inégalités ou des boursouflures, et présente une sorte de velouté qu'on distingue aisément à la réverbération du soleil.

Les feuilles, arrivées à cet état, ont une inclinaison prononcée, et elles développent une odeur de nicotine ; en outre, leur surface est gommeuse et elles ont atteint leur développement maximum.

Les feuilles destinées à servir de couverture (robe) dans la fabrication des cigares, ne doivent pas être récoltées trop mûres. On doit se rappeler que les feuilles inférieures sont celles qui mûrissent les premières.

Le tabac destiné à la pipe est récolté à parfaite maturité.

En général, les feuilles récoltées vertes ou trop tôt ont peu d'arome ; celles cueillies trop tardivement ou sèches se brisent aisément et donnent beaucoup de poussière ou de débris. J'ajouterai que les premières feuilles sont toujours les meilleures. C'est pourquoi en Égypte, où le tabac fournit deux récoltes de feuilles, la seconde est réservée pour les fellahs.

Conditions imposées aux planteurs. — Il est interdit aux planteurs de récolter tout ou partie de leurs tabacs, avant l'inventaire des feuilles, qui en établit régulièrement les charges. Il leur est également défendu de récolter aucune feuille d'épamprement, d'écimage, de bourgeon ou de regain. Nous avons dit précédemment que toutes les feuilles doivent être détruites au moment de leur extraction.

S'il est reconnu, au moment du deuxième inventaire, qu'il a été distrait des feuilles sur les pieds de tabac, les employés de la Régie sont autorisés à compter et à prendre en charge le nombre de ces feuilles d'après celui des nœuds ou traces de pétioles existant sur les tiges de tabac.

Toutes les feuilles autres que celles cassées par les vents ou la grêle, dans des cas d'avaries reconnus ou par événement fortuit dûment constaté, que l'on trouverait à la pente ou au domicile des planteurs avant l'inventaire, seront saisies comme dépôt frauduleux en vertu de l'article 217 de la loi précitée ; ces contraventions sont punies d'une amende de 10 fr. par kilogr. de tabac saisi, laquelle ne peut excéder la somme de 3.000 francs, ni être au-dessous de 100 francs.

Dans le cas ou les tabacs saisis seraient totalement verts ou en cours de dessiccation, leur poids réel subirait, pour fixer l'amende, une réduction de 60 pour pour 100 dans le premier cas, et de 30 pour 100 dans le second.

Les amendes imposées aux planteurs dans le département du Nord, en 1861, se sont élevées à 31.890 francs; mais ils n'ont versé à l'État que 6.290 francs, par suite des remises qui leur ont été accordées et qui s'élevaient à 25.600 francs.

CUEILLETTE DES FEUILLES. — La cueille des feuilles doit être faite, autant que possible, par un beau temps et après la rosée. Il faut éviter d'opérer par un soleil ardent ou lorsque le temps est pluvieux.

Cette récolte se fait en plusieurs fois, parce que toutes les feuilles ne mûrissent pas à la même époque. C'est pourquoi on les divise souvent en trois catégories : les feuilles *du bas,* les feuilles *du centre* et les feuilles *du haut de la tige.*

On sépare les feuilles qui proviennent de diverses variétés et on les assortit suivant leur grandeur.

On cueille d'abord les feuilles les plus mûres, celles du bas des tiges. Ces feuilles forment environ la moitié ou les deux tiers de la récolte. Huit ou douze jours après cette première opération, on termine la cueillette.

Dans quelques localités, la récolte des feuilles se fait à trois reprises et dure environ vingt jours.

On doit casser ou couper, ce qui est préférable, les pédoncules des feuilles le plus près possible de la tige. En général, il faut éviter de laisser aux feuilles une partie de l'écorce des tiges et de les déchirer.

En Belgique, comme autrefois en France, les feuilles récoltées en :

Premier lieu forment le *tabac très fort*
Second lieu   —   *tabac fort.*
Troisième lieu   —   *tabac doux.*

Au fur et à mesure qu'on opère la cueillette, on réunit les feuilles par petites poignées en les plaçant sens dessus dessous les unes sur les autres, et on les pose sur les billons ou sur le sol. On les porte ensuite au séchoir.

Quelques heures d'exposition au soleil les ressuient et les assouplissent ou les amortissent.

Quand on craint la pluie on les rentre immédiatement. Les feuilles une fois détachées des tiges se détériorent facilement sous l'action de la rosée ou des pluies ; elles perdent de leur partie gommeuse, de leur sève et de leur parfum. C'est donc à tort qu'on les laisserait passer la nuit dans les champs, dans les parties du nord, de l'est ou du sud-ouest de la France.

Lorsqu'on réunit les feuilles en paquets à l'aide de la paille de seigle préalablement trempée dans l'eau, on doit ne pas trop serrer les poignées, afin qu'elles ne s'échauffent pas.

Coupe des tiges. — Dans les départements du Lot et du Lot-et-Garonne, on ne cueille pas ordinairement les feuilles une à une; on coupe les tiges à 0^m,10 ou 0^m,16 au-dessous de la première feuille. Ce mode de récolte est expéditif et très économique. Il a l'avantage, en outre, de garantir le tabac des pluies et des gelées, puisqu'il permet de le déposer plus promptement dans les séchoirs.

L'ouvrier chargé de couper le tabac saisit de la main gauche le pied qu'il veut couper et l'incline légèrement; alors, à l'aide de la serpe qu'il tient dans la main droite, il coupe la tige d'un seul coup en ayant soin de ne pas endommager les feuilles et la pose avec précaution en travers sur les billons, en dirigeant sa base vers le soleil pour que les rayons lumineux n'agissent, autant que possible, que sur la face inférieure des feuilles.

Au bout d'une heure environ, on retourne les tiges pour que toutes les feuilles subissent l'influence du soleil et s'assouplissent. Le soir, avant le coucher du soleil, on les porte au séchoir. Il est très important que les feuilles ne restent pas longtemps exposées à l'action d'un soleil brûlant.

NOMBRE DE JOURNÉES NÉCESSAIRE. — On compte, dans le nord de la France, qu'il faut vingt journées d'hommes et quarante journées de femmes, pour opérer la cueillette des feuilles sur un hectare. Ce travail dure ordinairement dix jours.

La coupe des tiges, dans le département du Lot-et-Garonne, exige cinq à six journées d'hommes.

Transport du tabac au séchoir.

Pour transporter les feuilles qui ont été détachées des tiges, sans les endommager, il faut les placer avec soin dans un tombereau ou dans de grands paniers carrés, qu'on charge ensuite sur une voiture ou sur une brouette. On peut aussi les réunir en paquets ou en bottes avec des cordes, mais ce moyen laisse beaucoup à désirer, parce qu'il oblige à déchirer un certain nombre de feuilles. On ne peut l'adopter que dans les pays où la culture du tabac est libre.

Le transport des tiges munies de feuilles se fait à l'aide de charrettes. Ces tiges y sont placées horizontalement, avec précaution et sans être tassées. On peut, au besoin, les couvrir d'une toile pour les soustraire à l'action d'un soleil ardent.

M. Fabre a constaté qu'il faut, dans le département du Lot-et-Garonne, douze voyages de charrettes pour transporter le tabac d'un hectare au séchoir, et six journées de femmes pour charger et décharger les voitures.

Toutes les feuilles qui se détachent des tiges doivent être conservées avec soin, parce qu'elles figurent sur l'inventaire fait par les agents de la Régie.

Seconde récolte ou regain.

Les feuilles ou les tiges étant coupées lorsque le tabac est encore en végétation, il en résulte que plusieurs tiges secondaires ne tardent pas à se développer à la base des pieds. Ces rejets et les feuilles qui les garnissent constituent ce qu'on appelle le *regain*.

La loi ne permet pas aux planteurs de récolter ces nouvelles feuilles. En exécution de l'article 196 de la loi de 1816, ils sont tenus d'arracher les tiges et souches de leur plantation, au fur et à mesure de l'achèvement de la récolte.

Les employés qui constatent un seul fait de l'existence desdites tiges et feuilles après le délai accordé dans l'avertissement qui leur aura été délivré, dressent un procès-verbal contre les contrevenants, qui seront alors passibles de l'amende prononcée par l'article 181 de la loi sur le tabac.

Les feuilles des regains ont-elles suffisamment de qualité pour être récoltées ? L'administration répond affirmativement à cette question en excluant ce tabac de la classe des produits marchands. Cette mesure est basée sur ce principe : que les feuilles qui constituent le regain n'arrivent pas toujours à maturité. M. Boussingault a récolté en seconde récolte, en 1857, 547 kilogr. de feuilles par hectare ; aussi est-ce avec raison qu'il voudrait que le cultivateur fût autorisé à profiter des chances favorables quand elles se présentent, lui qui subit si souvent sans se plaindre les conséquences des mauvaises saisons !

Dans le département du Nord, on désigne les regains et les petites feuilles sous le nom de *savonnettes*; ces feuilles sont classées comme tabac non marchand.

Quand la récolte des feuilles ou la coupe des tiges a eu lieu, on arrache les pieds avec une pioche, on les secoue pour détacher la terre qui adhère aux racines et on les met en tas. Lorsque tous les pieds ont été ainsi déracinés, on les enlève à l'aide d'un tombereau et les conduit sur le fumier. Ces souches augmentent utilement la masse des engrais.

Dessiccation du tabac.

Aux termes du règlement concernant la culture du tabac, la dessiccation des feuilles doit être faite dans des séchoirs ou locaux convenablement disposés, afin de les préserver des intempéries ou des pluies, des brouillards et du soleil. Cette opération est difficile et demande une grande surveillance. Quand elle est bien faite, elle procure aux feuilles de la souplesse et une belle teinte rousse. Elle laisse beaucoup à désirer quand les feuilles ont une nuance vert clair ou une couluer brune ou noirâtre.

Locaux ou abris. — Dans le nord et l'est de la France et en Allemagne et en Belgique, on dessèche le plus ordinairement le tabac sous des hangars ou à l'intérieur de bâtiments, ayant des ouvertures garnies de persiennes à lames mobiles verticales qui permettent une ventilation suffisante.

Dans les départements du sud-ouest et de l'ouest, on dessèche généralement le tabac dans des greniers, sous des hangars et dans des granges mal aérées ou sous les auvents que présentent au midi les maisons d'habitation.

Un séchoir est réputé bon, lorsque les rayons du soleil n'y pénètrent pas, quand il est éloigné des lieux qui produisent des émanations nauséabondes, lorsqu'il n'est pas situé dans un endroit humide ou sur le bord d'un cours d'eau, lorsqu'il a des ouvertures et que celles-ci permettent d'établir à volonté des courants d'air ; enfin quand on peut facilement y maintenir une chaleur douce.

L'administration publie chaque année qu'elle accordera des primes aux propriétaires qui construiront des séchoirs d'après les dispositions des séchoirs que possède la Hollande; mais peu de cultivateurs jusqu'à ce jour ont profité de ces encouragements, parce que les primes offertes ne sont pas en rapport avec les dépenses que nécessitent ces bâtiments spéciaux.

Conditions réglementaires concernant la dessiccation. — Les tabacs récoltés ne peuvent être desséchés ailleurs que dans l'habitation du planteur qui les a récoltés.

Les cultivateurs qui se trouveraient dans l'impossibilité de placer dans le local qu'ils habitent les tabacs provenant de leurs récoltes, ne pourront les faire sécher et emmagasiner dans un autre local qu'après en avoir obtenu l'autorisation.

Pour obtenir cette autorisation, il faut en faire la déclaration avant la récolte aux employés de la Régie, en désignant la situation des bâtiments, le nom de leur propriétaire, et produire le bail authentique ou ayant date certaine qu'ils auront souscrit avec ce dernier. Les bâtiments loués doivent être situés dans une commune autorisée à planter du tabac. Cette déclaration est inscrite sur un registre à souche.

A défaut par les planteurs de se conformer à ces dispositions, les tabacs sont saisis par les employés, et le détenteur est passible des peines prononcées par les articles 217 et 218 de la loi de 1816.

Mise a la pente. — La mise à la pente s'opère de deux manières : 1° en enfilant les feuilles ; 2° en attachant les pieds à des perches.

1° Lorsque les feuilles ont été apportées au séchoir, on en forme des *guirlandes,* qu'on suspend au-dessous des toits ou des hangars.

Chaque femme chargée de préparer ces *chapelets* (fig. 7)

prénd une ficelle ayant de 1ᵐ,50 à 2ᵐ de longueur, et l'engage dans l'œil d'un *carrelet* moyen ayant 0ᵐ,20 de longueur; alors, à l'aide de cette grosse aiguille, elle enfile un certain nombre de feuilles par le *gros bout de la côte*. On

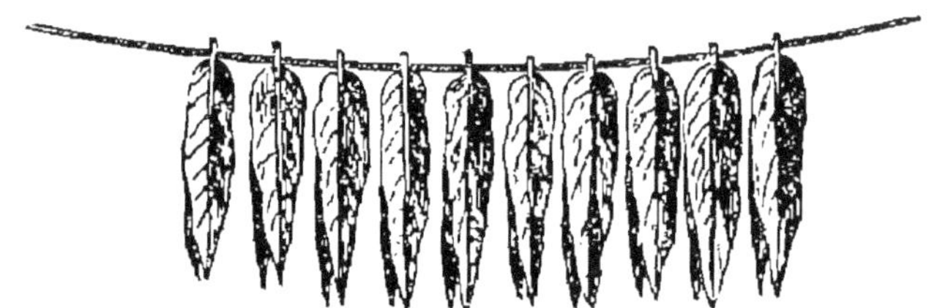

Fig. 7. — Guirlande de feuilles de tabac.

doit éviter de percer les pages des feuilles. Chaque jour on enfile les feuilles qu'on a récoltées la veille. En Alsace, on fend préalablement le pétiole de chaque feuille avec un

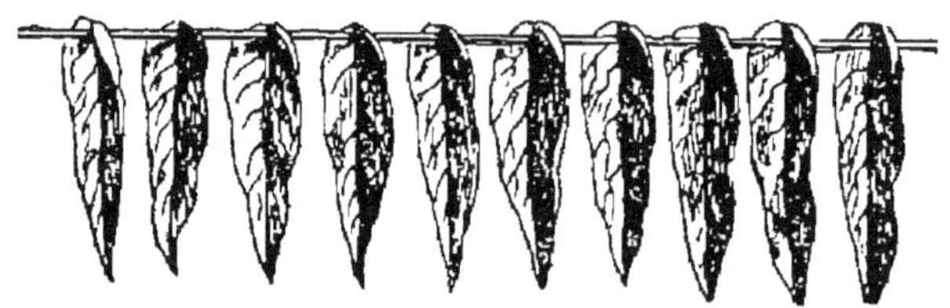

Fig. 8. — Feuilles soutenues au moyen d'une baguette.

petit *tranchet;* cette opération facilite la dessiccation de la côte et rend l'enfilage plus facile.

Il est très utile de ne pas mêler le *tabac long* avec le *tabac court.*

Le plus ordinairement les guirlandes de feuilles ont de 1ᵐ à 1ᵐ,50 de longueur et supportent de 30 à 45 feuilles.

En Hollande, on remplace souvent les ficelles par de petites baguettes (fig. 8).

Les guirlandes, au fur et à mesure de leur confection, sont attachées à des crochets que portent des tringles de bois

situées à 2 ou 3 mètres au-dessus de l'aire des bâtiments.
Les chapelets doivent être espacés les uns des autres de
0^m,20 à 0^m,25 ; les feuilles sont séparées sur les guirlandes
de 0^m,03 à 0^m,05 ; *elles ne doivent pas se toucher*. On peut
les disposer en étage, si la hauteur du bâtiment le permet.

On peut aussi attacher 15 à 20 feuilles par la pointe et
les réunir en paquet qu'on suspend ensuite à une perche.

2° Lorsqu'on suspend des pieds de tabac, il faut attacher

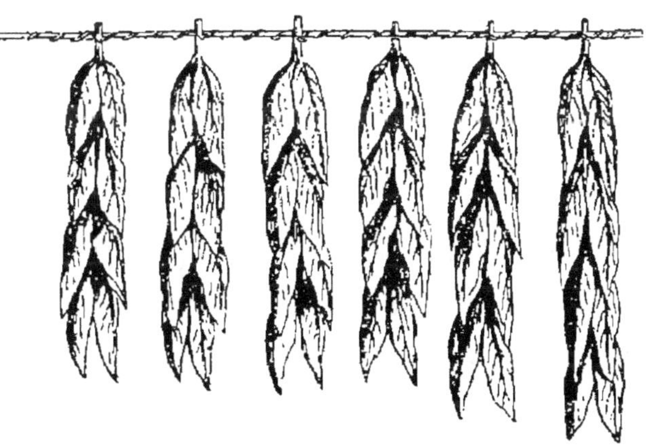

Fig. 9. — Pieds de tabac mis à la pente.

sous les solives ou poser sur les poutres ou entraits portant des fermes, des chevrons espacés les uns des autres de
0^m,30 à 0^m,40.

Alors, à l'aide de brins d'osiers, de joncs, de petits liens de
paille ou de ficelle, on suspend les pieds de tabac la partie
supérieure en bas, pour que les feuilles soient bien tomban-
tes (fig. 9). Dans quelques localités on attache deux pieds à
l'un des bouts d'une ficelle ; ailleurs, on en fixe un à chaque
extrémité. La corde, qui a alors 0^m,30 à 0^m,50 de longueur,
repose à cheval sur le chevron et permet à chaque pied de
tomber verticalement.

Quand le local est élevé, on dispose plusieurs étages suc-
cessifs de perches ou de chevrons.

La mise des tiges à la pente doit être faite au fur et à me-sure qu'elles arrivent à la ferme. C'est en opérant ainsi qu'on parvient à obtenir du tabac de bonne qualité. Les cultivateurs qui veulent obtenir principalement du tabac ayant une belle couleur et surtout une nuance uniforme, doivent le mettre en tas dans des caves ou des locaux frais aussitôt après qu'il a été récolté et l'abandonner ainsi pendant deux ou trois jours pour qu'il fermente et devienne jaune pâle. Cette opération est utile quand la récolte a lieu par un temps très chaud, ou lorsque le vent souffle du nord; mais elle présente des dangers si elle n'est pas surveillée et pratiquée par des planteurs habiles, parce que les feuilles qui fermentent ainsi, peuvent prendre une teinte brune et perdent leur arome si la chaleur qu'elles produisent pendant la fermentation acquiert une certaine intensité.

M. Mourgues regarde la dessiccation du tabac en tiges comme supérieure à la dessiccation des feuilles en guirlandes. Voici les résultats qu'il a constatés par expérience :

100 feuilles ayant séché sur leur tige ont pesé, après six semaines de suspension, 1 kilog. 875 grammes.

100 feuilles d'une dimension et d'un poids égaux, mises à la pente en guirlandes, n'ont pesé, après le même laps de temps, que 1 kilog. 625.

La différence en faveur du premier mode de dessiccation est donc de 14 pour 100 environ. Si l'on ajoute 12 pour 100 pour l'augmentation en valeur des mêmes produits, à cause de la conservation de la qualité, on trouve que la différence du rendement des deux procédés de dessiccation s'élève à 26 pour 100.

En Orient, on agit dans la dessiccation du tabac de manière à pouvoir disposer de feuilles jaunâtres ou blondes, parce qu'elles contiennent moins de nicotine que les feuilles qui sont foncées en couleur. En Amérique, où l'on donne la priorité aux feuilles claires ou blondes, on opère leur dessiccation dans des séchoirs où la température s'élève progressivement jusqu'à 60 degrés.

DÉPENSES OCCASIONNÉES PAR LA PENTE. — On compte, dans le département du Pas-de-Calais, qu'il faut vingt journées d'hommes et quarante journées de femmes pour enfiler les feuilles produites par un hectare.

Dans le Lot-et-Garonne, il faut cinq journées de femmes pour attacher les pieds deux à deux avec de la paille ou de l'osier, six journées d'hommes pour les suspendre et deux journées d'hommes pour les descendre.

CONDITIONS DE RÉUSSITE. — La dessiccation oblige le cultivateur à une surveillance active et continuelle.

Si le tabac se dessèche trop vite, il reste vert, et ne prend pas cette teinte brune dorée qu'il doit avoir ; en outre, il perd son onctuosité et diminue de qualité.

Il faut donc faciliter plus ou moins l'accès de l'air ou de la chaleur, selon le degré de la dessiccation des feuilles, et éviter d'exposer le tabac à l'action directe du soleil. L'humidité et une trop grande chaleur sont très nuisibles aux tabacs. Une dessiccation trop rapide rend les feuilles cassantes.

Les feuilles qui se couvrent de moisissures doivent être détachées des guirlandes et des tiges, et suspendues par la pointe en petits paquets pendant dix à quinze jours. Quand les moisissures persistent, après cette nouvelle pente, on les détache de nouveau, et on les frotte avec un linge, ou à l'aide de la main en ayant soin de ne pas les déchirer.

C'est à tort qu'on précipite la dessiccation en allumant du feu dans les séchoirs.

Enfin, on surveille chaque jour les guirlandes ou les pieds pour s'assurer si les feuilles se touchent et mettre de nouveau à la pente celles qui se sont détachées des tiges.

Dans les régions méridionales et en Algérie, on sèche souvent le tabac en l'exposant à l'action de l'air sous un hangar suffisamment ventilé (fig. 10), et où les rayons du soleil n'ont pas accès.

Durée de la mise a la pente. — Les feuilles et les tiges restent suspendues dans les séchoirs pendant un mois, six semaines.

Cette première dessiccation est moins prolongée quand

Fig. 10. — Hangar séchoir.

l'air est chaud et sec; elle dure davantage si le temps est humide et froid.

Elle est terminée quand la côte principale a perdu les 9/10 de son eau de végétation.

Le cultivateur n'a pas intérêt à la prolonger sans nécessité, car, une fois sec, le tabac ne peut que perdre de sa qualité si le temps est sec, et moisir, s'il est humide.

On doit, autant que possible, profiter d'un temps très doux pour descendre le tabac de la pente, parce qu'alors les feuilles étant très assouplies, sont moins sujettes à être brisées.

Quand le vent souffle du nord, on fait bouillir de l'eau dans le séchoir; la buée qu'on produit ramollit les feuilles et rend l'opération plus facile. Si l'air est humide, s'il règne un brouillard intense, on ferme le plus possible momentanément le séchoir.

S'il gèle, on attend patiemment le beau temps.

Effeuillaison des tiges.

A mesure qu'on descend les tiges de la pente, on les donne à des femmes pour qu'elles détachent les feuilles une à une et les divisent en trois classes : le premier tas est formé des deux feuilles les plus basses; le second comprend les trois ou quatre feuilles du milieu; le troisième est formé de deux à trois feuilles supérieures.

Le produit d'un hectare nécessite, dans le département du Lot-et-Garonne, quatorze journées de femmes.

Mise en tas.

Quand les feuilles ont été retirées de la pente, alors que leurs côtes sont sèches, on les réunit en tas pour qu'elles augmentent en qualité et qu'elles soient plus souples et plus onctueuses.

Ces tas ou *marcs* ou *masses* ont de $0^m,65$ à $0^m,75$ de hauteur.

On les forme en disposant les feuilles (les queues en dehors) sur deux rangs contigus au milieu d'un local sain et aéré.

Au bout de dix à quinze jours on défait les tas on bat les

feuilles les unes contre les autres en les prenant par leurs pétioles, afin de bien les aérer, et on les met encore une fois en tas.

Si vers le sixième ou le huitième jour on constatait, en plongeant la main dans le milieu des masses, un commencement de fermentation, il faudrait ne pas tarder de les démonter. Les feuilles qui fermentent dans les masses d'une manière apparente, deviennent sèches et perdent leur gomme et leur arome.

Triage des feuilles.

En novembre ou décembre, on s'occupe du triage, opération qui consiste à réunir les feuilles de même grandeur, de même couleur et de même qualité. Ce triage ne peut être fait que par des personnes habituées à ce genre de travail. L'administration se charge, sur la demande des planteurs, de le faire exécuter à leurs frais par des femmes des magasins de tabac.

Le triage est obligatoire pour tous les planteurs.

L'ouvrier chargé d'opérer le classement se place devant une longue table située dans un bâtiment bien éclairé, pose devant lui un paquet de feuilles provenant d'une des masses, et le examine une à une. Alors, ayant égard à *leur largeur, leur longueur, leur nuance, leur consistance* et *leur défaut,* il les range successivement en huit tas.

Le premier	comprend	les feuilles	corsées jaunes.
Le second	—	—	légères jaunes.
Le troisième	—	—	corsées brunes.
Le quatrième	—	—	légères brunes.
Le cinquième	—	—	ayant des taches de rouille.
Le sixième	—	—	verdâtres.
Le septième	—	—	qui ont fermenté en masse.
Le huitième	—	—	rouillées, moisies, déchirées.

Cet ouvrier est secondé par un aide.

Le triage des feuilles récoltées sur un hectare exige dans le Lot-et-Garonne environ 15 journées de femmes habituées à l'opérer annuellement.

On brosse les feuilles sur lesquelles il y a des moisissures.

Mise en manoques.

Lorsque le triage est terminé ou à mesure qu'on l'opère, on procède à la formation des *manoques* (fig. 11) ou paquets composés d'un nombre uniforme de feuilles toutes de même qualité.

La personne chargée du manocage arrange symétriquement un nombre donné de feuilles qu'elle lie ensemble avec une autre feuille ; ce lien entoure les pédoncules ; on l'arrête en introduisant son extrémité entre les queues des feuilles.

Toutes les feuilles doivent avoir leurs côtes en dehors.

Le nombre des feuilles composant les manoques varie suivant les localités. Voici les chiffres arrêtés par l'administration :

Fig. 11. — Manoque de tabac.

Lot et Lot-et-Garonne............. 20 feuilles.
Ille-et-Vilaine.................. 20 —
Bas-Rhin....................... 25 —
Nord.......................... 50 —

A la Havane les manoques ou *gavilas* contiennent 20 à 25 feuilles. Quatre gavilas constituent une *moinoja*.

En France, il est expressément défendu de rogner le limbe des feuilles avec des ciseaux, sous prétexte d'enlever les parties mortes ou altérées.

Mise en masses des manoques.

Quand le manocage est terminé, on réunit les manoques en masses, ou *piles* de $1^m,30$ à $1^m,50$ de hauteur sur 2 mètres de largeur, en plaçant les pédoncules en dehors. On comprime ensuite chaque tas avec des planches ou des madriers.

De temps à autre, on s'assure de la température de chaque masse. Pour plus de sécurité, on place un thermomètre au centre de chaque tas. Si la chaleur dépasse $+ 28$ à $+ 30^0$, on démonte de suite le tas, on bat les manoques, on les étend au grand air et on les met de nouveau en masses le lendemain ou le troisième jour. On répète cette opération toutes les fois que cela est nécessaire.

Pendant cette mise en masses, qui dure un mois ou six semaines, le tabac prend une teinte plus foncée et acquiert ainsi plus de qualité.

Cette opération nécessite par hectare de 6 à 8 journées d'hommes.

Emballage des manoques.

Quelques jours avant l'époque de la livraison, on examine avec soin toutes les manoques, afin de s'assurer de leur état. Quand le tabac n'est ni trop sec ni trop humide, on réunit les manoques en balles ou en paquets. On doit assortir les tabacs de même qualité.

Les balles, dans les départements du Lot, Lot-et-Garonne et Ille-et-Vilaine, doivent contenir 250 manoques de tabac de même qualité ; dans la Dordogne, elles en contiennent 200 seulement.

Dans le département du Nord et la région du Midi, les bottes sont composées de 50 manoques réunies au moyen de trois sangles ou trois liens d'osier ; dans le Pas-de-Calais, elles comprennent 100 manoques ou 5.000 feuilles. Dans le Bas-Rhin, les bottes sont formées de 10 manoques seulement réunies sur deux rangées et liées au moyen d'une ficelle.

Quand le temps est au sec et que le vent du nord souffle avec force, le tabac se brise alors très facilement. Dans ce cas, on doit couvrir les manoques ou les balles d'une toile imbibée d'eau et alterner les premières avec des branches de buis vert. Vingt-quatre heures suffisent ordinairement pour que le tabac revienne à sa souplesse normale.

<h3 align="center">Livraison des tabacs.</h3>

La Régie prend livraison des tabacs à des époques qui sont déterminées par des arrêtés des préfets et qui varient : dans le Nord, du 25 octobre à la fin de décembre pour les feuilles de terre, et du 1ᵉʳ janvier au 1ᵉʳ mai pour les grands tabacs ; dans le Sud-Ouest, du 1ᵉʳ au 30 janvier.

Les planteurs doivent, au jour qui leur est fixé, conduire leur récolte au magasin de la Régie et se munir, à cet effet, d'un laissez-passer qui leur est remis par le maire ou le receveur buraliste de la commune.

Les voitures sur lesquelles les tabacs sont transportés doivent être garnies intérieurement de paille et être couvertes de manière à les garantir de la pluie ou de l'humidité.

Tout planteur qui n'a pas effectué sa livraison au jour indiqué, ne peut présenter ses tabacs qu'après avoir reçu un nouvel appel. S'il n'y défère pas, il est considéré comme détenteur frauduleux de tabac, et les employés dressent procès-verbal contre lui, par application de l'article 217 de la loi de 1816.

Le planteur ne peut quitter son exploitation sans être
pourvu d'un laissez-passer indiquant de nombre de balles
et de feuilles qu'il doit livrer à l'administration.

Dénombrement et pesée des feuilles au magasin.

A l'arrivée de ses tabacs dans les magasins et avant
qu'il soit procédé au dénombrement des feuilles, le planteur est tenu de déclarer qu'il présente la totalité de sa
récolte et d'indiquer le nombre de balles ou de bottes, de
manoques et de feuilles dont elle se compose.

Les employés vérifient l'exactitude de la déclaration, en
comptant le nombre de balles ou de bottes, puis celui des
manoques contenues dans un certain nombre de balles ou
de bottes, et enfin le nombre de feuilles de plusieurs manoques.

S'il est reconnu que les manoques et les balles ou les
bottes ne sont pas composées conformément au règlement,
il est sursis à l'expertise des tabacs et ceux-ci sont mis à
part dans le magasin.

On accorde aux planteurs une décharge de 3 à 4 p. 100
pour les déchets. Cette réduction spécialement affectée à la
dessiccation est souvent insuffisante.

Voici les faits qu'on a enregistrés en 1853, 1854 et 1862 :

	Feuilles dans les champs.	Feuilles livrées.	Feuilles manquantes.	Décharge de 4 p. pour 100 accordée.
1853	339 072 896	326 650 661	12 422 235	13 562 516 feuilles
1858	303 937 440	292 797 140	11 144 300	12 157 490 —
1862	298 125 026	287 295 635	10 829 391	11 925 001 —

Les tabacs sont pesés séparément par qualité ; le poids
des osiers, ficelles, etc., servant de liens est déduit du poids
brut.

Les tabacs encore humides ne sont reçus que sous ré-
fraction arbitrée par la commission d'expertise.

Classement des tabacs.

La commission d'expertise procède au classement par *première, seconde* et *troisième qualité des tabacs marchands* et à l'estimation des *tabacs non marchands* ou propres à entrer dans la fabrication des tabacs de qualité inférieure. Elle prononce le rejet et la destruction des tabacs qui n'ont aucun emploi dans les manufactures. Enfin, elle décide quand il y a lieu d'accorder, et pour quelle quantité, la prime de 10 fr. par 100 kilogrammes à titre de surchoix, conformément à l'article 192 de la loi de 1816.

Avant 1835, la commission d'expertise se composait de quatre experts, dont deux nommés par le préfet et deux par les dix plus forts planteurs. Aujourd'hui cette commission se compose de cinq membres choisis et nommés directement par le préfet. Les décisions sont prises à la majorité des voix.

Avant l'ouverture des livraisons, le directeur désigne dans chaque circonscription douze cultivateurs possédant les meilleures récoltes, lesquels sont appelés à en faire livraison au jour fixé. Ces échantillons servent de types pour le classement et sont déposés sur la table d'expertise pour être consultés par les experts.

Les cultivateurs prélèvent un certain nombre de manoques pour en former les types représentatifs des première, deuxième et troisième qualités.

Ne peuvent être classés ni en première, ni en seconde qualité :

1° Les tabacs sans sève ;

2° Les tabacs mal triés par qualités ;

3° Les tabacs déchirés ;

4° Les tabacs à grosse côte susceptibles de se salpêtrer.

La commission doit ranger comme non marchands, ou rejetés de la livraison, les tabacs suivants :

1° Les tabacs ayant contracté une mauvaise odeur ;

2° Les tabacs amollis par un excès de fermentation ;

3° Les tabacs verts ou gelés ;

4° Les tabacs moisis ou avariés ou qui auraient été pressés lorsqu'ils étaient encore verts.

Les tabacs rejetés doivent être détruits en présence des experts. Le fumier ou les cendres sont vendus au profit de l'Administration (1).

Voici les caractères généraux des tabacs de 1re, 2e et 3e qualité.

1re *qualité*. — Feuilles bien mûres d'une bonne sève, d'un tissu fin et gommeux. On n'a pas égard à la grandeur et à l'intégrité des feuilles.

On exclut les feuilles trop petites et à grosses côtes. On les place dans le 2e choix.

2e *qualité*. — Feuilles mûres, de bonne sève, d'un tissu moins fin et moins gommé que les feuilles de première qualité.

3e *qualité*. — Feuilles légères ou épaisses, mais dépourvues de gomme ou d'une maturité incomplète, à l'exception toutefois des tabacs non marchands.

En 1861, le département du Nord a livré à l'Administration des tabacs 2.092.551 kilog. qui se divisaient comme suit :

1re qualité..........	127.613 kilog.	
2e —	342.607	} 898.576 kilog.
3e —	428.346	
Tabac non marchand.	1.193.975 kilog.	

(1) En 1861, on a rejeté 329.243 feuilles appartenant à 44 planteurs sur 275.057.470 feuilles admises et appartenant à 1.289 planteurs. En 1862, les feuilles rejetées ont été seulement de 119.470 présentées par 26 planteurs sur 287.295.625 feuilles acceptées de 1.316 planteurs, soit dans le premier cas 119 feuilles et dans le second 41 feuilles sur 10.000.

Les tabacs récoltés dans les départements du *Nord*, du *Pas-de-Calais*, du *Bas-Rhin* et d'*Ille-et-Vilaine* fournissent de 60 à 70 pour 100 de tabacs marchands.

Les tabacs du *Lot* et du *Lot-et-Garonne* en donnent de 70 à 80 pour 100.

Les planteurs sont payés le jour même de la livraison de leurs tabacs.

Balance des comptes des planteurs.

Après la réception des tabacs, le compte de chaque planteur est déchargé :

1° Des quantités de feuilles dont la détérioration ou la destruction aura été dûment constatée ;

2° Des feuilles allouées pour déchet en réduction des charges définitives ;

3° Des quantités représentées en magasin, déduction faite, s'il y a lieu, de celles rejetées, pour n'avoir pas été comprises dans les charges.

Si l'addition de ces quantités donne un total égal aux charges établies par l'inventaire, le planteur demeurera libéré. Dans le cas contraire, il sera tenu, suivant l'article 199, de payer au prix de 4 fr. par kilogr. la valeur de la quantité formant le déficit, laquelle sera convertie en poids à raison :

Dans le Lot et l'Ille-et-Vilaine, de.	90 feuilles pour 1 kilogr.
— Lot-et-Garonne..........	100	—	—
— Nord...................	130	—	—
— Bas-Rhin..............	160	—	—

La somme due par le planteur est recouvrée dans la forme des contributions indirectes (1).

---

(1) Les *manquants* à la charge des planteurs ont atteint les chiffres suivants :

En 1835................	18,310 kilogr.
En 1836................	8,141 —

Il est opéré, en vertu de l'article 1ᵉʳ de la loi du 21 avril 1832, sur le montant des livraisons, une retenue d'un centime par kilogramme de tabac, livré et admis à payement. Le produit de cette retenue sert à accorder des primes pour la construction des séchoirs, des indemnités aux planteurs pour dommages causés à leurs récoltes par la grêle ou autres accidents dûment constatés.

Culture de tabac pour l'exportation.

Tout cultivateur habitant une des communes admises à cultiver le tabac et auquel la culture pour les Manufactures nationales n'aura pas été interdite, peut en planter pour l'exportation en se soumettant aux obligations imposées par le règlement.

Aux termes de l'article 206 de la loi de 1816, l'exportation doit être effectuée le 1ᵉʳ août de l'année qui suit la récolte, à moins que le planteur n'ait obtenu du préfet une prolongation de délai qui ne peut pas dépasser le 1ᵉʳ septembre.

Entre le 1ᵉʳ janvier qui suivra la récolte et l'exportation, les tabacs, après avoir été manoqués et emballés, doivent être déposés dans les magasins des Manufactures. A leur arrivée, ils sont pesés, cordés et plombés en présence des employés de la Régie.

Les planteurs sont tenus de payer :

1º Un droit de pesée de 30 centimes par 100 kilogrammes ;

2º Le plombage à raison de 20 centimes par plomb et corde ;

3º Un droit de magasinage à raison de 60 centimes par 100 kilogrammes et par mois.

Les magasins sont ouverts aux planteurs et à leurs ouvriers et pendant les jours et aux heures fixés par le travail dans les ateliers de la Régie.

Après les délais fixés pour la livraison, les employés se rendent au domicile des planteurs et font les recherches nécessaires dans les granges-séchoirs, maison d'habitation et dépendances, afin de vérifier s'ils n'ont pas conservé illicitement des tabacs. Les planteurs chez lesquels il sera trouvé des tabacs seront passibles des rigueurs prononcées par l'article 218 de la loi précitée (1).

Suivant les articles 217 et 218 de la loi du 28 août 1816, nul ne peut avoir en sa possession du tabac en feuilles s'il n'est dûment autorisé ; nul ne peut avoir en provision des tabacs fabriqués autres que ceux des manufactures de l'État.

Vol de tabac.

En cas de vol commis chez un planteur, ce dernier est tenu d'en faire immédiatement la déclaration au maire de la commune et aux employés. Les agents dressent un procès-verbal qui est annexé au compte d'inventaire. Ces deux pièces sont envoyées ensuite au préfet, qui statue sur le dégrèvement à accorder.

Motifs d'interdiction de culture.

Les planteurs peuvent être punis de l'interdiction de culture pendant une ou plusieurs années, s'ils ont commis une des contraventions désignées ci-après.

---

(1) La surveillance de la culture du tabac a occasionné à la Régie en 1835 les dépenses totales suivantes :

Par hectare..............	35 fr.	75 c.
Par planteur.............	15	30
Par plantation...........	8	76
Par 10 000 pieds..........	17	38

1° Plantation au-dessous de 20 ares (art. de la loi du 28 avril 1816).

2° Plantation et semis faits sans autorisation (art. 180).

3° Opposition à l'entrée des employés dans les séchoirs, maison d'habitation, etc. (art. 235).

4° Plantation inférieure en nombre de pieds ou en superficie aux 4/5 des quantités autorisées (art. 180).

5° Plantation faite sous substitution de nom ou de personne (art. 180).

6° Plantation sur d'autres pièces que celles autorisées (art. 180).

7° Non-destruction des semis à l'époque fixée (art. 180).

8° Plantation irrégulière et pieds doubles (art. 180).

9° Conservation de pieds intercalaires après l'époque fixée pour leur destruction (art. 180).

10° Retard dans la transplantation au delà des délais fixés.

11° Écimage au-dessus du nombre de feuilles fixé.

12° Défaut de nettoyage, épamprement et ébourgeonnement.

13° Conservation de bourgeons écimés ou non portant des feuilles de $0^m,25$ de longueur (art. 180).

14° Excédent de la plantation de plus d'un cinquième, soit sur la surface des terres, soit sur le nombre des pieds (art. 193).

15° Remplacement de pieds manquants ou plantation après le premier inventaire (art. 180).

16° Destruction de plantes avariées, hors de la présence des employés.

17° Récolte de feuilles d'épamprement ou de regain avant l'inventaire.

18° Détention de tabac avant l'inventaire (art. 217).

19° Non-destruction des tiges et souches (art. 196).

20° Dépôt sans autorisation de tabac hors du domicile du planteur (art. 217).

21° Conservation de tabac après l'époque fixée pour la livraison ou l'exportation (art. 217).

22° Livraison de tabacs préparés ou humectés frauduleusement.

23° Présentation à la livraison de feuilles d'épamprement ou autres non inventoriées.

24° Manquants constatés lors de la livraison ou de l'exportation (art. 199).

25° Fausse déclaration de vol de tabac faite dans le but de couvrir des manquants frauduleux.

On ne doit pas oublier que l'Administration rejette toujours les débris ou fragments de feuilles, les feuilles de regain ou de bourgeons ou autres qui n'ont pas été inventoriées.

Par contre, en vertu de l'article 103, elle tolère un excédent d'un cinquième. Ainsi un planteur qui aurait 100.000 feuilles portées à son compte peut en présenter 120.000.

Produit par hectare.

Le tabac est beaucoup plus productif dans les départements du Nord et de l'Est, que dans ceux de l'Ouest et du Sud-Ouest. Cette différence tient au nombre de pieds qu'on plante par hectare et à la destination du tabac qu'on y cultive. Voici les rendements moyens que l'on a constatés en France, en 1840 :

Départements.	Arrondissements.	Produits par hectare.	Moyennes.
Lot-et-Garonne..	Marmande.....	383 kilog.	
—	Villeneuve.....	387 —	412 kilog.
—	Nérac.........	417 —	
—	Agen.........	462 —	
Lot...........	Gourdon.......	676 —	
—	Figeac.........	812 —	824 —
—	Cahors	986 —	

A reporter..... 618 kilog.

Départements.	Arrondissements.	Produits par hectare.	Moyennes.
		Report	618 kilog.
Ille-et-Vilaine...	Dol..........	1383 kilog.	1383
Bas-Rhin.......	Schelestadt ...	1553 —	⎱ 1770 —
—	Strasbourg....	1987 —	⎰
Pas-de-Calais...	Saint-Omer....	1363 —	⎫
—	Montreuil.....	1392 —	⎬ 1657 —
—	Saint-Pol.....	1421 —	⎬
—	Béthune.......	2252 —	⎭
Nord	Hazebrouck...	1945 —	⎱ 2379 —
—	Lille.........	2733 —	⎰
	Moyenne.............		1561 kilog.

De 1852 à 1862, le département du Nord a récolté par
hectare comme

Produit maximum........ 2974 kilog.
— minimum........ 1981 —

On compte généralement 400 feuilles par kilogramme.
Voici quels ont été les rendements moyens par hectare
en 1876 et 1882 :

	1876.		1882.	
Nord	3007	kilog.	2690	kilog.
Pas-de-Calais...........	2130	—	2140	—
Meuse.................	2230	—	1500	—
Ille-et-Vilaine..........	1478	—	1100	—
Dordogne..............	1582	—	1580	—
Gironde...............	1530	—	1620	—
Landes................	1209	—	1250	—
Hautes-Pyrénées.........	937	—	1050	—
Lot	1088	—	920	—
Lot-et-Garonne.........	900	—	1760	—
Bouches-du-Rhône.......	1450	—	1774	—
Var..................	1155	—	1600	—
Puy-de-Dôme...........	1665	—	1700	—
Savoie................	1509	—	1900	—
Haute-Savoie...........	797	—	1660	—
Haute-Saône...........	1372	—	1410	—
Vosges...............	1206	—	2180	—
Meurthe-et-Moselle.......	536	—	1920	—

En 1862 et 1882, la superficie cultivée a varié entre 13.700 et 17.689 hectares et le rendement moyen entre 1.425 et 1.525 kilog. En 1840, le produit moyen n'avait pas dépassé 1.117 kilog. En comparant les données de 1862 et 1882, il ressort que la production moyenne a augmenté de 400 kilog. par hectare. Ce résultat est dû au perfectionnement de la culture et des procédés de dessiccation des feuilles et aussi à la propagation de variétés plus productives.

Le tabac a été cultivé en 1888 sur 16.485 hectares, qui ont produit 22.934.100 kilog. de feuilles, soit, en moyenne, près de 1.500 kilog. par hectare. Le produit le plus élevé, 2.733 kilog., a été obtenu dans le département du Nord, et le rendement le plus faible, 588 kilog., dans celui du Var.

Le tabac en Allemagne produit de 1.800 à 2.100 kilog. par hectare. Il est vendu de 92 à 95 fr. les 100 kilogrammes.

Il n'est pas sans intérêt de connaître les produits moyens qu'on obtient par hectare dans les contrées où la culture du tabac a une grande importance :

Amérique : Virginie...............	1300	kilog.
Maryland..............	1200	—
Kentucky	800	—
Cuba...................	1300	— (1)
Hollande........	1900	—
Allemagne.............	1800	—
Duché de Bade...............	1300	—
Saxe..............	1900	—
Hongrie.....................	2000	—
Belgique : Brabant..............	1200	—
Flandre orientale.......	1900	—
Limbourg...............	2200	—
Pologne.....................	1000	—

(1) De 1849 à 1850 la Havane a livré à l'étranger 5.214.000 kilog. de feuilles et 245 millions de cigares.

Les Hollandais à Java récoltent par hectare de 1.000 à 1.200 kilog. de feuilles sèches.

Les plus fortes récoltes obtenues en Belgique et en Hollande, sur des terres d'une grande fertilité, oscillent, en moyenne, entre 3.000 et 3.600 kilogrammes.

Prix des tabacs.

Les prix auxquels la Régie prend livraison des tabacs français ont été établis par un arrêté ministériel en date du 23 août 1839. Voici ces prix pour 100 kilog. :

	Surchoix	1er Qualité.	2e Qualité.	3e Qualité.	Non marchand.
Lot............	145 fr.	140 fr.	110 fr.	80 fr.	16 à 50 fr.
Lot-et-Garonne..	140	130	100	80	10 à 50
Ille-et-Vilaine..	140	130	100	80	10 à 60
Nord..........	150	140	110	80	10 à 70

Les meilleurs tabacs français, ceux qui sont bien secs et bien conditionnés, sont payés de 105 à 180 fr. les 100 kilog.

En 1861, les prix du tabac dans le département du Nord ont varié de 75 fr. 65 à 96 fr. 50.

Le prix moyen pour toute la France a été, en 1882, de 85 fr. 05 les 100 kilog. Les tabacs français achetés par la Régie la même année avaient une valeur de 15.307.000 fr.

Aux États-Unis, où le tabac occupe chaque année près de 300.000 hectares, le prix moyen de 100 kilog. est de 94 francs.

Voici quelle est la consommation annuelle par tête d'habitant :

Hollande et Suisse..........	2 kil. 800
Belgique..................	2 500
Autriche, États-Unis........	2 400
Allemagne	1 800
Russie..................	1 000
France..................	0 900
Italie...................	0 700
Angleterre...............	0 600

Les pays où l'on fume le moins sont l'Espagne et la Suède.

En France, c'est dans le département du Nord et du Pas-de-Calais que la consommation est la plus forte; elle atteint 1 kilog. 600.

C'est dans ceux du Gers, de l'Ariège et du Lot qu'elle est la plus faible; elle ne dépasse pas 200 grammes par habitant.

Les tabacs étrangers sont vendus les 100 kilog. :

Tabac de Havane de......	450 à 500 fr.
— de Maryland.......	140 à 550
— de Virginie........	120 à 130

En 1861, l'Administration française a acheté les tabacs exotiques aux prix suivants :

Havane.................	903 fr.	60	les 100 kilog.
Esmeraldos.............	343	14	—
Sead-leaf	174	58	—
Virginie................	118	62	—
Maryland...............	113	47	—
Kentucky...............	110	09	—

En 1875, les prix payés pour les tabacs de Hongrie et des États-Unis ont varié de 110 à 120 fr. La même année, les tabacs français ont été payés, en moyenne, de 110 à 120 fr. En 1862, le prix moyen n'avait pas dépassé 80 fr.

L'Administration française emploie annuellement de 18 à 20 millions de kilogr. de feuilles françaises, 10 à 12 millions de kilogr. de feuilles exotiques et 2 millions de kilogr. de feuilles algériennes. En 1883, le tabac d'Orient compris dans les tabacs étrangers ou exotiques, a dépassé 6 millions de kilogrammes.

L'État, depuis 1873, vend le tabac en poudre ordinaire et le tabac à fumer ordinaire 12 fr. 50 le kilog. Le premier lui revient à 1 fr. 20 et le second à 1 fr. 64 le kilogr. Chaque débitant jouit d'une remise de 1 fr. par kilogramme.

Qualités des tabacs.

Les tabacs récoltés en France varient beaucoup en qualité.

Le *tabac du Nord* est fort, corsé ; on l'utilise dans la fabrication de la poudre ; il se rapproche du tabac de Hollande. Le *tabac du Pas-de-Calais* est moins fort, mais il n'a pas suffisamment de sève et d'arome ; il entre dans la fabrication du tabac à fumer.

Le *tabac du Lot* est le plus estimé ; il est fort et corsé. La poudre qu'il fournit a beaucoup de montant, mais elle est privée de l'arome pénétrant qui distingue le *tabac de Virginie*. Le *tabac du Lot-et-Garonne* est aussi très bon, mais il est moins recherché que le précédent.

Les tabacs récoltés dans les départements de la Dordogne, de la Gironde et de la Savoie, égalent les tabacs hongrois qui sont très bons.

Voici comment sont classés les principaux tabacs français :

Tabacs forts, propres à la poudre : Lot, Nord, Lot-et-Garonne, Ille-et-Vilaine.

Tabacs légers, propres au scaferlati : Pas-de-Calais, Dordogne, Gironde.

Le *tabac de Hollande* est assez fort et son arome est prononcé. Il est excellent pour la poudre. Le meilleur est récolté dans la province d'Utrecht.

Le *tabac de Maryland* est très léger et odorant ; il sert exclusivement à faire du tabac à fumer. Le *tabac de Virginie* est gras, corsé et aromatique ; il fournit d'excellente poudre ; celui du *Kentucky* est moins gras et moins fort.

Le tabac de Connecticut est très estimé sur le marché de New-York. Les feuilles servent à faire des enveloppes aux cigares de la Havane. On les vend de 2 fr. à 5 fr. la livre.

Le *tabac de Havane* est sans égal pour les cigares. Les plus belles feuilles sont utilisées pour faire les capes des régalias ; les autres servent à enrober les cigares secondaires.

Le *tabac rustique* sert à fabriquer le tabac en poudre de Masulipatan, qui est très recherché dans l'Inde.

L'Italie, la Suisse, la Belgique, le Japon, l'Égypte et l'Inde produisent des tabacs de qualité très ordinaire ou commune. Il est de même des tabacs du Paraguay, Chili, etc.

Les tabacs d'Orient, de Perse, de Macédoine, de Grèce sont parfumés et de bonne qualité ; ils ont une couleur claire toute spéciale.

Le tabac récolté dans la province d'Oran rappelle un peu le *tabac du Levant*. Les meilleurs récoltés en Algérie sont appelés *Chebli* et *Arbi*. Les tabacs récoltés par les Arabes sont fins et légers. Ceux que produisent la Cochinchine, le Tonkin et la Tunisie brûlent assez difficilement. Les tabacs qu'on récolte à la Guadeloupe pourraient rivaliser avec eux de la Havane. Ceux de la Réunion sont de bonne qualité. Le Brésil produit de très bon tabac.

Les *bons tabacs à fumer* ont des feuilles fines, souples, minces, des côtes peu prononcées, une couleur jaune-brun ou jaune doré, un goût doux et agréable, une sève abondante, un arome prononcé, une gomme très apparente ; de tels tabacs brûlent facilement et conservent leur feu.

Les *tabacs de mauvaise qualité* sont lourds, rudes, cassants, spongieux ; ils ont une couleur jaune rouge et terne, un goût herbacé ou acide, un arome âcre, piquant au gosier, une gomme consistante ; des tabacs de qualité aussi secondaire brûlent difficilement, perdent aisément leur feu et fournissent de la poudre qui est peu estimée.

En général, les feuilles amples, épaisses, charnues et dures au toucher constituent le *tabac gras*. Les feuilles minces, sèches et qui se brisent facilement, forment le *tabac maigre*.

Fabrication du tabac.

La fabrication du tabac en poudre, du tabac à fumer ou scaferlati et des cigares, nécessite des opérations préliminaires qui sont à peu près identiques.

Tabac en poudre. — Après avoir opéré l'*époulardage*, opération qui consiste à délier les manoques et à trier les feuilles, on exécute la *mouillade*, c'est-à-dire on arrose les feuilles à l'aide de jus provenant de la macération des meilleurs débris ou à l'aide d'une dissolution de sel marin. Alors on pratique l'*écôtage* en enlevant à sec la côte médiane des feuilles. Cette opération terminée, on procède au *hachage*, puis on le laisse fermenter en grande masse. Durant cette fermentation la température s'élève jusqu'à 80° et elle dégage beaucoup de bicarbonate d'ammoniaque. Quand elle est terminée, on file à la main ou au rouet des cordes qu'en entoure d'une *robe* (1) pour maintenir les lanières de tabac, puis on coupe ces cordes en morceaux égaux que l'on place dans des matrices en bois solide et creusées en gouttières ; enfin, on soumet ces carottes à l'action d'une presse énergique pour les comprimer et les mouler. C'est alors qu'on opère le *râpage mécanique* au moyen de moulin composé de deux cônes dont un est fixe et l'autre mobile. Le tabac ainsi râpé est soumis ensuite à un *tamisage*.

Les gros grains subissent une seconde fois l'action d'une râpe dite *moulin de fin*.

Le tabac suffisamment fin est emmagasiné en grandes masses dans des cases spéciales bien closes, pour qu'il fermente, que son arome se développe et qu'il devienne piquant, énergique et sternutatoire. Pendant cette fermentation qui dure huit à dix mois, la température s'élève de nou-

(1) Sous le nom de *robe* on désigne une feuille sans déchirure.

veau à 70° et même 80°. Souvent, avant de le déposer dans les cases, on le mouille pour lui faire absorber 17 pour 100 d'eau salée à 16° de Baumé. Après la dernière fermentation et quand il a été de nouveau tamisé, on le met en tonneau et au bout de six mois, on le livre à la consommation.

L'Administration fabrique 10 sortes de poudre : 6 étrangères, 1 supérieure, 2 ordinaires et 1 de cantine.

Le tabac à priser comprend 65 pour 100 de tabac français, 25 pour 100 de Virginie et 10 pour 100 de Kentucky.

En 1877, l'État a livré à la vente 6.976.832 kilogrammes de tabac à priser, ayant une valeur de 80.249.784 francs.

TABAC A FUMER. — Le *scaferlati* est d'une fabrication plus simple et moins prolongée.

Après avoir trié les feuilles, on les secoue pour faire tomber la poussière qu'elles peuvent retenir, on les arrose (*mouillade*) pour leur rendre leur souplesse, on opère l'*écôtage*. C'est alors qu'on exécute le *hachage* au moyen d'un couteau mécanique mis en mouvement par la vapeur ou l'eau, pour les diviser en lanières très fines. Pour éviter que le tabac ainsi travaillé ne fermente, on le dessèche à l'aide de tuyaux dans lesquels circule de la vapeur ayant 100 à 120 degrés. On le laisse refroidir, puis on le ventile énergiquement. Quand il est bien sec, on l'emmagasine dans un local spécial, pendant trente jours environ, puis on le met mécaniquement en paquet, pour le livrer à la vente.

L'Administration fabrique 17 sortes de tabac à fumer : 1 vizir, 4 Levant supérieur, 5 étrangers, 1 supérieur, 2 ordinaires, 3 de cantine et 1 de troupe.

Le caporal comprend 55 pour 100 de tabac français, 25 pour 100 de Kentucky et 20 pour 100 de Maryland.

L'Administration a vendu en 1877 19.963.374 kilogrammes de tabac à fumer ayant une valeur de 170.195.511 fr.

Le *tabac de cantine* est fabriqué avec 96 pour 100 de tabac non marchand et 4 pour 100 de côtes ou de déchets.

Tabac a macher. — Le tabac à mâcher ou *tabac en cordes* est principalement fabriqué à Morlaix avec du tabac haché. Les cordes une fois faites sont réunies et soumises ensuite à un trempage dans du jus de tabac et à une forte pression.

En 1877, l'Administration a livré à la vente 1.146.323 kilogr. ayant une valeur de 7.616.852 fr.

Cigares. — Chaque cigare comprend deux parties : la *tripe* qui est la partie intérieure, et la *robe*, ou *cape*, qui est l'enveloppe ou la partie extérieure. La tripe se compose de débris de feuilles ; elle se débarrasse de ses principes amers par la fermentation. Les femmes chargées de la confection des cigares roulent la tripe entre leurs doigts pour lui donner la forme cylindrique, puis elles l'enveloppent d'un fragment de feuille, n'ayant aucune déchirure, qu'elles fixent avec un peu de colle de pâte colorée à l'aide de la chicorée à café. Elles forment la pointe en tordant la robe sur elle-même. Ce travail demande une grande habitude. L'autre bout du cigare est coupé. Une *cigarière* habile peut faire par jour 700 à 750 cigares en utilisant 3 kilog. de tabac.

Les cigares, après leur fabrication, séjournent dans une étuve au séchoir pendant vingt-cinq jours. On les conserve dans des locaux secs.

La tripe forme 70 pour 100 du poids des cigares.

Les feuilles réservées pour les couvertures sont souples, aplaties, sans côtes et fines. On les découpe en bandes de $0^m,04$ à $0^m,05$ de largeur sur $0^m,20$ à $0^m,25$ de longueur.

Les cigares mal fabriqués sont durs, incorrects et ils se fument mal. En général, les cigares fabriqués en France sont de bonne qualité. Ceux qu'on vend en Angleterre 30 centimes séduisent par leur apparence, mais ils se fument difficilement. Pour en avoir de bons, il faut les payer 40 centimes.

L'Administration fabrique 10 sortes de cigares : exceptionnel (0 fr. 40), Londrès flor (0 fr. 30), Londrès ordinaire (0 fr. 30), Trabucos (0 fr. 25), médianitos (0 fr. 20), Londrès chicos (0 fr. 20), Millarès (0 fr. 15), étrangers (0 fr. 10), puis les cigares à 0 fr. 05 et ceux à 0 fr. 75.

Les cigares sont fabriqués avec les tabacs suivants :

Cigares à 0 fr. 05 : 70 p. % tabac français et 30 p. % de Kentucky.

Cigares à 0 fr. 10 : 85 p. % tabac du Brésil et 15 p. % de la Havane.

Cigares à 0 fr. 15 : Tabac de la Havane.

Cigares à 0 fr. 20 : Feuilles de choix de la Havane.

Les *regalias* sont des cigares de choix et les *trabucos* des cigares du Levant.

En 1877, l'Administration a vendu :

Cigares ordinaires fabriqués en France
    3,229,042 kilog. valant .... 43,483,523 fr.

Cigares de la Havane fabriqués en France
    117,652 kilog. valant .... 5,686,206 fr.

Cigares fabriqués à la Havane
    60,230 kilog. valant .... 6,281,347 fr.

Cigares fabriqués à Manille
    4,811 kilog. valant .... 211,629 fr.
    Soit, au total, 3,441,635 kilog. pour 55,662,705 fr.

CIGARETTES. — La feuille de papier est roulée autour d'un petit bâton rond, puis collée pour qu'elle forme un petit tube. Ce travail terminé, on y introduit du tabac menu en le tenant avec d'autres dans la main droite. C'est à l'aide de chocs répétés sur une table qu'on arrive très promptement à les remplir entièrement.

L'Administration a livré à la vente, en 1877, 620.359 kilog. de cigarettes fabriquées en France et ayant une valeur de 613.273 fr. et 574 kilog. de cigarettes fabriquées à l'étranger valant 12.628 fr.

Les cigarettes vendues sont de 33 sortes : vizir 7, Levant supérieur 10, Levant ordinaire 2, Maryland 7, scaferlati supérieur 2, scaferlati ordinaire 5.

DÉCHETS. — Les déchets servent à faire du *tabac de cantine* qui est vendu à prix réduit, ou du *jus de tabac* qu'on livre aux horticulteurs pour détruire les pucerons.

Ces débris ont atteint, en 1862, 180.965 kilogrammes.

VENTE DU TABAC. — Il existe en France, en ce moment, 44.517 débits de tabac (1). Les manufactures, au nombre de 19, occupent 1.700 à 1.800 hommes et 20.000 à 22.000 femmes. Elles produisent 37.000.000 de kilog. de tabac de toutes sortes.

La fabrication française prend chaque année plus d'importance. On en jugera en comparant la production de 1872 avec celle de 1876.

	1872.	1876.
Poudres	6,522,464 kilog.	6,898,306 kilog.
Robes	547,640	624,466
Scaferlati	16,229,886	19,427,086
Cigares	3,707,538	4,187,349
Cigarettes	36,892	612,596
Cigares de la Havane et de Manille..	93,049	69,545
Cigarettes de la Havane	1,999	454
Carottes	391,163	447,929
Totaux	27,531,621 kilog.	32,266,731 kilog.

En général, la production s'accroît annuellement de 1.300.000 kilog. environ.

En 1891, la quantité vendue s'est élevée à 37.157.061 kilog. valant 372.164.759 fr., ou en moyenne 937 grammes

(1) Soit 29.747 débits simples et 14.770 de débits avec recette buraliste.

ou 9 fr. 64 par habitant. Si la consommation des cigares et des cigarettes s'accroît sensiblement chaque année, par contre celle du tabac en poudre diminue de plus en plus. En 1891, la quantité de tabac à priser qui a été consommée n'a pas dépassé 5.457.113 kilog., alors que le tabac à fumer s'est élevé à 304.53.299 kilog.

Les feuilles corsées, gommeuses, sont *réservées pour la poudre*. Les meilleures *feuilles pour la pipe* sont celles qui ont des côtes et des nervures peu prononcées, qui sont bien mûres, sans être âcres, et qui renferment des matières légères et combustibles. Les *feuilles pour couverture*, les plus belles, ont un tissu fin, résistant et une couleur qui plaît à l'œil.

Les feuilles à tissu spongieux sont réputées à bon droit très mauvaises.

Les quantités de tabac qui précèdent ne sont pas les seules qu'on livre à la consommation. En dehors de ces données, existent celles qui sont vendues aux consommateurs par la contrebande. Les importations frauduleuses saisies qui, en 1859, s'étaient élevées à 56.000 kilog., ont atteint, en 1873, 241.000 kilog. On évalue à 10 ou 12 millions la perte annuelle que le Trésor éprouve par la vente illicite des tabacs importés en France par la contrebande.

CHAPITRE II.

PAVOT A OPIUM OU PAVOT SOMNIFÈRE.

PAPAVER SOMNIFERUM, L.

Plante dicotylédone de la famille des Papavéracées.

Historique. — Variétés de pavots. — Composition de l'opium. — Terrain. — Culture. — Récolte de l'opium. — Produit en opium. — Usages de l'opium. — Commerce de l'opium.

Historique.

Le pavot à opium est originaire de l'Asie Mineure; il contient un suc laiteux qui constitue la substance que l'on a nommée *opium*, produit que les Égyptiens, les Perses et les Romains connaissaient depuis les temps les plus reculés. L'opium que fournissait autrefois la Thébaïde était renommé pour ses propriétés médicinales et ses propriétés enivrantes et hypnotiques.

L'opium se récolte principalement en Égypte, en Perse, en Turquie, dans l'Inde, et dans l'Amérique méridionale. L'usage en Chine de fumer l'opium remonte à deux siècles; mais c'est à partir de 1773 seulement que les Anglais commencèrent d'en exporter de l'Inde dans le Céleste Empire. En 1796, le gouvernement chinois rendit un édit interdisant la vente de l'opium; mais cette mesure n'eut pas plus de succès que les défenses qui furent renouvelées depuis cette époque. C'est lors de la première guerre des Anglais avec la Chine, en 1840, que la funeste habitude de fumer l'opium s'est développée d'une manière irréfléchie parmi les classes aisées (1). En 1856, les Indes britanniques ont vendu à Canton 182.000 caisses ou 40.400.000 kilogr. d'opium, malgré les lois chinoises qui en défendent l'importation et le commerce : en 1847, ils n'avaient expédié en Chine que 40.000 caisses ou 8.800.000 kilogr.

La culture du pavot à opium a pris dans l'Inde depuis quarante ans environ des proportions vraiment alarmantes. Le Bengale, qui ne produisait en 1844 que 15.000 caisses ou 1.050.000 kilogr. en a récolté, en 1855, 81.000 caisses ou 5.670.000 kilogr. Bombay et Calcutta en ont fourni en 1855, 82.000 caisses ou 2.640.000 kilogr. En 1850, on estimait le nombre des ouvriers occupés à la récolte de l'opium au Bengale, à 127.000.

On a essayé, depuis un demi-siècle, d'introduire en France la culture du pavot à opium. Les résultats obtenus dans la Guyenne, en Auvergne et dans la Picardie ont été très satisfaisants. Nonobstant, il est encore très douteux qu'on parvienne à la naturaliser dans les régions du Centre et du Midi. L'Algérie semble plutôt appelée que la France à rivaliser avec l'Asie. Jusqu'à ce jour, le climat des provinces d'Alger et d'Oran a paru très favorable à l'extraction de l'opium, mais, comme en France, c'est la rareté et la cherté de la main-d'œuvre qui ont limité jusqu'à ce moment l'extension de cette culture industrielle.

Dans l'Inde, le pavot à opium est principalement cultivé par les *ryots* ou paysans hindous.

---

(1) En 1836, le censeur impérial observait que les fumeurs ne peuvent plus vivre que par l'opium et que lorsqu'ils sont arrêtés et conduits devant les magistrats, ils aiment mieux subir un châtiment sévère que de dénoncer ceux qui leur ont vendu le poison.

Variété de pavots.

Les pavots somnifères sont au nombre de trois :

1° *Pavot à fleur pourpre.* — La variété de pavot que l'on a de tout temps désignée sous le nom de *pavot à opium*, a des fleurs rouge foncé. Le célèbre opium de la Thébaïde était produit par un pavot à fleur rouge pourpre. Cette variété, que l'on désigne souvent sous les noms de *pavot à fleur noire, pavot à graines noires*, a été cultivée il y a quelques années à Clermont (Puy-de-Dôme). En Asie et surtout dans l'Inde, on la cultive principalement dans les montagnes.

Le pavot rouge double qu'on cultive dans les jardins, comme plante d'agrément, provient de cette variété. Ses capsules sont rondes et petites.

L'opium de Malwah (Inde) est produit par le *Papaver glabrum*, espèce qui est inconnue en Europe.

2° *Pavot à fleur blanche.* — Cette variété, à laquelle on a donné les noms de *pavot médicinal, pavot à semences blanches, pavot blanc d'Arménie*, est celle qu'on cultive de préférence dans les plaines d'Arménie. Ses capsules fournissent un opium remarquable par sa richesse en morphine. Il est aussi très répandu en Syrie, dans les cultures destinées à la production de cet agent thérapeutique.

On connaît deux races de pavot blanc : celle à *capsules oblongues* ou *déprimée* et celle à *têtes rondes*. La première sous-variété contient un suc plus actif, plus riche en morphine que la sous-variété à tête ronde. C'est celle qui sert principalement en Orient et dans les plaines de l'Inde à l'extraction de l'opium ; elle a un avantage marqué sur le pavot à fleur pourpre : elle végète plus promptement et épanouit ses fleurs d'une manière plus uniforme.

La variété à grosse capsule est très cultivée en Europe comme *pavot médicinal.*

3° *Pavot œillette.* — Cette espèce (fig. 12), que l'on a

Fig. 12. — Pavot œillette.

appelée *pavot rose, pavot blanc à graine noire, pavot à graine bleu ciel,* est celle qui produit ordinairement le moins d'opium ; ses capsules sont petites et rondes et ont le défaut d'avoir un péricarpe très mince. L'opium qu'en a retiré M. Renard contenait 15 pour 100 de morphine.

Les graines sont dépourvues de principes narcotiques, mais elles sont oléagineuses.

Composition de l'opium.

Le suc qui découle des incisions faites sur les capsules du pavot est blanc et opaque ; il a une consistance laiteuse, une saveur très âcre et une odeur vireuse. A l'air il s'épaissit ou se concrète promptement, prend une coloration jaune-brun plus ou moins foncée et se couvre d'une pellicule mince et irisée.

Voici, d'après Mulder, la composition de l'opium du commerce :

Morphine	10,842
Narcotine	6,808
Codéine	0,678
Narcéine	6,662
Méconine	0,804
Acide méconique	5,124
Caoutchouc	6,012
Résine	3,582
Matière grasse	2,166
Matière extractive	25,200
Gomme	1,040
Mucilage	19,086
Eau	9,846
Perte	2,148
	100,000

Les opiums purs qui viennent du Levant contiennent pour 100 les quantités suivantes de morphine et de narcotine.

	Op. de Smyrne.	Op. de Constantinople.	Op. d'Égypte.	Op. de l'Inde.
Morphine.	9 à 10	3 à 5	6 à 7	10 à 11.
Narcotine.	6 à 9	3 à 4	2 à 3	» »

L'opium obtenu en France a donné à l'analyse les proportions suivantes de morphine :

Expérimentateurs.	Localités.	Morphine.		Variétés de pavots.
Renard..........	Picardie.....	20	p. 100.	P. œillette.
Aubergier......	Auvergne....	7 à 11	—	P. pourpre.
Id.	Id.	13 à 17	—	P. œillette.
Lamarque......	Guyenne.....	10	—	P. blanc.
Petit..........	Ile-de-France .	16 à 18	—	P. blanc.
Hardy........	Algérie.......	5 à 6	—	P. œillette.

Ces proportions si variables de morphine ont pour cause la variété cultivée et le procédé qu'on a adopté pour inciser les capsules. Nonobstant, elles permettent de dire qu'on peut obtenir en Europe un opium aussi riche en morphine que l'opium importé en France par le commerce du Levant.

En général, les opiums du commerce ne renferment que 4 à 5 pour 100 de morphine parce qu'ils sont presque toujours impurs ou falsifiés.

Terrain.

Le pavot destiné à la production de l'opium doit être cultivé sur des terres douces, perméables, substantielles et abritées des grands vents.

On a constaté, par expérience, que les pavots exposés, dans les plaines où la chaleur est très intense, à l'agitation de l'air, produisaient toujours moins d'opium, parce que leur suc se desséchait très rapidement. C'est pour ce motif que dans l'Inde on cultive principalement le pavot somnifère dans les montagnes du Nord.

Les terres qu'on consacre au pavot doivent être parfaitement ameublies (1). On doit aussi les disposer, avant les semis, en planches de 1^m,50 à 2 mètres de largeur, séparées les unes des autres par des sentiers de 0^m,40 à 0^m,50 de largeur et destinés à la circulation des ouvriers.

Culture.

Le pavot se sème dans le nord et le centre de la France en février ou mars. Dans les contrées du Midi, en Égypte, dans l'Inde, en Algérie et en Orient, on exécute les semis fin d'octobre ou en novembre.

Les semailles se font en lignes espacées de 0^m,30 à 0^m,40. En Algérie, on préfère parfois les exécuter à la volée.

Les soins qu'on donne au pavot pendant sa croissance consistent en divers binages et un ou deux éclaircissages.

Le premier éclaircissage doit être exécuté quand les plantes ont de 4 à 6 feuilles. En Algérie, on l'opère en janvier et on espace les pavots sur les lignes à 0^m,16 ou 0^m,20 de distance. En Égypte et dans l'Hindoustan, on opère des arrosages quand cela est possible et lorsque le sol est très sec.

Récolte de l'opium.

Époque. — On commence la récolte de l'opium lorsque la chute des pétales est complète, c'est-à-dire au moment où les capsules perdent leur nuance vert glauque et veloutée pour passer au jaune, et bien avant leur maturité, ou quand elles ont atteint environ les trois quarts de leur grosseur normale. Pratiquée plus tardivement, l'opération doit être considérée comme mauvaise, parce que les têtes sont trop sèches et ne laissent écouler qu'une faible quantité de suc laiteux.

(1) Voyez *Culture du pavot œillette*, PLANTES INDUSTRIELLES, t. I.

C'est en juillet et août qu'on doit exécuter en France les incisions. En Algérie, on les opère en mai et en juin.

C'est en janvier et février et en mars ou au commencement d'avril, qu'on procède, au Bengale et dans l'Asie Mineure, à leur exécution.

On opère depuis le matin jusqu'à 2 ou 3 heures de l'après-midi, c'est-à-dire jusqu'au moment le plus chaud de la journée. Quand on suit cette règle, on peut recueillir le suc entre 4 et 7 heures du soir ; mais le plus ordinairement on le récolte dans la matinée parce qu'il s'écoule plus abondamment la nuit et dans l'après-midi. Théophraste recommande de faire les incisions après la disparition de la rosée, afin que le suc coule en plus grande abondance.

EXÉCUTION DES SCARIFICATIONS. — Les incisions constituent des opérations à la fois longues, minutieuses et fatigantes, parce que les ouvriers opèrent constamment au soleil.

Ces scarifications se font avec un petit instrument à trois ou quatre lames ayant $0^m,002$ de saillie. Les Persans se servent depuis longtemps d'un outil à cinq diviseurs. On a essayé de faire les incisions avec un canif, mais on a dû y renoncer parce que la lame traversait souvent les parois des capsules. L'inciseur qu'on emploie est disposé de manière que les lames ne pénètrent que le péricarpe des têtes et ne dépassent pas par conséquent la profondeur voulue. Lorsqu'on traverse la capsule, on retarde la végétation, on nuit à l'écoulement du suc laiteux et à la qualité des graines. Il faut donc agir avec précaution pour éviter de favoriser l'accès de l'air dans l'intérieur des capsules.

Les incisions doivent être faites obliquement ou transversalement (fig. 13). C'est à tort qu'on a recommandé de les pratiquer parallèlement ou perpendiculairement à la direction des feuillets qu'on remarque à l'intérieur des capsules. D'après Dioscoride, Liautaud, Walich, les Orientaux les font en diagonale, afin que le suc qui en découle tombe plus difficilement, soit sur les feuilles, soit à terre.

On continue ce travail tous les jours si le temps est beau.

Voici comment on opère dans l'immense plaine de Malwa

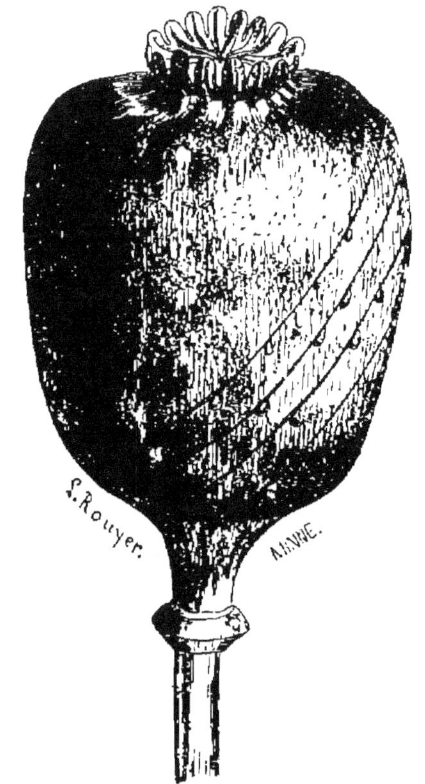

Fig. 13. — Tête de pavot blanc incisée.

(Inde), qui s'étend jusqu'aux Monts Vindhyas : lorsque les capsules ont la grosseur voulue on pratique successivement neuf incisions rapprochées trois par trois. Chaque matin les paysans enlèvent le suc laiteux qui s'est écoulé avec un outil dont la courbure s'adapte à la forme ronde des têtes de pavot.

D'après M. Renard, un ouvrier qui opère pendant deux

ou trois heures chaque jour, incise environ 200 capsules. Un hectare de pavot œillette exige donc environ 400 journées, soit de 25 à 26 ouvriers par jour pendant 15 jours. On a constaté en Algérie que les têtes de pavot blanc occupant un hectare pouvaient être incisées par 200 à 300 journées en 12 ou 15 jours.

Ces scarifications peuvent être faites par des femmes ou des enfants.

On répète quelquefois les incisions jusqu'à ce qu'elles enveloppent les capsules. Dans ce cas, on les fait toujours inclinées, mais en sens contraire des précédentes, et on laisse quelques jours d'intervalle entre chaque opération.

Généralement, on ne trouve pas un grand intérêt à répéter les incisions sur la même capsule au delà de quatre fois, parce que l'opium qu'on obtient est moins riche en morphine. Ainsi plusieurs expérimentateurs ont noté les remarques suivantes :

L'opium de la première opération est jaune pâle et le plus calmant ;

L'opium de la seconde opération est roux noirâtre et a moins de vertu thérapeutique ;

L'opium de la troisième récolte est noir et de qualité inférieure.

ENLÈVEMENT DU SUC. — Le suc, sous l'influence d'un air chaud, se coagule en deux heures. C'est pour ce fait que dans l'Inde on cesse de faire des incisions vers trois heures de l'après-midi.

Quelques heures après la première incision, on enlève donc les larmes laiteuses qui constituent dans l'Asie le *chick*. Les ouvriers chargés de cette opération recueillent le suc en le détachant avec le doigt ou, ce qui vaut mieux, en se servant d'un couteau, d'un racloir ou d'une coquille de moule, et le déposent dans un vase attaché devant eux à l'aide d'une ceinture. Ce procédé, d'après Kampfer est celui qu'on pratique chaque année en Perse. On a reconnu dans les pays tropicaux que l'écoulement du suc est plus abondant la nuit parce que la rosée rend le suc plus laiteux, plus fluide.

On continue la récolte des larmes laiteuses jusqu'à la fin des scarifications.

Les femmes qui restent longtemps dans les cultures de pavot à opium éprouvent parfois, à la fin de la journée, une sorte d'assoupissement. Cette somnolence n'a rien de dangereux.

Une ouvrière intelligente peut récolter par jour de 200 à 300 grammes de suc laiteux.

Dessiccation du suc laiteux.

Lorsque le suc a été ramassé, on l'expose dans des vases plats à l'action du soleil et à l'abri de la pluie, jusqu'à ce qu'il ait pris de la consistance et une teinte brune ou noirâtre. Cette dessiccation dure de deux à trois jours.

Quand l'opium est solide, on le divise en pains de 50 à 100 grammes environ, qu'on expose de nouveau au soleil ou dans une étuve pour qu'ils se durcissent. En Perse, on humecte le suc laiteux aussitôt qu'il a été récolté, avec un peu d'eau; on le pile, on le malaxe, afin d'en obtenir une masse homogène, et on le moule au moyen de petits cylindres. Nonobstant, on doit opérer la dessiccation du suc aussi promptement que possible. M. Acar a reconnu qu'une partie de la morphine s'altérait lorsqu'on agit avec lenteur.

Dans le Levant, la chaleur est telle qu'elle solidifie très promptement les gouttes du suc en petites masses arrondies qui constituent l'opium que le commerce a nommé *opium en larmes*. Ces larmes sont livrées agglomérées en masses irrégulières.

Le suc laiteux donne au minimum le quart de son poids en opium. En France, comme dans l'Asie, 30 kilog. de suc laiteux fournissent 12 à 15 kilog. d'opium.

Produit en opium.

Un hectare de pavot ne fournit pas un poids considérable d'opium. Voici les résultats qu'on a obtenus :

Hardy...........	Algérie.........	17 kilog.	500
Benard.........	Picardie.........	13 —	600
Cowley.........	Angleterre.......	16 —	»

Le produit qu'on obtient en Perse et dans l'Inde s'élève parfois à 20 et même 25 kilog. d'opium par hectare.

Les têtes de pavot qu'on a scarifiées fournissent des graines de bonne qualité.

Le pavot pourpre fournit moins de graines que les autres variétés.

Un hectare de pavot à opium a donné, en Algérie, de 10 à 12 hectolitres de graines contenant 55 à 58 p. 100 d'huile. La thérapeutique connaît trois sortes d'opium :

1° L'*opium en larmes*, qui se compose de gouttelettes solidifiées du suc laiteux qui s'écoule des incisions faites sur les capsules ;

2° L'*opium thébaïque*, qu'on obtient en évaporant le suc dans une capsule jusqu'à ce qu'il ait une consistance solide ;

3° Le *méconium*, qui est un extrait des capsules qui ont produit du suc laiteux ; il constitue un opium ayant de faibles qualités.

Usages de l'opium.

L'opium est employé pour calmer les douleurs et disposer au sommeil ; il sert aussi à la préparation de certains médicatements et principalement du *laudanum* et du *sirop de Diacode*. Employé à haute dose, il peut causer la mort.

Dans les Indes, et surtout en Chine, on le fume après l'avoir préparé sous forme de pilules qu'on introduit dans le fourneau d'une pipe spéciale, et ayant une très petite ouverture. Il est toujours mêlé à de l'encens. Il produit une sensation à peu près analogue à celle que le hachisch fait éprouver. Les fumeurs qui en abusent perdent avec le temps la mémoire et l'intelligence, s'abâtardissent et meurent dans un état d'ivresse.

Suivant lord Jocelyn, l'opium produit d'abord la gaîté, puis une sorte de légère somnolence ; mais bientôt, lorsqu'on en use sans modération, il agit sur le système nerveux, détermine des hallucinations, le moral s'affaiblit et le fumeur apparaît comme hébété avec un visage pâle et morbide.

Les Chinois et les Japonais habitués à fumer l'opium se distinguent par :

1° Des yeux caves et entourés d'une auréole bleuâtre,

2° La dilatation de leur pupille,

3° Leur regard stupide,

4° La maigreur de leur corps,

5° Leur marche chancelante,

6° Leur disposition aux rêveries.

Cet état, avec le temps, conduit le fumeur à la paresse, à la débauche, à la misère et au suicide.

En Chine, dans les provinces de Shangaï, Pétang, Tien-Tsin, etc., chaque homme fume par jour, en moyenne, de 10 à 20 grammes d'opium ; mais il en existe qui se contentent de 5 à 6 grammes seulement, comme on en rencontre qui en fument jusqu'à 100 et même 200 grammes.

C'est à l'âge de dix-huit à vingt ans que les Chinois commencent à fumer cette drogue. Les classes qui en consomment le plus sont celles des mandarins et des ouvriers. Les femmes ne fument l'opium que très accidentellement.

Les premiers effets de cette pratique déterminent une soif extrême. C'est pourquoi les fumeurs d'opium ont toujours près d'eux une tasse contenant une infusion de thé.

Commerce de l'opium.

On emballe l'opium dans des caisses de poids irréguliers. On empêche les pains, les cylindres ou les masses agglomérées de larmes d'adhérer les uns aux autres, en les enveloppant de feuilles de pavot ou en remplissant les vides des caisses avec des feuilles de sureau ou des graines de patience.

De nos jours en Orient, comme au temps de Pline et de Dioscoride, on fraude l'opium avec du suc de laitue et de chélidoine, de la fécule, du cachou, de la bouse de vache, de la gomme, de l'amidon, du salep, etc.

L'opium se vend de 50 à 70 fr. le kilogr., suivant sa pureté et sa richesse en morphine.

La qualité des opiums du commerce est très variable. Le plus riche vient de l'Asie Mineure. Voici ceux qui sont l'objet de transactions commerciales :

1° *Opium indigène.* — Cet opium a une cassure homogène et luisante, une couleur brune hépatique ou rougeâtre. Sa saveur est âcre et amère.

2° *Opium de Smyrne.* — Il a une couleur brun-noirâtre, une odeur très forte et vireuse, une saveur âcre, amère et nauséeuse. Il durcit à l'air. On le nomme souvent *opium d'Anatolie, opium du Levant.* Suivant le Codex, il doit contenir 10 pour 100 de morphine quand il est mou, et 11 à 12 pour 100 quand l'air l'a durci.

3° *Opium de Constantinople* ou de *Turquie.* Il est plus foncé en couleur que le précédent. Il est en masse sphéroïdale de 200 à 250 grammes. On le récolte dans le pachalik de Kara-Hissar.

4° *Opium d'Égypte.* — Il se ramollit à l'air et est presque toujours falsifié. Il est en pains aplatis. On le nomme aussi *Opium d'Alexandrie, opium de la Thébaïde.*

L'opium récolté dans la Thébaïde était autrefois très renommé ; il a plus de valeur que l'opium de l'Asie Mineure quand il est pur.

5° *Opium de Perse.* — Il est de couleur rougeâtre ; son odeur est plus prononcée que celle développée par l'opium égyptien. On le récolte dans les provinces d'Ispahan, Fars, Khorassan, etc. On l'expédie en Chine, en Angleterre et en Amérique. Les Chinois l'estiment moins que celui du Bengale. Cet opium a la forme d'un petit cylindre pesant 25 grammes.

6° *Opium de l'Inde* ou *opium de Bombay.* — Cet opium n'est pas importé en Europe. On le récolte dans les provinces du Bengale, de Malwa et de Patna. Il est le monopole du gouvernement. On l'expédie en Chine, au Japon et à Java sous forme de gâteaux pesant 3 à 5 livres et enveloppés de feuilles sèches.

Tous les opiums se ramollissent sous les doigts, sont opaques et pesants, et ils brûlent avec éclat.

La France ne consomme pas annuellement une très forte quantité d'opium. Celui qu'on y importe vient en grande partie de la Turquie et de la Perse.

CHAPITRE III.

LACTUCARIUM.

LACTUCA.

Plante dicotylédone de la famille des Composées.

La laitue appartient bien à la classe des plantes narcotiques par le suc lactescent somnifère qui circule dans ses vaisseaux laticifères.

Les espèces cultivées pour ce suc qui constitue le *lactucarium* sont au nombre de deux :

Fig. 14. — Laitue pommée.

1° La *laitue cultivée* (LACTUCA SATIVA) (fig. 14) est cultivée dans les jardins comme salade ; elle a donné naissance à un grand nombre de variétés qui diffèrent les unes des autres par la forme et la coloration de leurs feuilles. Les feuilles de cette espèce sont obovales, arrondies, concaves, molles, non épineuses. Les fleurs sont jaunâtres et la tige peut atteindre 1 mètre 20 de hauteur, quand les plantes occupent un bon terrain.

2° La *laitue vireuse* (LACTUCA VIROSA) a une tige qui s'élève à un mètre ; ses feuilles sont horizontales, carénées couvertes de poils rudes, bordées de dents aiguës, sagittées à leur base et aiguillonnées sur leur nervure dorsale ; les fleurs sont disposées en panicule étalée. On la rencontre dans les lieux pierreux et arides et le long des haies dans les endroits frais. Elle fleurit en juillet.

Lorsqu'elle est en fleur, elle a une saveur très âcre, très amère et une odeur fortement vireuse.

Ces deux plantes peuvent être cultivées dans toute l'Europe, mais la première végète mieux dans les climats frais que dans les contrées chaudes. Elle demande un bon terrain. La seconde est moins délicate parce qu'elle est indigène en France et en Europe.

La laitue cultivée est annuelle et la laitue vireuse bisannuelle.

On les sème au printemps et à la volée, sur une terre bien préparée, pour les transplanter dans un champ bien ameubli, lorsque les plants ont 3 à 4 feuilles.

Les limaces et les limaçons sont de véritables ennemis pour la laitue cultivée et ses variétés.

La mise en place des plants a lieu sur des planches ayant 1 mètre 20 de largeur. Chaque planche comprend deux à trois rangées de laitues. Des sentiers séparent les planches les unes des autres.

C'est en juillet que les tiges atteignent leur développement maximum, et c'est lorsqu'elles sont encore vertes qu'on les scarifie dans leur partie supérieure pour ouvrir les vaisseaux laticifères. De ces incisions *horizontales* découle un suc blanchâtre qu'on recueille avec autant de soin que s'il s'agissait de récolter de l'opium. Ce suc ne tarde pas à se coaguler. Alors on le coupe par tranches qu'on fait sécher en les exposant au soleil. Alors il devient solide, cassant et brun et constitue le *lactucarium*. Par son exposition à l'air, le suc perd 75 p. 100 de son poids. Sa cassure est résineuse.

Lorsqu'on presse les feuilles de la laitue cultivée ou de la laitue vireuse, on obtient un suc qui ne tarde pas à se solidifier et qui fournit alors le produit appelé *thridace*.

Exposé à l'air, le lactucarium conserve sa dureté; tandis que la thridace se ramollit. L'un et l'autre ont une odeur vireuse, désagréable et une saveur âcre et amère.

Ces deux produits ont des propriétés narcotiques, mais moins prononcées que celles que possède l'opium. Ils servent à préparer des sirops calmants et des pâtes spéciales.

La droguerie connaît trois lactucarium :

1° Le *lactucarium français*, qui vient d'Auvergne et qui est brun;

2° Le *lactucarium anglais*, qu'on prépare en Écosse et qui est brun foncé;

3° Le *lactucarium allemand*, qui est préparé dans la Prusse Rhénane et dont la couleur est gris-brun.

Le lactucarium remplace souvent l'opium dans diverses préparations pharmaceutiques. On l'utilise en Europe depuis le commencement du siècle actuel.

DEUXIÈME PARTIE.

PLANTES SACCHARIFÈRES.

Les plantes saccharifères ont de nos jours une grande importance, soit en Europe, soit dans les contrées intertropicales. La canne à sucre, malgré l'extensionqu'on a donnée en France et en Allemagne à la culture de la betterave sucrière, présente toujours un grand intérêt, et elle préoccupe plus que jamais les planteurs, parce que ces derniers ne désespèrent pas d'obtenir, à l'aide de semis faits avec des graines fertiles, des variétés beaucoup plus saccharines que les cannes connues et réputées de nos jours comme les plus riches en sucre.

Ayant détaillé la culture de la betterave dans les *Plantes fourragères*, je me suis borné à signaler les faits particuliers qui intéressent les cultivateurs européens possédant une sucrerie ou une distillerie.

J'ai joint à ces deux plantes la culture du sorgho sucré et celle de l'érable à sucre.

C'est sans succès qu'on a tenté à diverses reprises d'introduire le sorgho en France comme plante saccharifère, mais on continue en Amérique de le cultiver pour le sucre qu'il fournit, bien qu'il soit inférieur en qualité aux sucres de canne et de betterave.

CHAPITRE PREMIER.

CANNE A SUCRE.

SACCHARUM OFFICINALE, L.

Plante monocotylédone de la famille des Graminées.

Sanscrit. — Sharkara.	*Arabe.* — Shakar.
Anglais. — Raw sugar.	*Persan.* — Schakar.
Allemand. — Rohr Zucker.	*Indou.* — Schukur.
Hollandais. — Rob kishakkar.	*Portugais.* — Assucar.

Historique. — Mode de végétation. — Variétés. — Composition. — Climat. — Terrain. — Fertilisation. — Mode de multiplication. — Plantation. — Soins d'entretien. — Insectes. — Animaux et agents atmosphériques nuisibles. — Récolte. — Rendements. — Extraction du sucre. — Fabrication du tafia et du rhum. — Usages des produits.

Historique.

La canne à sucre est connue en Chine et dans la Birmanie depuis les temps les plus reculés. Sa culture est aussi très ancienne dans la Nubie, l'Égypte et l'Éthiopie. Théophraste a signalé le miel qu'on trouve dans ses roseaux, et Pline a constaté que le sucre de l'Inde est supérieur en qualité au sucre de l'Arabie. Cette plante était cultivée en 961 à Malaga, Alicante et Valencia, et au douzième siècle en Sicile et près de Syracuse; elle a été introduite en 1420 à Madère (1), en 1503 aux Canaries, en 1492 à Saint-Do-

____

(1) En 1420, Don Henri de Portugal fit transporter aux Canaries des cannes venant de Sicile, mais elles n'y réussirent pas.

mingue, en 1606 au Brésil et aux Antilles, en 1520 au Mexique, en 1600 à la Guyane, en 1644 à la Guadeloupe, en 1650 à la Martinique, en 1750 à la Louisiane, en 1770 à l'Ile Maurice, en 1852 à Natal et à la Nouvelle-Galles du Sud.

Le sucre a été importé d'Alexandrie à Venise en 996, des îles Canaries et de Saint-Domingue en France en 1490. Il était très rare au temps de Dioscoride et de Galien.

De nos jours la canne à sucre est cultivée dans les contrées ci-après : Guyane (1), Antilles, Réunion (île Bourbon), île de France, Chine, Siam, Cochinchine, Hindoustan, îles Philippines, îles Hawaï, Java, Bornéo, Pérou, Colombie, Brésil, Chili, Bolivie, Guatemala, Cap de Bonne-Espérance, Sénégambie, Guinée, Égypte, Nubie, îles des Canaries, la Louisiane, etc.

Le nom sanskrit du sucre est *sarkure*, duquel sont dérivés le mot arabe *sukhar* et les mots européens *zucker*, *sugar* et *sucre*.

La production totale du sucre de canne varie annuellement de 2.500.000 à 2.800.000 tonnes de 1.000 kilogr. Voici quels sont les rendements des principaux lieux de production :

Asie.

Chine..................	20,000 à	25,000 tonnes.
Indes occidentales.......	55,000 à	60,000 —
Siam..................	5,000 à	6,000 —

Afrique.

Réunion	25,000 à	30,000 tonnes.
Maurice.....	120,000 à	130,000 —
Égypte	50,000 à	55,000 —

---

(1) L'abolition de l'esclavage n'a pas permis, à dater de 1829, d'étendre la culture de la canne à sucre à la Guyane française.

Amérique du Nord.

Louisiane.............. 130,000 à 150,000 tonnes.

Amérique du Sud.

Brésil................. 170,000 à 250,000 tonnes.
Pérou................. 25,000 à 35,000 —
Guyane............... 105,000 à 120,000 —
Cayenne............... }
Surinam............... } 5,000 à 6,000 —

Grandes Antilles.

Cuba.................. 525,000 à 690,000 tonnes.
Porto-Rico............. 65,000 à 75,000 —
Jamaïque............... }
Haïti.................. } 25,000 à 35,000 —

Petites Antilles.

Martinique............. 40,000 à 45,000 tonnes.
Guadeloupe............. 45,000 à 50,000 —
Trinité................ 50,000 à 60,000 —
Barbades............... 45,000 à 55,000 —

Océanie.

Java.................. 375,000 à 425,000 tonnes.
Philippines............ 170,000 à 250,000 —
Australie.............. 70,000 à 75,000 —
Iles Sandwich.......... 100,000 à 125,000 —

Les importations en France du sucre de canne, qui s'élevaient en 1818 à près de 30.000 tonnes, ont atteint en 1858 150.000 tonnes, et en 1892, 151.013 tonnes.

La consommation annuelle du sucre s'accroît en France d'année en année. De 1818 à 1858, elle s'est élevée de 1 à 8 kilogr. par habitant. Cet accroissement est dû en très grande partie à l'extension qu'a prise la culture de la betterave à sucre depuis 1850. Les pays où la consommation est la plus forte sont l'Angleterre, 28 kilogr., les États-Unis,

17 kilogr., la Hollande, 15 kilogr., la Belgique, 11 kilogr.

Fig. 15. — Canne à sucre en végétation.

Ceux où elle est la plus faible sont l'Espagne, 500 grammes, l'Italie et la Turquie, 1^{kg},500, la Russie 2^{kg},500.

Mode de végétation.

La canne à sucre (fig. 15) a une racine vivace et fibreuse et peut vivre quinze à vingt ans ; elle produit plusieurs tiges sensiblement cylindriques, à nœuds renflés, mais peu saillants, qui atteignent de 3 et même 8 mètres de hauteur, comme on le constate dans l'île de Taïti. Les feuilles sont engaînantes, plates, aiguës au sommet, longues de $0^m,70$ à $1^m,20$, larges de $0^m,04$ à $0^m,05$ et plus ou moins rapprochées les unes des autres, selon la longueur des entre-nœuds ; elles sont à nervure médiane blanchâtre. Chaque nœud porte une feuille et présente un bouton qui est un véritable germe. Les fleurs forment une longue panicule terminale, soyeuse et blanchâtre. Cette flèche est sans nœuds.

La tige principale, qui provient de la bouture mise en terre, est appelée vulgairement *grande canne;* les pousses qui sortent de la souche sont désignées sous le nom de *rejetons* ou *rejets.*

Les nœuds des variétés les plus estimées sont éloignés les uns des autres de $0^m,10$, $0^m,12$ à $0^m,16$ au maximum ; mais en général, les nœuds sont toujours moins éloignés les uns des autres quand la végétation de la canne devient languissante, et lorsque par suite de cette faible vigueur les tiges se durcissent et deviennent ligneuses.

La canne se propage par boutures et rejetons. Les boutures sont prises dans le milieu des tiges ou dans leurs parties supérieures, mais au-dessous de la tête ou de la *flèche* où commencent les dernières feuilles. Leur reprise a lieu du huitième au douzième jour. Dans chaque pied, la bouture-mère disparaît quand les rejetons apparaissent autour de la première pousse. On distingue dans la canne quatre phases de végétation :

1. Le développement du germe de la bouture ou l'apparition de la première feuille,

2. L'apparition de la pousse herbacée,.

3. La formation successive des nœuds et du sucre,

4. La maturité des tiges.

Le colonel Codazzi a constaté que la canne à sucre d'Otaïti peut être récoltée :

A l'âge de 11 mois avec une température moyenne de + 27°
    —   12   —   —   + 25°
    —   14   —   —   + 23°
    —   16   —   —   + 19°

En général, on coupe les tiges du douzième au quatorzième mois. Chaque tige pèse, en moyenne, 1 kilogr.; elle a alors de $2^m,50$ à 4 mètres de hauteur et $0^m,035$ à $0^m,04$ de diamètre. En continuant de végéter normalement, la canne change de couleur, les feuilles inférieures se dessèchent et les fleurs apparaissent. Le plus ordinairement, les tiges arrivent à maturité deux mois après la floraison.

On a cru pendant longtemps que la panicule pyramidale qui termine la tige ne produisait pas de semences fertiles. C'était une erreur. Les semences, rares il est vrai, qu'on récolte dans les contrées tropicales, germent bien et permettent d'espérer qu'on obtiendra des variétés nouvelles dignes d'intérêt.

En général, c'est lorsque les tiges ont quatorze à quinze mois de végétation que leur flèche se développe. Elles ont atteint alors leur maximum de croissance en hauteur, mais elles augmentent en grosseur.

Variétés.

La canne à sucre a produit un très grand nombre de variétés. Les principales sont au nombre de six :

1° *Canne de Bourbon, Canne de Singapore, Canne blanche*

d'Otaïti, Canne de Batavia, Canne du Bengale, Canne créole.
— Cette belle variété (fig. 16), originaire d'Otaïti, a été
décrite par Cook. Elle est précoce, productive et se propage
facilement; elle fournit un jus qui donne un sucre abondant, très beau et brillant. On lui reproche d'avoir, dans les
terrains frais, des nœuds un peu trop éloignés les uns des
autres, ce qui rend sa tige, qui est élevée et grosse, très

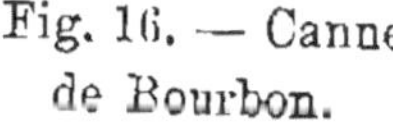

Fig. 16. — Canne
de Bourbon.

Fig. 17. — Canne
rubanée.

cassante; aussi doit-on la cultiver sur des champs d'une
fertilité ordinaire, un peu secs, bien exposés au soleil et
abrités des vents par des élévations ou des massifs d'arbres.

Sa tige, haute de 3 à 5 mètres, est jaunâtre sur la partie
exposée au soleil, et ses feuilles sont larges, retombantes et
d'un beau vert pâle.

Cette variété est connue au Brésil sous le nom de *canne
de Cayenne* (Cana Cayenna). Elle est cultivée à l'île Mau-

rice, à la Jamaïque, à Cuba, à Madagascar, à la Nouvelle-Grenade, etc.

2° *Canne noire de Java, Canne de Batavia, Canne violette d'Otaïti, Canne de la Jamaïque.* — Cette variété est rustique, robuste et très vigoureuse. Ses entre-nœuds présentent une belle teinte rouge violacé. Ses feuilles sont légèrement teintées de violet. Elle fournit un jus très riche en sucre. Elle est cultivée dans les Indes occidentales, au Mexique, au Pérou, à la Louisiane, etc.

Ses tiges sont très fortes et plus difficiles à broyer que les tiges de la variété précédente.

3° *Canne à rubans, Canne rubanée, Canne rayée, Canne d'Otaïti rayée, Canne transparente.* — Cette variété (fig. 17) réussit très bien dans les terres légères et siliceuses. Ses tiges très fortes présentent sur un fond jaune des bandes d'un beau rouge sombre, ayant de $0^m,005$ à $0^m,02$ de largeur ; leur jus donne un très beau sucre. Elle est cultivée à Batavia, aux Antilles, à Maurice, à la Louisiane, à Otaïti, en Égypte.

4° *Canne du Bengale, Canne rouge de Calcutta, Canne violette de Calcutta, Canne pourpre de Batavia.* — Cette variété originaire de la Malaisie est très vigoureuse ; son jus est très coloré, et il fournit un sucre très dur et très brillant. Elle est rarement attaquée par les fourmis blanches. Elle existe à la Réunion, à Java, Malacca, etc.

5° *Canne de la Chine, Canne de Singapore, Canne de Malacca.* — Cette variété a été introduite dans l'Inde en 1796 ; sa tige est de petite dimension, mais elle est très dure et résiste très bien au froid et à la chaleur. La fourmi blanche et le chacal ne l'attaquent pas. Elle est peu cultivée en dehors de la Chine et de l'Inde ; elle est précoce, avec une tige verte.

6° *Canne de Salangore.* — Cette variété a des feuilles très larges, très retombantes et garnies, sur leur bord inférieur, de nombreuses épines. Le jus qu'elle fournit est très facile à clarifier ; il donne un sucre dur et très brillant. On considère cette canne comme la meilleure de toutes.

Ces variétés bien caractérisées ont produit un grand nombre de races. Dans la Birmanie, les Malais en distinguent six : la grande canne (*Tubbou bittang yang*), la canne rouge (*Tubbou merah*), la canne à écorce poudreuse (*Tubbou bittang berabou*), la canne rotin (*Tubbou rotan*), la canne rouge-brun (*Tubbou kookou karbau*), la canne noire (*Tubbou itam*). La première est très estimée.

La Cochinchine possède une canne toujours verte, très haute et très grosse et une canne jaune à tige plus petite et à nœuds plus rapprochés. La Nouvelle-Calédonie cultive un très grand nombre de variétés qu'il me paraît inutile de signaler.

Composition.

La tige de la canne à sucre contient intérieurement, entre les nœuds, et principalement dans sa partie inférieure, un liquide transparent très saccharin, qui fournit la matière que l'on nomme *sucre brut, sucre de canne, sucre des colonies.*

Voici, d'après MM. Payen et Péligot, quelle est la composition des tiges arrivées à maturité :

	Canne de la Martinique.	Canne de Cuba.	Canne d'Otaïti.
Sucre	18,00	16,20	18,00
Ligneux, sels, etc..	9,90	6,00	10,96
Eau	72,10	77,80	71,04
	100,00	100,00	100,00

En général, le sucre cristallisable varie de 9 à 22 pour 100, suivant la variété cultivée et la nature du sol dans lequel la plantation a été exécutée.

M. Bouflet, en examinant trois variétés très cultivées à la Réunion, a constaté les résultats ci-après par 100 kilogr. de tiges :

Cannes.	Louzier.	Guinghan.	Port Mackay.
Sucre............	16,28	18,94	17,74
Ligneux........	11,11	11,90	17,76
Eau............	71,87	68,24	69,75
Perte...........	0,74	1,92	0,75
	100,00	100,00	100,00

Voici, d'après M. Delteil, comment le sucre est réparti dans la canne blanche d'Otaïti :

	Longueur.	Ligneux.	Densité du jus.	Sucre.
Bas de la tige...	$0^m,55$	11,55	12,0	18,59
Milieu..........	1 10	10,71	11,6	18,09
Haut...........	0 55	9,51	9,3	13,37
Bout blanc......	0 10	9,96	3,7	3,80

La partie inférieure est donc la plus riche en sucre.

D'après M. Boussingault, le sucre normal est formé de :

Carbone.......................	42,10
Hydrogène....................	6,40
Oxygène......................	51,50
	100,00

Il contient de 9 à 10 pour 100 d'eau.

On a constaté que les cendres de la canne contenaient les substances suivantes :

	Canne des Antilles.	Canne de Maurice.
Potasse.............	16,60	17,39
Soude..............	0,48	2,90
Chaux.............	8,71	8,35
Chlorures alcalins....	3,11	4,13
Magnésie...........	7,62	8,68
Acide sulfurique.....	6,62	8,01
— phosphorique..	6,81	6,23
Silice	40,05	44,31
	100,00	100,00

La canne produit deux sortes de sucre : le *sucre cristallisable* et le *sucre incristallisable*. Ce dernier, à la maturité des tiges, ne dépasse pas 1,50 pour 100 du sucre cristallisable. Le premier, lorsqu'il est raffiné ou épuré, est blanc, cristallisé, inodore et inaltérable à l'air sec. Sa saveur est douce et agréable.

Le sucre que produit la Cochinchine est brun et grossier ; il est inférieur en qualité au sucre de Java, de Siam et des Philippines.

La densité moyenne du jus varie de 10 à 11°.

Climat.

La canne ne peut être cultivée que dans les contrées où la température moyenne ne descend pas, pendant le printemps et l'été, au-dessous de + 19 à + 20°.

Plus la température est élevée et plus le jus est riche en parties saccharines. Ainsi, en Espagne et en Algérie, sa densité, à l'aréomètre Baumé, varie de 6°,50 à 9° au maximum, tandis qu'au Brésil, dans les Indes et les Antilles, cette même densité atteint de 10 à 13°.

En général, la canne à sucre est cultivée comme le coton, soit dans les îles, soit dans les localités voisines de l'Océan ou de la Méditerranée. C'est qu'elle demande une température presque régulière et à la fois chaude et humide, et une lumière très vive.

Les gelées à glace et même les fortes gelées blanches lui sont très nuisibles. Les tiges que les gelées endommagent, soit dans les Indes, soit à la Louisiane, doivent être regardées comme perdues pour le planteur, parce que leur jus a perdu sa propriété de cristalliser. A la Guadeloupe, elle cesse d'être cultivée à 400 mètres d'altitude.

Ce sont les froids qui n'ont pas permis sa culture dans la région maritime de la Provence, dans la plaine de Terracine (royaume de Naples), dans l'ancienne Paphos (île de Chypre), et qui rendent souvent sa culture difficile dans la plaine d'Épiscopi (Italie), sur la côte de l'Andalousie (Espagne), où le climat est très chaud.

C'est donc avec raison qu'on considère la canne à sucre comme appartenant à la culture tropicale. Dans les circonstances actuelles, sa culture ne dépasse pas en Chine le 30ᵉ, en Amérique, le 32ᵉ, au Japon, le 36ᵉ, et en Espagne le 47ᵉ degré de latitude.

Jusqu'à ce jour, son introduction en Algérie n'a pas donné des résultats très satisfaisants.

Terrain.

Nature. — La canne à sucre doit être cultivée sur des terrains profonds, frais et plutôt argileux que siliceux.

Les terres granitiques, contenant une certaine proportion d'argile, de calcaire, de sels alcalins et de nombreux débris de matières organiques, lui sont très favorables. Il en est de même des terres d'alluvion.

Les sols argilo-calcaires fertiles, sont considérés à bon droit comme d'excellents terrains, parce que l'expérience a cent fois constaté que la chaux exerçait une influence très remarquable sur la richesse saccharine du jus. Les terres calcaires ferrugineuses ne nuisent à son développement que lorsqu'elles contiennent de l'oxyde de fer en excès.

Les terrains pierreux ne sont pas regardés comme de mauvais sols. Les pierres, en plombant la couche arable, y fixent plus de fraîcheur pendant les sécheresses. Toutefois, dans de tels sols, si le sucre est de bonne qualité, il est généralement peu abondant. Dans les terres humides, la canne a souvent une végétation luxuriante, mais elle y est toujours moins saccharifère.

Les plus mauvais sols sont les terres à briques pauvres,

parce qu'elles acquièrent, sous l'influence d'une vive chaleur, une très grande dureté.

Dans les Indes et aux États-Unis, on recherche de préférence les terres fertiles, riches en sels de soude et de potasse. En Égypte, la canne est cultivée dans les terres fertiles, profondes et de moyenne consistance qui sont situées entre le Nil et la Libye et qu'on arrose avec les eaux du canal Ibrahimich. A la Jamaïque, les terres franches situées à une exposition chaude sont regardées comme les plus favorables pour la canne.

PRÉPARATION. — Pendant longtemps, les terres consacrées dans les colonies françaises et anglaises à la culture de la canne à sucre, ont été préparées par les nègres. L'émancipation des esclaves a changé ces conditions de culture, et a forcé de substituer le travail des instruments aratoires traînés par 4 à 6 bœufs, des buffles ou des mules, au travail des bras sur un grand nombre d'exploitations.

La plupart des instruments introduits dans les colonies sont entièrement en fer. On est généralement satisfait de la charrue et du buttoir construits par Ransome ou de Dombasle.

Les terres sont labourées à plat. Le dernier labour est suivi par un ou plusieurs hersages destinés à pulvériser la surface du sol.

Lorsqu'on veut cultiver la canne à sucre sur des terres incultes, on commence par couper tous les arbustes, ou on y met le feu après avoir circonscrit l'étendue qu'on veut défricher au moyen de quelques traits de charrue. Quand les broussailles et les mauvaises herbes ont été détruites, on répand les cendres et on laboure la couche arable à $0^m,15$, $0^m,20$ ou $0^m,30$ de profondeur, en faisant suivre chaque charrue par une fouilleuse ou charrue sous-sol. On termine la préparation en égalisant grossièrement le terrain, si ce dernier présente des cavités ou des élévations. Au Brésil, toutes les terres destinées à la canne à sucre sont labourées avant les pluies, c'est-à-dire en juillet. La charrue est traînée par 4 à 8 bœufs ; elle opère un labour de $0^m,35$ de profondeur. On agit de même en Égypte. En Cochinchine, on défonce le sol jusqu'à 65 centimètres.

Lorsque la terre a été bien ameublie à l'aide de deux, trois ou quatre labours et plusieurs roulages et hersages, on y trace des raies parallèles au moyen du buttoir. Ces raies sont destinées à recevoir les engrais et les boutures ; elles sont éloignées les unes des autres de $1^m,65$ à $1^m,85$.

Quand les terres ne sont pas très friables, on ouvre ces raies avec la charrue, en agissant comme s'il était question de faire une dérayure, et on les nettoie ensuite avec le buttoir.

L'eau est très nuisible à la canne à sucre quand elle est abondante. A la Guadeloupe, à la Guyane et dans la Birmanie, on ouvre, entre les rangées de cannes ou tous les 6 ou 9 mètres, des sillons destinés à faciliter l'écoulement de l'eau provenant des grandes pluies. Ces raies d'assainissement sont tantôt parallèles, tantôt perpendiculaires à la pente du terrain.

Fertilisation.

La canne à sucre est épuisante et nécessite, pour être productive, l'emploi d'engrais abondants et riches en parties organiques très solubles.

Les engrais azotés qui lui conviennent le mieux sont :

Le sang sec,	La poudrette,
Le guano,	La colombine,
La chair de cheval en poudre,	Le fumier décomposé.

Le marc frais de canne est aussi très estimé. On l'emploie à la dose de 20.000 kilogr. à l'hectare.

A Calcutta, on fume les champs de canne en enfouissant de l'indigo ou de l'herbe de Guinée

La vase est regardée comme excellente par les Indiens et les Égyptiens.

A la Jamaïque, on a souvent recours au parcage des bêtes bovines et des mules. Chaque hectare est alors fertilisé au moyen de 5.000 têtes de gros bétail.

Enfin, quand on cultive la canne à sucre sur des terres ne contenant pas, pour ainsi dire, de carbonate de chaux, on applique des marnes, de la chaux, de la poudre d'os, ou du superphosphate de chaux.

Quand on a égard à la composition de la canne, on constate qu'une récolte de 50.000 kilog. de tiges doit enlever à la couche arable :

> 80 kilog. d'acide sulfurique.
> 50 — de potasse.
> 110 — d'azote.

En général, les engrais très ammoniacaux, comme les urines et les fumiers frais d'écurie, ne sont pas très favorables à la canne à sucre. Les jus fournis par les cannes abondamment fumées avec des matières très riches en ammoniaque donnent une plus forte proportion de mélasse au détriment des parties saccharines cristallisables.

Modes de multiplication.

La canne à sucre ne produisant que très accidentellement des graines est multipliée à l'aide de boutures ou de rejetons.

Chaque nœud possède un bourgeon à l'état latent.

BOUTURES. — On prépare les boutures en divisant la partie supérieure des tiges, celle située immédiatement au-dessous de la tête de la canne qu'on nomme *flèche*, en tronçons de $0^m,30$ à $0^m,50$ de longueur, portant plusieurs nœuds. Au Brésil, les plançons ont trois nœuds. A la Jamaïque, toutes les boutures sont coupées obliquement.

On peut aussi diviser la partie inférieure des tiges en plusieurs parties, mais on préfère séparer la portion encore tendre et verte, parce qu'elle fournit des boutures d'une reprise plus assurée.

Cette préparation, complétée par l'effeuillage des boutures, se fait à l'époque de la récolte des cannes.

Les boutures une fois préparées sont mises immédiatement en terre, où elles sont réunies en tas de $0^m,50$ environ d'épaisseur, et protégées ou des froids ou de la chaleur par des feuilles fraîches. Chaque lit de tronçons doit être recouvert d'une couche de feuilles vertes. On doit les planter le plus promptement possible.

REJETONS. — La multiplication par rejetons est moins en usage que la précédente. On ne l'adopte que lorsqu'on demande au même champ plusieurs récoltes successives.

Plantation.

La mise en place des boutures est faite à des époques, qui varient suivant les latitudes. En Égypte, elle a lieu en mars et avril ; à la Jamaïque, en août, dans les terrains froids, et en octobre dans les bons sols ; dans la Birmanie, en avril et mai ; en Cochinchine, à la fin de la saison des pluies. Au Bengale, on plante souvent de préférence pendant les mois de septembre, octobre et novembre. Au Brésil, les plantations ont lieu de janvier à mars ; les cannes qu'on plante en juillet *ne flèchent pas* dans l'année.

La plantation se fait dans des trous carrés ou rectangulaires qu'on creuse avec la houe dans le fond des sillons ouverts par la charrue ou le buttoir.

Ces trous doivent avoir de $0^m,16$ à $0^m,20$ de profondeur, et être espacés les uns des autres de 0^m,30 à 0^m,60, selon qu'on y plante une ou deux boutures ou rejetons.

Chaque plant, après avoir été couché à plat ou obliquement dans le fond des trous, doit être couvert de 0^m,10 à 0^m,15 de terre meuble. Par exception, à la Guadeloupe, on les plante debout. A la Réunion, d'octobre à janvier on met deux boutures en sens opposés et obliquement dans chaque fosse. A la Jamaïque, on en plante trois et quelquefois quatre dans le même trou.

Les lignes de boutures sont espacées de 1^m,50 à 2 mètres suivant les terrains et les climats. En Cochinchine, toutes les cannes sont disposées en échiquier et distantes les unes des autres de 2 mètres ; on en compte alors 2.500 par hectare. A la Guadeloupe, les boutures, plantées en carrés, sont éloignées de 1^m,80 les unes des autres.

En Birmanie, où les cannes sont plantées à 1 mètre sur 2 mètres, un hectare comprend 5.000 pieds ou touffes.

Quand on renouvelle une plantation, on arrache, à l'aide de la charrue ou de la pioche, toutes les vieilles souches, et, après avoir préparé le terrain, on plante les boutures ou les rejetons au milieu des intervalles des anciennes lignes, afin que les nouvelles cannes ne végètent pas sur les mêmes rangées.

Lorsqu'on veut obtenir une seconde récolte, on rabat les billons et les éteules des cannes. Cette opération se fait avec une houe à lame bien tranchante. Les ouvriers chargés d'exécuter cette sorte de taille doivent éviter d'endommager les souches, afin de ne pas nuire au développement des rejetons.

Soins d'entretien.

La canne à sucre exige pendant sa végétation des soins d'entretien assez nombreux.

Après le développement des premières feuilles, qui s'opère entre le quinzième et le trentième jour qui suivent la plantation, on remplace les boutures qui n'ont pas réussi, et on exécute un binage dans le but de détruire les mauvaises herbes, ameublir la terre et combler les trous dans lesquels les boutures ou les rejetons ont été plantés.

Quand ces travaux sont terminés, on arrose toute l'étendue cultivée, si le sol manque de fraîcheur et si les irrigations sont possibles.

Les irrigations se font par infiltration. On les répète souvent, mais très modérément, jusqu'à la saison des pluies. En Égypte, on continue les arrosages jusqu'à la récolte.

On continue aussi les binages quand cela est nécessaire.

Quand les cannes ont un mètre environ de hauteur, et que les feuilles ombragent en partie la terre, on les butte deux ou trois fois à vingt ou vingt-cinq jours d'intervalle. Le buttage exerce une influence puissante sur l'accumulation dans les cellules des parties cristallisables par l'humidité qu'il concentre autour des racines. Il a aussi pour effet de donner aux cannes plus de solidité, ce qui leur permet de mieux résister aux vents violents, et de séparer les rangées par des sillons qui rendent les arrosages plus faciles, et qui contribuent à l'assainissement de la couche arable pendant la saison des grandes pluies. On l'exécute au moyen d'un buttoir.

Enfin, pendant les pluies continuelles, et deux mois avant la maturité des tiges, on enlève les feuilles sèches et fanées, et on supprime quelques feuilles vertes sur les cannes vigoureuses, afin qu'elles mûrissent mieux et plus tôt.

Dans les contrées où l'on demande à la canne deux, trois et même parfois quatre récoltes successives, comme au Brésil, après chaque récolte on façonne le sol en évitant d'endommager les souches et on le fertilise de nouveau à l'aide d'engrais pouvant manifester promptement leur action.

Insectes, animaux et agents atmosphériques nuisibles.

Le principal ennemi de la canne à sucre, dans l'Inde, en Amérique, au Malabar, au Japon et en Chine, est la *fourmi blanche* ou, pour mieux dire, le *termite*. Cet insecte ameublit la terre qui environne les touffes et met les racines à nu. Alors les plantes n'ont plus assez de fixité pour résister à une température élevée et à la violence des vents. On ne connaît aucun moyen de le détruire, mais on l'éloigne des champs de cannes en répandant çà et là sur la terre de l'huile de pétrole. Ces fourmis fuient la lumière.

La pyrale de la canne (fig. 18) ou le *borer* des Anglais (TORTRIX SACCHARIFERA) est plus redoutable que la fourmi blanche ; ce lépidoptère est répandu à la Réunion, à Java, etc. Sa larve, qui est une chenille blanche à seize pattes et à tête noire, prend naissance dans l'aisselle d'une feuille ; après sa naissance, elle perce la tige pour s'y introduire et vivre à son détriment. Les dégâts que cause le borer dans les jeunes plantations sont souvent des pertes irréparables.

Cette larve et son papillon et les *criquets* ou *sauterelles* ont pour ennemis les merles, la caméléon, etc. Le planteur qui constate la présence du borer dans ses cultures, doit brûler le soir, quand l'air est calme, toutes les herbes et les feuilles qui servent de refuge aux papillons et aux chrysalides pendant le jour.

La *calendre de la canne à sucre* est répandue dans les Antilles. Elle s'introduit aussi dans la tige pour vivre au détriment de la moelle.

La canne à sucre est attaquée dans l'Inde et aux Antilles par un très petit insecte qui appartient à la famille des scolytides et auquel on a donné le nom de *Xyleborus perforans*. Jusqu'à ce jour on ne connaît aucun moyen de le détruire ;

ce petit coléoptère attaque la tige à sa jonction avec la racine de la canne.

Le rat (MUS SACCHARIVORUS) fait parfois de grands dé-

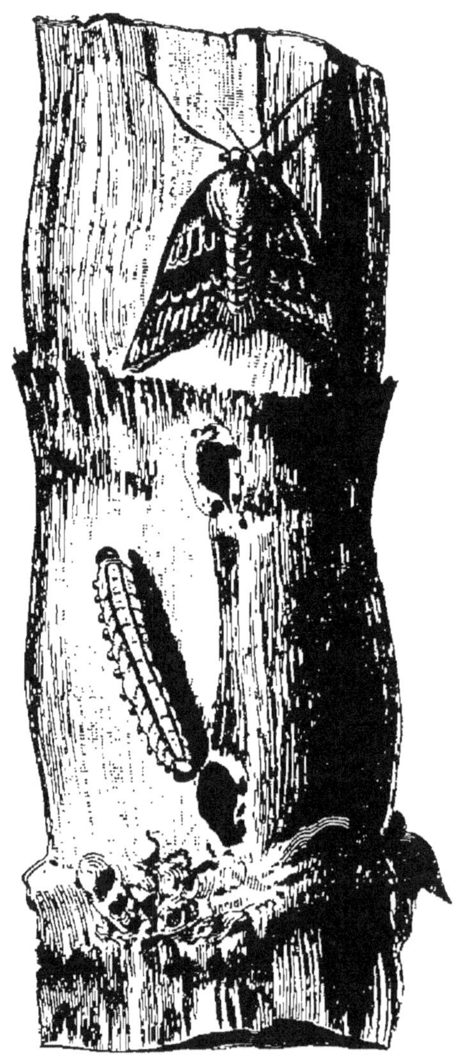

Fig. 18. — *A,* Borer mâle. *B,* larve du Borer.

gâts dans les cultures de cannes. C'est lorsque les tiges sont arrivées à leur maturité, qu'il les ronge par le bas. Une canne ainsi attaquée est entièrement perdue. Ces animaux ont pour ennemis le *boa noir* et la *maja*, petit boa, qu'on respecte parce qu'ils en détruisent beaucoup.

On détruit beaucoup de rats en opérant la récolte de la manière suivante : on coupe les tiges en agissant de la circonférence au centre sur tout le contour de la pièce, et on laisse un certain nombre de tiges au milieu du champ. Cette *remise*, qui est plus ou moins considérable, selon le nombre de rats qu'on veut détruire, sert de refuge à ces rongeurs. Quand la récolte des tiges est terminée, on entoure la remise de broussailles très combustibles et on y met le feu. Ce dernier, en envahissant les cannes, détruit la plupart des rats qui se sont réfugiés dans la remise.

Dans l'Inde, les cannes sont souvent ravagées par les éléphants, qui mangent avec plaisir leurs pousses herbacées et saccharines.

La canne à sucre est arrêtée dans son développement par les *vents brûlants* et les *longues sécheresses;* elle est déracinée et renversée par les *vents violents;* les *grandes pluies* pourrissent ses racines et nuisent à la formation des parties saccharines.

Enfin, les feuilles des cannes qui végètent dans des terres argileuses, riches et humides, sont sujettes à être attaquées par la *rouille* ou divers champignons.

Récolte.

On procède à la récolte des cannes lorsque les tiges ont une teinte dorée ou violette, et qu'elles ont perdu leurs feuilles dans la plus grande partie de leur hauteur. Alors, les feuilles supérieures sont encore verdâtres, les fleurs sont épanouies et les panicules ont une belle teinte argentée.

La récolte se fait successivement parce que les tiges d'une même plantation ne mûrissent pas toujours toutes à la fois.

L'époque à laquelle les cannes arrivent à la maturité

Fig. 19. — Récolte et transport de la canne à sucre.

varie suivant les latitudes, c'est-à-dire après 12, 14, 16 ou 18 mois de végétation. A la Louisiane, on les récolte en novembre, décembre ou janvier; à Saint-Domingue, on les coupe en février, mars et avril; au Brésil et en Égypte, on les récolte en novembre ou décembre. Les cannes plantées l'année précédente à la Réunion sont récoltées de septembre à octobre; elles occupent le sol pendant trois années. A Siam, où la température est très élevée pendant l'été et jusqu'à la fin de l'automne, on les plante en juin et on les récolte en décembre et janvier.

On ne doit couper ni trop tôt ni trop tard; dans les deux cas on extrait du *vesou* une moins grande quantité de sucre.

On coupe les tiges à $0^m,03$ ou $0^m,05$ au-dessus du sol, à l'aide d'une serpe, d'un sabre ou coutelas ou d'une petite hache; on les étête, on les divise en deux si elles sont longues, et on les lie ensuite en bottes qu'on dépose le long des chemins ou sur le bord de la plantation. La coupe doit être nette et régulière. Un ouvrier coupe par jour de 2.000 à 2.500 kilog. de cannes.

Alors, à l'aide de charrettes ou de *cabrouets* (fig. 19), on les transporte à la sucrerie, où elles sont soumises immédiatement à l'action de moulins à cylindres cannelés ou unis mis en mouvement par des animaux, l'eau ou la vapeur.

Les feuilles sont utilisées comme engrais; ou on les laisse pourrir sur le champ ou on les brûle.

La récolte est ordinairement suivie par une façon.

Rendement.

Un hectare de cannes bien cultivées et non attaquées par les rats, les chacals, le borer ou les fourmis blanches, donne de 40.000 à 70.000 kilogr. de tiges.

Les planteurs sont satisfaits quand ils obtiennent, en

moyenne, 50.000 kilog. de tiges à l'hectare ; mais dans beaucoup de contrées, le rendement par hectare varie en moyenne de 30.000 à 35.000 kilog. D'après M. Dolabaratz, le rendement de la canne à la Réunion, de 1882 à 1887, a varié de 29.800 à 39.000 kilog., et le sucre, de 2.762 à 3.658 kilog., ou en moyenne 9 pour 100 du poids de la canne récoltée, qui en renferme normalement de 15 à 18 pour 100. C'est très exceptionnellement qu'on obtient 5.000 et 5.500 kilog. de sucre cristallisable par hectare.

En Égypte, la canne produit par hectare 30.000 kilog. de tiges qui donnent 2.500 kilog. de sucre. La canne, à la Guyane, en donne 3.500 kilog. quand elle y est cultivée sur les alluvions limitées par la mer.

L'âge de la canne influe sur son rendement en sucre. Voici les quantités qu'elle fournit à la

	13 mois.	15 mois.
Martinique.........	2.000 kil.	2.500 kil.
Guadeloupe........	2.400 —	3.000 —
Réunion..........	4.000 —	5.000 —

Le résidu que fournissent les cannes qui ont été écrasées et pressées est désigné sous le nom de *bagasse*.

Les cannes fraîches sont à la bagasse :: 100 : 30 ou 35.

Les cannes bien triturées et la bagasse bien exprimée donnent 75 à 80 pour 100 de vesou ou jus. La moyenne, quand on a des broyeurs énergiques, est 65 pour 100. Ainsi, un hectare produisant 40.000 kilogr. de cannes, fournit 26.000 litres de jus.

Le jus de canne est gris verdâtre, opaque ; sa saveur est douce et sucrée, et son odeur rappelle l'odeur balsamique de la canne. Il contient :

Eau...................	de 70 à 75 pour 100.
Sucre.................	— 18 à 25 —

Soit 120 à 200 grammes de sucre cristallisable par litre de vesou.

Un hectare, le plus généralement, contient 5.000 touffes et 25.000 cannes pesant chacune, en moyenne, 1 kilog. 200, ce qui donne pour poids total de la récolte 30.000 kilog.

Cette récolte fournit à l'écrasage 18.000 litres de vesou qui contient, en moyenne, 3.600 kil. de sucre cristallisable.

Chaque canne du poids moyen de 1 kil. 200 fournit donc :

Vesou.............. 0^{lit},720.
Sucre.............. 150 grammes.

Les cultures qui produisent par hectare 40.000, 50.000 et 55.000 kilog. de cannes fraîches privées de leurs flèches et de leurs feuilles, fournissent donc 24.000, 30.000 et 33.000 kilog. de vesou donnant 3.500, 4.000 et 4.600 kilog. de sucre cristallisable.

Le vesou contient 75 à 78 pour 100 d'eau.

Les feuilles représentent 30 pour 100 du poids des tiges.

L'industrie n'extrait pas tout le sucre que contient le vesou. En général, elle n'obtient que 14 à 15 kilogr. de sucre égoutté par 100 kilogr. de jus.

Il résulte de ce rendement que 20.000 litres de jus donnent en moyenne 2.600 kilogr. de sucre brut égoutté.

Autrefois, les sucreries ne retiraient de la canne que 10 à 12 pour 100 de sucre. De nos jours, le rendement s'élève à 14 et même 16 pour 100.

Le jus, après avoir abandonné 15 pour 100 de sucre, contient de 2 à 4 pour 100 de mélasse.

Ainsi, les 20.000 litres de jus obtenus par hectare donnent de 500 à 600 kilogr. de mélasse.

La mélasse ou sucre noir liquide, ou sirop incristallisable, est composée comme il suit :

Parties saccharines	65,00
Eau	32,00
Matières organiques	3,00
	100,00

Les matières sucrées contiennent :

Sucre	45 p. 100.
Glucose	22 —

Les mélasses sont ordinairement distillées ; celles qu'on distille dans les *rhumeries* fournissent de 15 à 16 pour 100 d'alcool absolu.

Le résidu provenant de la distillerie des mélasses est composé comme suit :

Sulfate de potasse	10,00
Chlorure de potassium	16,00
Carbonate de potasse	42,00
— de soude	32,00
	100,00

Extraction du sucre.

Les tiges coupées doivent être utilisées dans les 12 heures, parce que le suc s'aigrit, que l'extraction du sucre est plus difficile et que les feuilles perdent 1 à 2 pour 100 de leur poids.

On extrait le jus ou *vesou* en soumettant les cannes à l'action de cylindres horizontaux broyeurs mis en mouvement par la vapeur, une roue hydraulique ou un manège. Le jus obtenu par cet écrasement est reçu dans un bac et évaporé dans plusieurs chaudières qui se communiquent. La plus éloignée du foyer sert à la défécation ou *carbonatation,* jusqu'à la densité de 28 à 30 degrés Baumé. On termine en opérant la cuite dans le vide.

Dans diverses colonies, on suit aujourd'hui le *procédé par diffusion.* Java possède des *coupe-cannes* qui divisent en rondelles de 7.000 à 15.000 kilog. de tiges par heure.

Les rondelles vont directement dans les diffuseurs. Les cossettes une fois épuisées sont séchées dans un four et utilisées comme combustible.

On épure le sucre que l'on obtient dans les deux cas, ainsi que le sucre brut ou *cassonnade*, qui sort directement des cannes, par le raffinage, opération découverte en 1741 par un Vénitien.

Les sacs qui servent, à la Réunion, au transport du sucre, sont fabriqués avec les lanières du *Pandanus vacoa*.

Fabrication du tafia et du rhum.

Le vesou, après avoir été épuisé de son sucre cristallisable, est dense et marque 40 à 45° Baumé; il constitue une mélasse jaune clair ou jaune brun. Alors on le fait fermenter pour convertir le sucre qu'il contient encore en glucose, et celui-ci en alcool. Le produit de cette distillation est le *tafia*.

La mélasse proprement dite, celle qui provient de l'égouttage du sucre, donne, par la distillation, un alcool incolore, mais pourvu d'une odeur particulière, qui est due à l'huile essentielle que contient l'écorce de la canne. On colore ce produit avec du caramel ou avec une liqueur qu'on obtient avec 15 grammes de clous de girofle, 15 grammes de goudron de bois, 500 grammes d'écorce de chêne, 2 kilogr. de cuir neuf et tanné. Cette teinture aromatique sert pour 100 litres d'alcool de mélasse. Quand elle a fermenté pendant 15 jours, on la colore avec du caramel.

2 litres de mélasse donnent un litre de rhum.

Usages des produits.

Le sucre brut gris ou blond, ainsi que le sucre sortant des raffineries, sert pour sucrer les aliments et les liqueurs, fabriquer des dragées, adoucir des mucilages ou des préparations pharmaceutiques. On l'emploie aussi pour fabriquer le sucre candi.

Il y a trois siècles, le sucre brut de canne se vendait à l'once dans les officines des apothicaires.

L'alcool qu'on obtient dans les *rhumeries* permet de fabriquer une liqueur qui est très appréciée quand elle est de bonne qualité. Les rhums de la Jamaïque et de la Martinique sont regardés à bon droit comme les meilleurs. Leurs degrés varie entre 50 et 65 degrés à l'aréomètre centésimal. Le tafia fabriqué dans les Antilles est en très grande partie importé en Angleterre. Au Cap de Bonne-Espérance, l'*arak* ou *rhum* des *nègres* est une eau-de-vie extraite de la canne à sucre.

A la température de 205°, le sucre se transforme en *caramel* avec une odeur particulière, et il devient un colorant qui est très en usage dans l'économie domestique.

La bagasse sert à fertiliser les champs consacrés à la culture de la canne, ou on l'emploie comme combustible, ou bien on l'utilise dans l'alimentation des bêtes à cornes.

On a constaté que 300 kilogr. de bagasse sèche remplacent 100 kilogr. de houille.

CHAPITRE II.

SORGHO SUCRÉ.

HOLCUS SACCHARATUS, Lin. ANDROPOGON SACCHARATUS, Roxb.

Plante monocotylédone de la famille des Graminées.

Historique. — Mode de végétation. — Variétés. — Composition. — Climat, Terrain. — Semis. — Soins d'entretien. — Récolte. — Produits.

Historique.

Le sorgho sucré est originaire de la Sénégambie et de la Nigritie. On le cultive depuis longtemps dans la Mantchourie, province de la Tartarie chinoise, et sur les côtes d'Afrique, depuis le cap de Bonne-Espérance jusqu'à la baie de Delagoa.

En langue berbère on l'appelle *kafe*, en langue poule, *makari*, en langue chinoise, *kao-lien*. En langue française, on le désigne sous les noms de *sorgho de Chine*, *millet de la Cafrerie* et *imphy*.

Gmelin rapporte que l'*Holcus saccharatus* est cultivé depuis longtemps par les Cosaques du Jaïk, et aux environs de Jaïzkoi-Gorodok, dans la Russie méridionale. Les Buchares le cultivent aussi sous le nom de *millet de Bucharie*.

Cette plante a été introduite en Europe au quinzième siècle, époque à laquelle le cultivèrent les Génois et les Vénitiens. En 1775, Pietro Arduini l'a signalée à l'attention des agriculteurs sous le nom d'*olchus de Cafrerie*, parce qu'il avait tiré une sorte de mélasse du jus fourni par les tiges. Plus tard, son fils Louis Arduini en obtint à Padoue du sucre en partie cristallisé.

En 1850, le sorgho sucré fut importé de nouveau en Europe par M. de Montigny, consul de France à Shangaï (Chine). Dès 1851, M. le docteur Turrel observait à Toulon qu'il mûrit ses graines dans le midi de la France. C'est M. L. Vilmorin qui a constaté pour la première fois qu'il pouvait fournir en abondance de l'alcool dépourvu de saveur désagréable.

En 1854, M. L. Wray a rapporté de la côte de Natal en Cafrerie plusieurs variétés cultivées par les Cafres Zulu et qu'il a désignées sous le nom générique d'*imphy*.

Ce sorgho contient dans ses tiges une notable quantité de sucre. C'est cette substance, selon Mollien, qui permet aux naturels du pays de Bambouk (Sénégambie), de fabriquer, quoique mahométans, en ayant recours à la fermentation, une liqueur spiritueuse et très enivrante.

Les tentatives faites par Arduini et les expériences entreprises depuis plusieurs années en France dans le Midi, en Espagne et en Afrique, ne permettent pas d'espérer que ce sorgho suppléera en Europe la canne dans la production du sucre. Jusqu'à ce jour on ne connaît pas de procédé pratique, à l'aide duquel on puisse obtenir le sucre qu'il contient parfaitement cristallisé.

Mode de végétation.

Le sorgho sucré est annuel. Il produit 4 à 6 tiges pleines et glabres, mais plus fortes que celles du sorgho à balai, et qui atteignent une hauteur de 3 à 5 mètres. Les feuilles sont nombreuses, larges et d'un beau vert ; *leur nervure médiane est verte alors qu'elle est blanche dans la canne à sucre*. Les fleurs sont disposées en panicules ; elles produisent des fruits presque globuliformes, d'un beau noir luisant, enveloppés en partie par les glumelles, et munis d'une barbe tortillée ayant quelques millimètres seulement de longueur. Les semences sont arrondies, jaunes, rougeâtres ou de couleur de rouille, suivant les variétés.

Cette plante végète d'abord lentement, mais à partir du mois de juillet elle change entièrement d'aspect et présente bientôt une verdure luxuriante ; elle mûrit ses graines vers la fin de l'été. Ses feuilles sont flétries par les premiers froids, mais ses tiges conservent en partie leur couleur verte jusqu'aux mois de décembre et de janvier.

Variétés.

De toutes les variétés importées de Port-Natal par M. Vray, je n'en signalerai que deux, savoir :

1° *Broom-wa-na,* la plus belle et la plus productive. Ses tiges sont teintées de rose, coloration qui passe au rouge au fur et à mesure que les plantes mûrissent. Ses fruits sont rouge foncé sur un fond jaune et ses graines sont brunes, allongées et presque cylindriques. Cette variété mûrit en quatre mois dans le centre de l'Espagne.

2° *Oom-si-ana,* produisant des épis droits au lieu de panicules. Cette variété est plus hâtive que la précédente ; ses tiges sont aussi plus courtes et plus grosses.

3° M. Vilmorin a introduit d'Amérique une variété hâtive, à tiges nombreuses, s'élevant à 2 mètres et même à 2^m,50 de hauteur. Cette race (fig. 20), connue sous le nom de *sorgho ambré sucré hâtif de Minnesota,* a des panicules rougeâtres et des graines noirâtres.

4° A côté de cette variété se range le *sorgho sucré orange,* qui est trapu et atteint rarement 2 mètres de hauteur. Il se distingue par ses grosses tiges, ses larges feuilles et ses panicules rousses portant des grains rouge-brun.

Fig. 20. — Sorgho sucré de Minnesota.

Ces deux variétés sont cultivées en Amérique pour le sucre que contiennent ses tiges.

Composition.

Voici, d'après M. Itier, la composition complète du sorgho sucré :

Sucre	8,210
Amidon	0,100
Ligneux, cellulose, etc.	17,775
Silice	0,065
Sels divers	0,520
Eau	73,330
	100,000

La canne à sucre contient presque autant d'eau, mais elle renferme 18 pour 100 de sucre ; en outre, elle ne renferme que 9,5 p. 100 de matière ligneuse.

Climat.

Le sorgho sucré, considéré comme plante à alcool, appartient à la région méditerranéenne de l'Europe. Ainsi, c'est dans les localités où croissent en pleine terre l'oranger, l'olivier, le caroubier, le palmier, le cotonnier et la canne à sucre, qu'on peut le cultiver comme plante industrielle.

Le sorgho sucré commence à pousser et cesse de végéter lorsque la température s'élève au printemps et descend en automne à 12 ou 10 degrés au-dessus de zéro.

Terrain.

Cette plante demande, comme le sorgho à balai, une terre légère, profonde et fraîche. Les sols argileux, à moins d'être très riches, ne lui sont pas aussi favorables que les terres qui contiennent du sable dans une proportion notable et que les pluies, l'air et la chaleur pénètrent très facilement; c'est pourquoi il y a avantage à la cultiver sur les terres d'alluvion.

On doit choisir de préférence les terres qui contiennent du carbonate de chaux. On sait quelle influence la chaux exerce sur la végétation des plantes saccharines ; en effet, cette substance augmente sensiblement la production et la qualité du sucre.

Il faut éviter de cultiver le sorgho sur les sols riches dans lesquels les sels de soude et de potasse sont en excès.

A part leur nature et leur richesse, les terrains doivent pouvoir offrir aux plantes pendant toute leur existence une certaine fraîcheur. Cette humidité est nécessaire pour que les composants des engrais deviennent promptement solubles. Alors les racines, recevant une nourriture plus abondante, obligent les tiges à se développer avec plus de promptitude et de vigueur.

Si, au contraire, le sol est desséché par la chaleur et par le vent, la végétation languit, est comme interrompue, et la formation du sucre cesse en partie d'avoir lieu. C'est pourquoi il est nécessaire dans les sols qui manquent de profondeur, et toutes les fois que la terre a été desséchée par les rayons du soleil, de pratiquer, si cela est possible, des irrigations par infiltration.

J'ai dit que le sol devait être naturellement fertile ; parce que le sorgho est très épuisant. Cette richesse n'exclut pas l'emploi des engrais ; mais cette espèce de sorgho demande-t-elle des engrais très azotés? Les faits que l'on a souvent constatés dans la culture de la canne à sucre, et d'autres plantes saccharifères, permettent d'avancer qu'on doit renoncer aux matières contenant de l'azote en abondance, parce qu'elles ont l'inconvénient d'augmenter les susbtances albuminoïdes au détriment du sucre. Il importe que l'azote fourni par les engrais soit seulement en qualité suffisante pour donner aux plantes l'énergie vitale dont elles doivent être douées pour végéter avec une vigueur soutenue, et qu'elles puissent accumuler dans leur tissu cellulaire le plus possible de matières cristallisables, en absorbant beaucoup de carbone, d'hydrogène et d'oxygène.

On comprend dès lors pourquoi le sol doit être naturellement fertile, et pour quel motif cette richesse ne peut être augmentée favorablement que par l'intermédiaire de matières organiques ne contenant pas une forte proportion d'ammoniaque. On sait que Liebig a constaté que les betteraves récoltées dans une terre pauvre contiennent leur maximum de matière sucrée.

Les engrais qui doivent obtenir la préférence sont : le sang sec, la poudrette, les fumiers très décomposés et les engrais végétaux. Ces matières, par leur facile solubilité, peuvent manifester leurs effets très promptement. Cette action rapide est d'autant plus importante que le sorgho sucré accomplit très lentement les premières phases de végétation. On comprend aussi que, n'occupant le sol que pendant quatre ou cinq mois, il n'y aurait pas avantage à employer de préférence aux engrais que je viens de désigner, des cornes, des chiffons, etc.

Les terres qu'on destine au sorgho sucré exigent une préparation complète, c'est-à-dire des labours et des hersages plus ou moins répétés, suivant leur nature et les plantes qu'elles ont produites.

On termine leur préparation en ameublissant le plus possible leur surface.

Semis.

Les semis se font en place ; mais en Chine, on sème le sorgho sucré en pépinière pour opérer plus tard sa transplantation.

Les semis en place sont exécutés comme suit :

Lorsque le terrain a été préparé et bien ameubli, on y trace, à l'aide d'un rayonneur ou d'un cordeau et d'un traçoir, des rayons parallèles dans le sens de la longueur et de la largeur du champ. Une fois ce tracé exécuté, on répand deux ou trois graines sur les points où les lignes ou rayons se coupent à angle droit.

On recouvre les graines au moyen d'un râtelage ou d'un hersage.

Comme les graines ne sont pas très volumineuses, il est utile de ne pas les placer à une profondeur plus grande que $0^m,03$ à $0^m,04$.

On a complètement abandonné les semis à la volée.

Les rayons dans lesquels on projette les semences à la main ou à l'aide d'un semoir à brouette doivent être espacés les uns des autres de $0^m,60$ à $0^m,80$, selon la fertilité et la fraîcheur du terrain.

Il doit exister entre les plants une distance de $0^m,50$ à $0^m,60$. Cette distance paraîtra faible aux agriculteurs qui ont vu le sorgho végéter dans des jardins, mais il est nécessaire que les tiges se pressent, pour ainsi dire, les unes contre les autres. Si les graines, dans les semis en place, étaient placées à une distance plus grande, le sol, malgré l'élévation des plantes, ne serait pas suffisamment ombragé pendant les mois de juillet et août.

La quantité de graines qu'il faut répandre dans les semis en place et en lignes est de 3 à 4 kilog. par hectare, quand la semence qu'on doit employer est de bonne qualité ou qu'elle provient de plants qui sont arrivés à parfaite maturité dans une contrée méridionale.

Un litre de semence de sorgho pèse en moyenne 650 grammes. Un kilog. contient de 45.000 à 47.000 graines.

Les cotylédons des graines apparaissent au bout de 12 à 15 jours, selon la température et la fraîcheur du sol.

Soins d'entretien.

Quand les plantes ont quelques feuilles, on exécute un binage sur toute la surface du champ.

On répète cette opération en juin et juillet, lorsque l'état du sol l'exige.

En juin ou plus tard en juillet, on éclaircit les pieds, en arrachant à la main ceux qui sont superflus.

Pendant les mêmes mois, on opère un ou deux arrosements si la chaleur est très forte et si le sol est desséché.

On doit irriguer chaque fois *très modérément*. Des arrosements copieux ont l'inconvénient de paralyser l'action du soleil et de nuire à la richesse saccharine des tiges.

La plupart des cultures de sorgho faites en Chine sont soumises aux effets des irrigations.

On butte les plantes quand elles ont atteint un mètre environ de hauteur. Cette opération est très utile : elle empêche que les vents violents renversent les tiges élevées et elle s'oppose à la dessiccation complète du sol par les grandes chaleurs.

On exécute cette opération à la main ou au moyen d'un buttoir. Quand le sorgho végète sur des terres légères qu'on ne peut arroser, on la répète une seconde fois.

Récolte.

On commence la récolte des tiges lorsque les graines sont parfaitement mûres. Alors, le sorgho est arrivé à son maximum de richesse en jus et en sucre.

Lorsqu'on récolte trop tardivement et qu'on laisse les tiges jaunir sur pied, on perd une notable proportion de sucre et d'alcool.

On coupe les tiges avec une serpe et on les range en tas

çà et là sur le champ. A mesure que les ouvriers opèrent la récolte, des femmes ou des enfants effeuillent les tiges et enlèvent les panicules.

Les tiges débarrassées de leurs feuilles sont mises en bottes à l'aide de deux liens de saule ou d'osier, et livrées ensuite aux fabriques. On doit éviter de les emmagasiner lorsqu'elles sont encore vertes, parce qu'elles sont sujettes alors à s'altérer.

Produits.

Un hectare de sorgho peut donner jusqu'à 60.000 et même 80.000 kilog. de tiges effeuillées.

Le produit en Chine est en moyenne de 33.000 kilog.

Le sorgho sucré fournit de 50 à 60 pour 100 du poids de sa tige en jus sucré, marquant de 9 à 10° à l'aréomètre de Baumé. Ainsi, un hectare produisant 33.000 kilog. de tiges effeuillées, donnerait environ 16.500 kilog. de jus.

Ce jus est intermédiaire, quant à son arome, entre l'alcool de la canne et l'alcool de la betterave.

La richesse saccharine du jus varie entre 10 et 20 pour 100. En supposant un rendement moyen de 8 pour 100 seulement, 16.500 kilog. de jus fourniraient 1.300 kilog. de sucre.

Le sorgho sucré a le grand inconvénient de contenir une assez forte proportion de sucre incristallisable. C'est pourquoi l'extraction du sucre cristallisable qu'il renferme présente plus de difficultés que lorsqu'il s'agit de traiter des tiges produites par la canne à sucre. Ce fait ne nuit en aucune manière à la transformation du sucre en alcool.

Le sorgho fournit de 6 à 8 pour 100 d'alcool pour 100 de jus. D'après ce rendement, 16.500 kilog. de jus donneraient en moyenne 11 hectol. 50 d'alcool ou 3 kilog. 50 par 100 kilog. de tiges vertes effeuillées. On ne doit pas compter obtenir, dans la distillation pratiquée en grand, au delà de 5 litres d'alcool à 95° pour 100 kilog. de tiges.

L'alcool de sorgho sucré est un peu amer et rappelle les tafias obtenus à l'aide des produits fermentés de la canne. Ce goût herbacé disparaît à la rectification.

En Chine, il sert à fabriquer l'eau-de-vie *sam-chou,* que le commerce désigne sous le nom de *koo-lien-tsion.*

Chaque plante, en Provence, donne 200 à 300 grammes de graines. Un hectare contenant 20.000 pieds produirait donc 4.000 à 6.000 kilog. de semences, si les oiseaux ne s'attaquaient pas aux panicules.

Soit 40 à 50 hectol. de graines.

Les graines, réduites en farine, peuvent être utilisées dans l'engraissement des bêtes à cornes. Les volailles s'en nourrissent. Elles fournissent du couscous aux nègres de la Sénégambie.

Les feuilles qu'on enlève des tiges à l'époque de la récolte peuvent être utilisées dans l'alimentation des bêtes à cornes. Elles forment la septième partie de la production totale. Ainsi, un hectare, qui produit 33.000 kilog. de tiges effeuillées, fournit en outre 4.500 kilogr. de feuilles.

Le résidu que laissent les tiges, après avoir été triturées et pressées, est considérable. En général, il est aux tiges effeuillées :: 40 : 100. Ainsi, 33.000 kilogr. de tiges laissent en faveur de l'alimentation du bétail environ 13.500 kilog. de bagasse.

CHAPITRE III.

BETTERAVE A SUCRE.

BETA VULGARIS, L.

Plante dicotylédone de la famille des Chénopodées.

Historique. — Variétés. — Composition. — Culture. — Produits : sucre, alcool, pulpe, mélasse.

Historique.

La présence du sucre dans la betterave a été constatée pour la première fois au dix-septième siècle par Olivier de Serres. En 1747, Margraff, chimiste prussien, chercha à l'extraire de cette racine par des procédés économiques, et il eut le bonheur d'obtenir un sucre jaunâtre qui avait une grande analogie avec le sucre de Saint-Thomas appelé alors *moscovade;* mais c'est à Achard que revient l'honneur d'avoir créé, en 1790, la première fabrique de sucre indigène.

Chaptal (1), Mathieu de Dombasle et Crespel tentèrent, dans les premières années de ce siècle, d'extraire en grand le sucre que contient la variété appelée betterave de Silésie ; mais, malgré leurs efforts et le prix d'un million promis par Napoléon Ier, l'industrie saccharifère ne fit pas de progrès en France et en Europe.

(1) En l'an VIII, Chaptal fit des essais importants. Dans une lettre qu'il adressa à Dejean le 10 messidor, il observa qu'il est désormais possible d'avoir du sucre à douze sous la livre.

Cette industrie ne devint réellement importante qu'à dater de 1823, époque à laquelle M. Figuier, pharmacien à Montpellier (Hérault), proposa de substituer le noir animal au lait et au sang que l'on employait alors dans la clarification des sirops.

Depuis cette découverte, la fabrication du sucre indigène a fait, en France, des progrès considérables, grâce aux travaux et aux lumières de Mathieu de Dombasle, de Schutzembach et de Payen.

La plupart des sucreries et des distilleries de betterave sont situées dans les départements du Nord, de l'Aisne, de la Somme, du Pas-de-Calais et de l'Oise.

En 1831, la France ne produisait que 9.000.000 de kilog. de sucre de betterave; en 1841, la quantité fabriquée s'éleva à 13.901.000 kilog.; en 1858, la production du sucre de betterave a atteint 118.820.600 kilog.; mais en 1891-1892, cette production en sucre blanc s'est élevée en totalité à 543.829.000 kilog.

A cette dernière date, la production du sucre en Allemagne a été de 10.443.676 quintaux métriques.

Le sucre indigène a été taxé pour la première fois, en 1837, d'un impôt de 10 fr. par 100 kilog. Cette taxe n'ayant point empêché la production du sucre en France, au détriment des colonies françaises, on l'éleva, en 1840, à 25 fr., et en 1843 à 45 fr., non compris le double décime, c'est-à-dire à 7 fr. de plus que l'impôt qui frappe le sucre colonial à son arrivée en France.

Les droits établis sur les sucres indigènes sont dus à leur sortie des fabriques.

On comptait en France, en 1859, 349 fabriques de sucre indigène; en 1847, 102 fabriques seulement étaient en activité et 206 en chômage; en 1829, on n'en comptait que 89, mais en 1891 leur nombre s'élevait à 388.

La betterave fournit aussi de l'alcool lorsqu'on distille le jus qu'elle contient. C'est encore Achard qui a signalé ce fait pour la première fois. Cette découverte a été confirmée en 1808 par Hermbstadt, en 1810 par Lampadius, en 1817 par Lenormand, et en 1824 par Dubrunfaut. Enfin, en 1854, M. Champonnois a fait connaître un procédé de distillation, qui a permis à un très grand nombre d'agriculteurs d'établir des distilleries de betteraves sur leurs exploitations. Ce nouveau moyen de distiller la betterave est une vraie richesse acquise à l'agriculture de la France.

Variétés saccharifères.

Les agriculteurs qui destinent leurs betteraves aux su-

Fig. 21. — Betterave blanche améliorée de Vilmorin.

creries ou aux distilleries ne cultivent que les variétés les plus riches en sucre.

Les variétés principales sont au nombre de sept, savoir:

1. *Betterave blanche de Silésie.* — Cette ancienne race a une racine assez allongée, à peau et à chair blanches. Son

Fig. 22. — Betterave blanche française riche.

collet sort peu de terre. Cette variété est constante ; néanmoins elle est devenue rare et a été remplacée par des races plus saccharifères.

2. *Betterave blanche de Vilmorin* (fig. 21). — Cette variété

am éliorée a une racine régulière de forme ; sa peau est ru-
gueuse et sa chair est blanche. Ses feuilles, d'un vert foncé,
sont bien étalées vers la fin de l'été. Cette belle race est
très appréciée en Allemagne. Elle contient de 16 à 18
pour 100 de sucre. Elle a produit la race dite *betterave
blanche française riche* (fig. 22).

3. *Betterave de Klein-Wanzleben.* — Cette race alle-

Fig. 23. — Betterave blanche de Klein-Wanzleben.

mande (fig. 23) a une racine bien conique, régulière, à collet large et assez volumineuse. Son feuillage est vigoureux
et ses feuilles sont ondulées sur leurs bords. Sa richesse en
sucre est plus faible que celle de la betterave Vilmorin, mais
son produit est un peu plus élevé.

4. *Betterave impériale de Knauer.* — Cette variété a
beaucoup d'analogie avec la précédente, mais sa racine est
plus pivotante et son collet plus petit. Les pétioles de ses

feuilles offrent une teinte rosée. Cette race est moins riche en sucre que les n⁰ˢ 2 et 3.

5. *Betterave blanche à collet vert du Brabant.* — Cette race

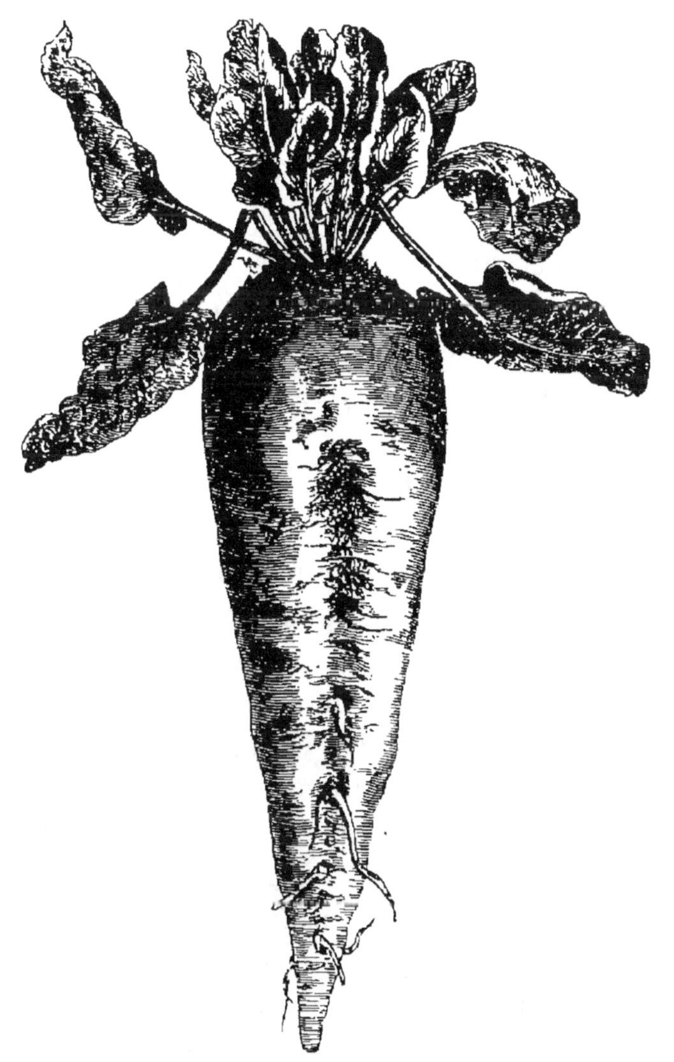

Fig. 24. — Betterave à collet vert, race de Brabant.

(fig. 24) est plus cultivée pour les distilleries que pour les sucreries. Sa racine est blanche, mais son collet, qui excède la surface du sol, est entièrement vert. Cette betterave est très productive, mais elle ne contient pas au delà de 12 p. 100 de sucre.

6. *Betterave blanche à collet rose.* — Cette race ressemble à la betterave n°s 4 pour son rendement et sa richesse en sucre. Sa racine présente, depuis son collet jusqu'à la moitié de sa longueur, une nuance rouge carminé qui va en se dégradant d'intensité. Cette variété est très précoce et principalement cultivée pour les distilleries.

7. *Betterave blanche à collet gris.* — La racine de cette race est ovoïde et rappelle un peu par sa forme la *Betterave jaune des Barres.* Son collet est gris verdâtre. Ses feuilles sont développées. Cette race n'est pas assez riche en sucre pour être cultivée pour les sucreries.

Climat.

La betterave cultivée comme plante industrielle appartient à l'agriculture du nord de l'Europe. Les contrées qui lui sont les plus favorables sont situées entre les 47° et 54° latitude. Elle exige pour bien mûrir un climat où la chaleur n'est pas excessive pendant l'été. On a constaté, par des analyses faites à Lille, que la betterave de Silésie ne contenait que 4,8 pour 100 de sucre lorsqu'elle était cultivée à Naples, alors qu'elle en possédait 6 à 7 en Alsace et 12 à 15 à Magdebourg. Ces résultats prouvent une fois de plus combien le climat influe sur la richesse saccharine de sa racine.

Il est très vrai qu'il existe en ce moment une sucrerie de betterave dans le comtat d'Avignon, mais qui peut prédire l'avenir de cette usine au point de vue financier?

Les climats brumeux ne sont pas favorables à la betterave à sucre, parce que la lumière n'a pas assez d'intensité. On sait que cet agent, en agissant sur les feuilles, favorise l'élaboration du sucre dans les racines.

Culture.

La betterave sucrière végète bien sur tous les terrains de consistance moyenne qui sont profonds et qui reposent sur un sous-sol perméable. Les terres qui, au printemps, pendant l'été et durant l'automne, ne sont ni trop humides ni trop sèches, sont celles qui lui sont les plus favorables.

La betterave à sucre est exigeante et elle n'est productive que quand elle végète sur des terres qui ont été bien préparées et qui sont riches en humus ou en vieilles fumures.

Sur les exploitations où cette plante fournit par hectare des récoltes moyennes minima de 30.000 à 35.000 kilog. de racines, les terres qu'on lui destine sont toujours labourées et fumées avant l'hiver qui précède l'époque à laquelle la semaille est exécutée. Souvent même la terre, avant d'être fumée, est déchaumée à l'aide du scarificateur suivi par la herse. C'est lorsque cette préparation est terminée que le fumier est appliqué et enterré à l'aide d'un labour ayant au moins 0^{m},25 de profondeur.

La terre qui a été ainsi façonnée et fertilisée est abandonnée à elle-même jusqu'en février ou mars, c'est-à-dire jusqu'au moment où le labour d'hiver doit être rompu et la terre divisée de nouveau par un labour ordinaire. Ces deux labours suffisent généralement pour que la terre soit convenablement préparée et que le fumier appliqué à la fin de l'été précédent soit très bien mêlé à la couche arable.

C'est bien à tort qu'on fume les terres destinées à la betterave sucrière deux mois seulement avant de confier sa graine au sol qu'on lui destine. On oublie, en agissant ainsi, que le premier labour préparatoire exécuté avant l'hiver a une influence très heureuse sur l'ameublissement des terres un peu argileuses, et qu'il est indispensable de bien incorporer le fumier à la terre si on veut éviter de récolter des betteraves très racineuses. Quoi qu'il en soit, la betterave n'occupant la terre que durant cinq à six mois, oblige à lui destiner du fumier bien fabriqué, à demi-décomposé et facilement assimilable. Le fumier frais ou pailleux a de graves inconvénients ; non seulement il se décompose avec une grande lenteur quand le printemps est sec, mais l'azote qu'il fournit quand l'ammoniaque s'en dégage nuit assez sensiblement à la richesse saccharine des racines.

Les engrais artificiels à appliquer comme agents complémentaires du fumier sont d'une part le *superphosphate de chaux* et de l'autre le *nitrate de soude*. Ces deux substances ont toujours été favorables à la richesse de la betterave à sucre.

On a constaté qu'une récolte de 30.000 kilog. de racines et 8.000 kilog. de feuilles par hectare, enlevait au sol :

Acide phosphorique	35	kilog.
Chaux	34	—
Potasse	160	—
Azote	70	—

Dans le but d'obtenir des récoltes maxima, c'est-à-dire 40.000 à 50.000 kilog. de racines par hectare, plusieurs cultivateurs ajoutent aux 40.000 à 50.000 kilog. de fumier qu'ils appliquent par hectare, 150 à 200 kilog. de nitrate de soude, 300 à 400 kilog. de superphosphate de chaux et 400 kilog. de plâtre.

On a reconnu que le plâtre ne doit pas être ajouté aux engrais chimiques dans la culture de la betterave destinée aux sucreries, parce qu'il rend les racines plus difficiles à travailler. La chaux et la marne ne possèdent pas ce défaut. C'est pourquoi beaucoup de cultivateurs recherchent les écumes de défécation.

Avant la semaille, on termine la préparation du sol en exécutant un ou plusieurs hersages et roulages.

Les semis doivent être faits au commencement du printemps, aussitôt que le permettent la température et l'état de la couche arable. On ne doit pas, autant que possible, dépasser la fin d'avril.

Les semis se font en lignes et au semoir. Les lignes sont espacées de $0^m,40$ à $0^m,50$ au maximum. On répand 16 à 20 et même 25 kilog. de semences par hectare. On a intérêt à semer un peu dru et à répandre des graines de premier choix. On termine les semis en opérant un roulage.

La graine met de 12 à 15 jours à lever lorsqu'elle a été enterrée à $0^m,02$ ou $0^m,03$ de profondeur.

Dès que la germination des semences est complète, on exécute un premier binage qui consiste à ameublir et nettoyer les espaces compris entre les lignes. Cette opération est toujours exécutée par des journaliers ou des tâcherons.

On procède à l'éclaircissage ou pour mieux dire au *démariage* quand les plants ont développé quelques feuilles. Cette opération est faite en même temps que le deuxième binage. Les betteraves doivent être espacées de $0^m,20$, $0^m,25$ à $0^m,30$ les unes des autres sur les lignes, selon qu'elles sont destinées aux sucreries ou aux distilleries.

Chaque mètre carré doit contenir 8, 10 ou 12 betteraves, selon la grosseur normale de la variété cultivée.

Plus tard on opère un troisième et dernier binage. Cette façon est souvent faite avec la houe à cheval.

Ce n'est que très accidentellement qu'on opère un sarclage dans le courant d'août. A ce moment de l'année, les betteraves par leurs feuilles couvrent presque complètement la terre.

L'arrachage a lieu quand les racines sont arrivées à maturité complète, c'est-à-dire lorsqu'elles ont atteint leur maximum de richesse. Suivant les années et les variétés cultivées, on commence cette opération dans la seconde quinzaine de septembre ou au commencement d'octobre, en prenant toutes les mesures voulues pour ne pas se laisser surprendre par les premières gelées automnales. La betterave supporte très difficilement un froid de — 4°.

L'arrachage se fait avec la fourche à dents plates, à l'aide de la houe fourchue ou d'une arracheuse. On peut remplacer la fourche par la bêche ou le louchet. On complète cette opération en procédant au décolletage des racines. Puis on met celles-ci en tas sur le champ et on les couvre de feuilles.

Quand on prévoit des gelées de 2° à 3°, on couvre les tas de betteraves d'une couche de terre épaisse de $0^m,16$ à $0^m,20$.

La conservation en silos a lieu exactement comme s'il était question de conserver des racines appartenant à des variétés fourragères. (Voir *Plantes fourragères*, t. I.)

Le cultivateur qui n'est pas industriel a intérêt à livrer les racines qu'il a récoltées le plus tôt possible à une sucrerie ou à une distillerie, parce que la betterave perd de son volume et de son poids en séjournant dans les silos. Ainsi, un mètre cube de racines rentrées convenablement sèches et exemptes pour ainsi dire de terre, pèse, en moyenne, en octobre, 600 kilogrammes; mais en janvier son poids dépasse rarement 500 kilogrammes.

La première condition de réussite, pour un sucrier comme pour un distillateur, consiste à travailler les betteraves dont il peut disposer dans le temps le plus court. L'un et l'autre ne doivent pas oublier que les racines qui contiennent 10 à 12 pour 100 de sucre à la fin de septembre, n'en possèdent plus que 8 à 10 pour 100 trois mois après.

Ainsi, 1.000 kilogrammes de racines qui au premier octobre donneraient 100 kilog. de sucre en grains, n'en produiraient plus que 80 kilog. à la fin de décembre.

La diminution progressive de la matière sucrée dans les racines provenant des variétés industrielles, explique bien pourquoi le rendement en sucre ou en alcool va en s'amoindrissant de mois en mois depuis l'époque de l'arrachage jusqu'à la fin de l'hiver.

Les betteraves ont toujours été livrées au poids aux sucreries et aux distilleries; mais depuis qu'on a donné une grande extension à la culture des *betteraves riches*, celles-ci sont vendues aux sucreries suivant leur densité moyenne, à un prix déterminé, soit par exemple 28 fr. les 1.000 kilog., alors que leur densité est de 7°,1 à la température de + 15°. Toutefois, si la densité est inférieure à 7,1, le vendeur perd 1 fr. par chaque dixième de degré. Quand, par contre, la densité est supérieure à 7,1, le cultivateur a droit à une plus-value de 0 fr. 70 par chaque dixième de degré.

Rendements.

Le rendement par hectare de la betterave sucrière est variable suivant les années, les variétés cultivées et la nature et la fertilité des terrains qu'on leur destine.

En général, le rendement moyen des betteraves destinées aux sucreries varie dans les cultures les mieux dirigées entre 30.000 et 40.000 kilog. par hectare. Le produit des betteraves cultivées pour les distilleries oscille entre 40.000 et 50.000 kilog.

Les rendements qui précèdent caractérisent des cultures qui ne laissent rien à désirer ; ils sont supérieurs à ceux que contient la statistique de 1891. Voici les faits qu'elle a enregistrés pour les six départements qui cultivent la betterave à sucre sur les plus grandes surfaces :

	Rendement.	Valeur de 1000 kilog.
Aisne................	22,600 kilog.	24 fr. 00
Nord...............	31,700 —	20 50
Oise...............	25,500 —	23 50
Pas-de-Calais.....	28,200 —	21 70
Seine-et-Marne ...	23,100 —	23 90
Somme...........	22,300 —	23 60

La moyenne pour la France est de 25.100 kilog. avec

une valeur moyenne de 22 fr. 90 les 1.000 kilogrammes.

Les betteraves à sucre fournissent du jus, du sucre, de la mélasse, de l'alcool et de la pulpe.

Jus. — Les betteraves saccharifères fournissent plus ou moins de jus, suivant la quantité d'eau qu'elles renferment. Dans les sucreries qui continuent à soumettre les racines à l'action de la râpe et la pulpe à l'action d'une presse hydraulique, la betterave fournit en moyenne 70 kilog. de jus par 100 kilog. de racines convenablement lavées. Les sucreries qui ont adopté la diffusion obtiennent 90 à 92 kilogr. de jus par 100 kilog. de racines.

Sucre. — J'ai dit précédemment, en signalant les races cultivées pour les sucreries, que leurs racines contenaient jusqu'à 18 pour 100 de sucre ; mais cette quantité n'est pas celle que l'on obtient dans ces usines. Autrefois, 5 à 6 kilogr. de sucre brut, livrable aux raffineries, par 100 kilogr. de racines nettoyées, étaient regardés en France comme un bon rendement. Le produit en sucre le plus élevé qu'on ait obtenu n'avait jamais dépassé 8 pour 100. Aujourd'hui, avec des betteraves riches ayant 7,1 de densité, on obtient 8 à 10 pour 100 de sucre. La sucrerie de Chavenay (Seine-et-Oise) a obtenu en 1892-93, 10 kilog. de sucre en grains avec des betteraves ayant 7,2 de densité et contenant 13,5 pour 100 de sucre.

D'après ces résultats, un hectare produisant 30.000 kilog. de racines ayant la densité de 7,1 fournirait 3.000 kilog. de sucre cristallisé.

Voici les données que contient la statistique de 1890-1891 :

Fabriques en activité...............	388
Production des racines par hectare..	25,000 kilog.
Prix moyen des betteraves.........	26 fr. 33
Sucre raffiné par tonne de racines...	102 kilog. 65

Toutes les usines possèdent des diffuseurs.

La quantité des betteraves travaillées s'est élevée à 5.628.604.000 kilog.

En 1891-1892, le rendement en sucre a été de 9,78 et la densité du jus de 7,2.

La même année, le rendement moyen en Allemagne s'est élevé à 11,70 par 100 kilog. de racines.

MÉLASSE. — La quantité de mélasse qu'on obtient de la betterave n'est pas considérable; elle varie de 2 à 4 pour 100. Dans l'usine de Chavenay, la quantité obtenue par 100 kilog. de racines, a été 3 kilog. 800, quantité qui égale la moyenne des fabriques françaises, mais qui est supérieure à celle de l'Allemagne.

La mélasse de la betterave n'a pas la saveur fraîche, agréable, mielleuse, que possède la mélasse de la canne à sucre. Son odeur désagréable, son âcreté, son goût prononcé d'amertume, et la grande proportion de sels de potasse qu'elle contient, obligent à la vendre à bas prix.

ALCOOL. — La betterave fournit de 4 à 7 pour 100 d'alcool, suivant la richesse saccharine et le procédé de distillation auquel elle est soumise.

Le procédé le plus généralement adopté a été imaginé par M. Champonnois. Il consiste dans l'épuisement de la betterave divisée en cossettes à l'aide des vinasses sortant de la chaudière à la température de $+ 104°$, et dans la distillation des jus après qu'ils ont fermenté.

Ainsi traitée, la betterave, il y a trente ans, donnait 4 litres 50 à 5 litres par 100 kilog. de racines. D'après ce résultat il fallait opérer sur 2.000 à 2.500 kilog. de racines pour obtenir un hectolitre d'alcool. Aujourd'hui où la betterave riche a remplacé en grande partie les anciennes races sucrières, on obtient de 5 litres 50 à 6 litres 50 par 100 kilog. de racines. Ainsi, un hectare d'un rendement de 40.000 à 70.000 kilog. de betterave produit de 25 à 30 hectolitres d'alcool.

La mélasse fournit aussi de l'alcool par la distillation. 100 kilog. produisent généralement de 50 à 60 litres d'alcool à 50°.

L'alcool provenant des distilleries de betteraves a varié de 1890 à 1891 de 800.980 à 840.071 hectolitres.

SELS ALCALINS. — En outre, les vinasses qui proviennent de cette opération contiennent de la potasse dans une grande proportion. Ce sel en est extrait à l'état brut, puis purifié pour être vendu à l'état de carbonate de potasse.

Lorsqu'on n'extrait pas des vinasses, provenant dela distillation des mélasses, les sels alcalins qu'elles contiennent, on les recueille quelquefois dans de vastes réservoirs où s'opère un dépôt qui constitue, après avoir été desséché, un excellent engrais industriel. Cet engrais contient 5 à 6 pour 100 d'azote.

PULPE. — La pulpe ou résidu que fournit la betterave varie en poids, suivant le procédé d'après lequel on a traité cette racine.

Lorsque la betterave a été râpée et soumise à l'action d'une presse, la quantité de pulpe qu'elle fournit ne dépasse jamais 38 à 40 pour 100 du poids des racines. Dans les circonstances ordinaires, le rendement moyen est de 25 kilog. par 100 kilog. de betteraves. Quand cette racine est traitée par la diffusion, la pulpe, qui est beaucoup plus humide, s'élève en moyenne à 45 kilog. par 100 kilogrammes.

Lorsque la betterave a servi à la fabrication de l'alcool et qu'elle a été traitée par le procédé Champonnois, elle fournit de 60 à 65 kilog. de pulpe.

Quoi qu'il en soit, la pulpe de presses a une valeur nutritive plus grande que la pulpe sortant des distilleries. Voici d'après M. Meurin la composition de l'une et de l'autre :

	Eau.	Parties sèches.	Azote.
Pulpe des râpes et des presses....	68,70	31,30	0,399
— des distilleries Champonnois.	86,60	11,40	0,289

La pulpe provenant des distilleries Champonnois contient donc à peu près les quantités de parties sèches et d'azote qu'on observe dans la betterave à l'état normal.

En résumé, les *betteraves riches* sont celles qu'il importe aujourd'hui de cultiver. Voici les rendements moyens des betteraves qui ne rendent en fabrique que 6 pour 100 de sucre, comparés aux produits moyens que donnent les racines dont le rendement moyen en sucre s'élève à 10 pour 100 :

1000 kilogr. de racines contenant en sucre... donnent :	8 à 10 p. %	12 à 15 p. %
Sucre en grain	60 kilogr.	100 kilogr.
Mélasse	34 —	38 —
Pulpe	350 —	450 —

La pulpe, à sa sortie des diffuseurs, contient une très forte proportion d'eau et 5 à 6 pour 100 seulement de matières sèches ; mais après un égouttage suffisant ou après avoir été soumise à une très moyenne pression, la proportion de matières sèches varie de 10 à 15 pour 100.

En général, les pulpes, par rapport à leur humidité, se classent comme suit : pulpe de presse qui est la moins humide ; pulpe de distillerie ; pulpe de diffusion qui est la plus humide. Cette dernière est celle qui éprouve le plus fort déchet dans les silos.

CHAPITRE IV.

ÉRABLE A SUCRE.

ACER SACCHARINUM.

Arbre de la famille des Amentacées.

L'érable à sucre est un bel arbre. On le rencontre aux États-Unis, entre le 40° et le 43° de latitude Nord, dans les grandes forêts situées dans les États de New-York, de l'Ohio, de Vermont, de Connecticut, du New-Hampshire, de Michigan et de Massachusetts, où les hivers sont ordinairement rigoureux.

Cette espèce est appelée *suggar maple, suggar tree.* Elle existe aussi au Canada. C'est à la fin seulement du dix-septième siècle que l'érable à sucre a été découvert sur les frontières occidentales de la Virginie, et c'est depuis 1735 qu'il est connu en Europe.

Cet arbre fournit un bois blanc très serré qui est très estimé, parce qu'il acquiert un lustre satiné quand il a été poli. On l'emploie en placage. Les nombreux petits nœuds dont il est parsemé lui donnent un cachet spécial de beauté.

Ses feuilles sont longuement pétiolées, palmées, à cinq lobes entiers et aigus, larges de 0^m,10 à 0^m,12, d'un vert clair en dessus et blanchâtre en dessous. Ses fleurs sont petites, jaune verdâtre et disposées en corymbes ou en grappes peu serrées. L'écorce du tronc est unie et cendrée.

L'érable à sucre se multiplie par graines, qui germent la seconde année, ou par greffe posée sur l'érable sycomore. Il demande un climat froid et un sol léger, pierreux, montueux et un peu ombragé ou frais.

C'est en opérant des entailles ou des trous, à la base des arbres déjà âgés, qu'on obtient la sève saccharifère qu'ils contiennent à la fin de l'hiver ou au commencement du printemps, c'est-à-dire en février ou mars, lorsque la température s'est élevée à $+$ 5° ou $+$ 6°, et avant que la sève soit véritablement en mouvement. Les grands froids comme les grandes chaleurs nuisent très sensiblement à l'écoulement de ce liquide. C'est ordinairement à la fin de l'hiver, quand la neige commence à fondre ou lorsque les pluies commencent à tomber, qu'on s'empresse de procéder à la récolte de la sève, car l'expérience a mille fois démontré que celle-ci ne s'épanche plus en dehors des arbres quand la chaleur est déjà forte. Le même fait se produit quand les pluies sont très abondantes, lorsque le vent se fixe à l'Est, qu'il est froid et souffle avec violence. Enfin, on n'oublie pas que la sève est toujours bien moins sucrée quand elle circule activement sous les écorces.

C'est à l'aide d'une hachette qu'on fait les entailles, et c'est au moyen d'une tarière qu'on opère les trous par lesquels la sève doit s'écouler. Les unes et les autres ont peu de profondeur et sont faits sur le côté exposé au midi; il suffit qu'ils pénètrent un peu dans le bois. Les incisions et les trous doivent être obliques par rapport à la direction des arbres, c'est-à-dire être inclinés de haut en bas.

On les éloigne sur le même arbre de $0^m,12$ à $0^m,16$ les uns des autres. Le suc ou la sève arrive dans un récipient placé sur le sol, à l'aide de tuyaux ou de gouttières en bois. La première sève est limpide, incolore fraîche, et insipide, mais au bout de un à deux jours de repos, elle devient sucrée; la seconde est sucrée en sortant des troncs.

L'écoulement de la sève, dans les circonstances ordinaires, a lieu pendant trois à cinq semaines. Un arbre âgé de quinze à vingt ans produit de 6 à 12 litres de sève par vingt-quatre heures. Les petites gelées nocturnes favorisent beaucoup l'écoulement de ce liquide.

Le liquide sucré qu'on a récolté est rapporté à l'habitation et évaporé dans une chaudière en cuivre placée sur un bon feu. Pendant l'opération, on écume avec soin. Quand le liquide est suffisamment épais, ou arrivé à un état sirupeux, on le filtre à l'aide d'une étoffe de laine connue sous le nom de *chausse* pour, ensuite, le faire cuire de nouveau. Quand le sirop est suffisamment concentré, on retire le vase du foyer et, à l'aide d'une spatule en bois, on le remue continuellement pour éviter qu'il brûle, ou on le verse dans des moules en terre ou en écorce de bouleau. Dans les deux cas, quand le sirop est refroidi, le sucre est formé. Le sucre peu cristallisé et ainsi obtenu est de couleur brunâtre, état sous lequel il est généralement utilisé. Ce n'est qu'accidentellement qu'on le purifie pour l'obtenir blanc. Le suc trop cuit a le goût de la mélasse.

Les propriétaires des arbres autorisent l'extraction de leur sève moyennant 1/5 de la récolte ou 1 livre de sucre par 5 arbres. La récolte dure deux mois.

Ce sucre a une grande importance dans les contrées américaines qui sont très éloignées des ports de mer.

Dans les circonstances ordinaires, 26 à 30 litres de sève obtenue en temps opportun, donnent environ 1 kilogramme de sucre brut.

D'après les faits constatés dans l'Amérique septentrionale, chaque arbre produit en moyenne, par an, de 2 à 3 kilogr. de *sucre d'érable*.

On extrait aussi du sucre des *Acer nigrum*, *rubrum* et *dasycarpum*, mais ce produit n'est pas supérieur au sucre fourni par l'*Acer saccharinum*.

CHAPITRE V.

ARENGA SACCHARIFÈRE.

ARENGA SACCHARIFERA, BORASSUS GOMUTUS, SAGUERUS RUMPHII.

Plante monocotylédone de la famille des Palmiers.

Ce palmier, l'un des plus gros, est très répandu dans l'Asie tropicale, principalement aux Moluques, en Cochinchine, aux îles Philippines et dans les îles de la Sonde.

Son tronc très régulier et élevé de 12 à 15 mètres porte à son sommet un faisceau de feuilles terminales non épineuses, longues de 5 à 7 mètres ; ses fleurs forment des régimes contenus dans des spathes pendants et situés sur la tige entre les feuilles, mais ces spadices rameux ne renferment que des fleurs d'un seul sexe. Les fleurs mâles sont réunies par deux et séparées par une fleur femelle avortée ; les fleurs femelles sont accompagnées de deux bractées latérales. Son fruit ressemble au fruit du néflier ; la pulpe qui l'enveloppe contient un suc qui est très corrosif, qui enflamme la peau et que les Hollandais appellent *hel water* ou *eau d'enfer*, mais son intérieur est très salubre.

Lorsqu'on veut obtenir la sève saccharine qu'il contient, on meurtrit avec une baguette flexible, pendant deux ou trois jours, les spadices mâles dès que les fruits commencent à apparaître. Alors, on coupe ou on incise ces organes au-dessus de leur base, la sève s'épanche des points où l'on a opéré, et on la reçoit dans un ou plusieurs vases. Ce liquide, appelé *toddi*, est limpide et a le goût du vin nouveau, lorsqu'il est frais. Abandonné à lui-même, il ne tarde pas à se troubler, à devenir blanchâtre, à fermenter et à acquérir une propriété enivrante. Arrivé à cet état, il sert à préparer l'*arach* ou *arak*, boisson spiritueuse qui est si appréciée à Batavia.

C'est à l'âge de huit à dix ans, et pendant deux années seulement, que l'arenga à sucre fournit de la sève en abondance. Un palmier en pleine végétation en donne 3 litres par jour pendant trois à cinq mois.

Lorsqu'on soumet cette sève à l'ébullition, elle ne tarde pas à prendre la consistance du sirop. Alors on la verse dans un vase, et en se refroidissant elle devient brune et possède une saveur sucrée.

Ce sucre est le seul dont les indigènes font usage.

L'arenga à sucre, appelé parfois *gomouti,* n'existe que dans les vallées fraîches des montagnes de l'Océanie. On ne le rencontre pas sur les rivages de la mer. Les Malais le nomment *Anao*, les Javanais, *Aren,* et les Amboinais, *Ndwa.* Dans l'Indo-Chine, les ouvriers qui préparent le sucre provenant de ce palmier sont appelés *hakouron* ou *djagry.*

Le tronc de ce beau palmier est recouvert par la base des pétioles qui sont entrelacés irrégulièrement par de grosses fibres noires qui servent à la fabrication de très bons cordages. Il contient dans le tissu cellulaire qui occupe sa partie centrale une excellente fécule ayant une grande analogie avec le sagou. Cette fécule est très consommée à Java. Un palmier adulte peut en fournir de 60 à 70 kilogrammes.

L'arenga saccharifère est le palmier qui fournit les baleines végétales.

L'arenga précité n'est pas le seul palmier qui produit une sève saccharifère. Dans la même partie de l'Asie on en extrait aussi du *Rondier à éventail* (BORASSUS FLABELLI-

FORMIS) pendant plusieurs mois, après avoir meurtri et incisé ou coupé ses spadices. Le sucre qu'on en retire par la cuisson plaît aux Hindous, et donne lieu à une grande consommation. Les Birmaniens le nomment *jagre* ou *jagri*.

Ce palmier se propage aisément par ses graines qu'on sème en pépinière. On le met en place quand il a deux à trois ans. Il prend un grand développement dans l'Asie tropicale quand il occupe des terres profondes, un peu légères et fraîches.

Le rondier à éventail a de 15 à 30 mètres de hauteur; son tronc est cannelé; ses feuilles ont un limbe arrondi et étalé en éventail; elles ont de 3 à 4 mètres de longueur et forment au sommet du tronc une cime volumineuse et arrondie. Le spadice mâle est plus développé et plus ramifié que le spadice femelle. Ses fruits sont volumineux; leur noyau est comestible quand il est mûr. Il est recherché par les Cingalais. Dans l'Inde, on l'emploie pour faire une pâte ou conserve qui y est connue sous le nom de *banata* ou *punatoo*.

Ce palmier existe dans les forêts de la Cochinchine; il est très abondant dans la Sénégambie et au Sénégal sur les rives du Sangrogon et de la Casamance. On le nomme en Tamoul *Panam-maram*. A Ceylan, on l'appelle *Kelingoos*.

La sève, qui est sucrée, est appelée *toddy;* elle ne commence à s'écouler que du sixième au huitième jour qui suit les incisions faites sur les spadices.

Le tronc de ce palmier fournit un bois d'une solidité remarquable et d'une très longue durée. Les fibres que fournissent ses feuilles servent à faire des cordages, des nattes, etc.

TROISIÈME PARTIE

PLANTES PSEUDO-ALIMENTAIRES.

Les plantes *pseudo-alimentaires* sont celles qui fournissent des produits qui aident à l'existence de la vie humaine, mais qu'on regarde à bon droit comme des aliments d'un ordre très inférieur, comme le caféier, la chicorée à café, le thé, le cacaoyer, le maté ou thé du Paraguay, l'ayapana, le faham, le coca du Pérou et le kola.

Presque tous les produits fournis par ces végétaux servent à faire des infusions qui facilitent la digestion et exercent une action favorable sur les facultés intellectuelles.

Ces plantes spéciales, à l'exception de la chicorée à café dont la culture est décrite dans cette division, appartiennent aux régions tropicales ; mais leurs produits donnent lieu en Europe, chaque année, à des transactions commerciales qui ont une grande importance.

Tous ces végétaux, sauf la chicorée à café et le faham qui sont des plantes herbacées, appartiennent à la classe qui comprend les végétaux ligneux.

La canne à sucre, la betterave saccharifère, etc., peuvent être jointes à ces diverses plantes utiles.

CHAPITRE PREMIER.

CAFÉIER.

Coffea Arabica, L.

Arbuste de la famille des Rubiacées.

Anglais. — Coffee.
Allemand. — Der Kaffee.
Hollandais. — Bun bund.

Arabe. — Ben Qahva.
Indien. — Kapi-Kottai.
Égyptien. — Boun.

Historique. — Végétation. — Climat. — Espèces et variétés. — Terrain. — Multiplication. — Mise en place des plants. — Soins d'entretien. — Maladies et insectes nuisibles. — Récolte. — Produit. — Variétés commerciales. — Composition. — Torréfaction. — Usages. — Succédanés du café.

Historique.

D'après une tradition, le caféier aurait été transporté au dixième siècle de Caffa, ville de l'Abyssinie, dans l'Yémen, en Arabie, près du détroit de Bab-el-Mandeb. Quoi qu'il en soit, il croît spontanément dans l'Éthiopie, la Nubie et principalement sur le versant des montagnes qui bordent l'immense plaine Tchamah, que limite la mer Rouge sur 200 kilomètres de longueur.

Le caféier est l'arbrisseau par excellence des pays chauds ou des contrées intertropicales.

L'usage du café a été introduit en Europe par les Turcs. En 1507, Selim l'importa à Constantinople. De là, il passa, en 1615, à Venise ; en 1643, à Marseille ; en 1652, à Londres et en 1657 à Paris. C'est en 1669 que les premiers cafés s'établirent à Paris, c'est-à-dire quelques années après que Soliman Aga, ambassadeur de Mahomet IV, essaya d'en répandre l'usage dans la haute société parisienne. A cette date le café se vendait à Marseille 120 francs la livre. Son usage en Perse remonte au onzième siècle.

Ce sont les Hollandais qui répandirent la culture du caféier dans l'archipel indien, et c'est en 1720 que le capitaine Declieux transporta à la Martinique l'un des trois caféiers qu'on avait obtenus en multipliant le pied que les Hollandais avaient donné en 1712 à Louis XIV. Cet arbrisseau a été introduit de Moka en 1715, à l'île Bourbon, par Beauvollier de Courchant, et c'est en 1770 qu'un moine franciscain l'introduisit à Rio-de-Janeiro. C'est aussi au dix-huitième siècle qu'il fut importé à la Guyane, à Cayenne et à la Jamaïque.

Le caféier a été introduit dans l'Inde, il y a deux siècles, par un musulman du nom de Baba-Booden, lors de son retour de La Mecque. Les Portugais l'ont importé à Java en 1723.

Cet arbrisseau est encore l'une des principales richesses de nos colonies et des pays chauds. Il existe dans l'île Bourbon des forêts de caféiers.

Végétation.

Le caféier (fig. 25) a été décrit pour la première fois au commencement du onzième siècle par Avicenne.

Cet arbuste a de 3 à 6 mètres de hauteur. Ses feuilles toujours vertes sont glabres, opposées, ovales, lancéolées et très entières. Ses fleurs, blanches ou ambrées, rappellent par leur odeur suave celle du jasmin d'Espagne. Ses fruits sont bacciformes et en grappes axillaires; leur diamètre dépasse rarement $0^m,015$; ils comprennent deux loges séparées par une cloison et contiennent deux graines juxtaposées. Ces fruits sont d'abord jaune-rougeâtre, puis rouges avant leur maturité. Quand ils sont mûrs, ils deviennent

Fig. 25. — Rameau de caféier.

violet foncé, puis noirs. Tous les fruits arrivés à cet état ont la grosseur d'une merise et sont appelés *cerises*; ils ont deux enveloppes; la plus externe est dure et brune et constitue la *coque*; la seconde, celle qui enveloppe les deux semences jumelles, est une membrane mince, jaunâtre et presque transparente ; on la nomme *parche*. De là les dénominations suivantes en usage dans le commerce : *café en parche* ou *café non préparé*, et le *café sans parche* ou *café décortiqué*. Les semences ou *fèves* ont un arome spécial. Chaque pédicelle porte de quinze à vingt fruits.

Les caféiers sont toujours couverts de fleurs et de fruits. Leurs racines sont pivotantes, rougeâtres et fibreuses. Ils vivent de vingt à trente ans. C'est quand ils sont âgés de deux à trois ans qu'ils commencent à donner des fruits Ceux-ci demandent ordinairement quatre mois pour arriver à maturité.

Le tronc du caféier est droit. Son bois est flexible. Ses pousses fournissent à la Réunion de très belles cannes.

Les fruits provenant de la fécondation d'une seule fleur, contiennent une seule fève arrondie.

Climat.

Le caféier mûrit facilement ses fruits dans les contrées où la température moyenne se maintient entre + 22° et + 25°. Il végète bien sans culture sur les versants bien exposés des montagnes, dans l'Yémen (Arabie). Il est aussi indigène en Afrique, dans les montagnes près des sources du Sénégal et du Niger.

Partout il végète mieux sur les rampes des élévations ou sur les plateaux élevés que dans les plaines. Dans les terrains bas, il est vrai, il mûrit plus vite ses fruits que dans les parties élevées ; mais si ses fèves sont alors plus grosses elles sont plus spongieuses et moins aromatiques.

En général, sous les tropiques, on le voit très bien végéter entre 1.000 et 1.600 mètres d'altitude. Dans les Nilgherries ou Montagnes Bleues, qui appartiennent au massif qui se dresse dans le Ghetto occidental (Inde), c'est à cette élévation qu'il végète le mieux. On le cultive aussi avec succès dans le Mysore, le Curg, le district de Wynood, sur la côte du Malabar.

A la Guadeloupe, il est cultivé entre 400 et 800 mètres d'altitude, c'est-à-dire au-dessus des grands bois et au-dessous des champs occupés par la canne à sucre. A la Réunion, les plateaux sur lesquels le caféier est cultivé sont situés entre 400 et 500 mètres d'altitude. A Java et dans la Malaisie, les terres où sont situées les caféières s'élèvent jusqu'à 1.000 mètres au-dessus du niveau de la mer.

Cet arbrisseau n'est pas cultivé dans les Cordillères du Pérou, et c'est sans succès que sa culture a été tentée dans la haute et moyenne Égypte.

La zone qu'il occupe au Brésil comprend 576.000 hectares ; cette vaste région est limitée par le 25° de longitude et le 20° de latitude. Les caféiers qui végètent dans la *Terra Roxa*, située dans la province de San-Paulo, sont aussi élevés que des orangers. Dans la partie où la température moyenne est seulement de $+ 20°$, la végétation du caféier est encore bonne, mais la maturité de ses fruits est plus tardive et sa production moins abondante.

Quand le caféier végète à 1.000 mètres d'altitude, dans les Nilgherries (Inde), on ne le laisse pas s'élever à plus de $1^m,50$ à 2 mètres, à cause des vents qui y sont souvent d'une extrême violence.

Dans les contrées chaudes et sèches et les localités où les vents sont violents, on doit le protéger contre les rayons ardents du soleil (fig. 26) par des bananiers, des bambous, des érythrinas, etc. Ces abris ont l'avantage de rendre plus faciles la fécondation des fleurs et la maturité des fruits. En 1857, on a importé au Brésil, de la Réunion, des plants qui sont devenus de très beaux arbres ; mais étant sans cesse exposés au soleil à cause de leur grande

Fig. 26. — Caféiers abrités par de grands arbres.

élévation, ces caféiers donnent de très faibles produits annuels.

Le caféier occupe des superficies considérables. On le cultive : 1° en *Asie*, dans l'Arabie, l'Inde, la Cochinchine, dans le royaume de Siam et au Japon ; 2° dans l'*Amérique du Sud*, au Brésil, dans les Antilles ; à la Vénézuéla, au Pérou, à Haïti, à Costa-Rica, à la Guyane, la Martinique, la Guadeloupe (4.100 hectares), la Colombie ; 3° dans l'*Afrique*, au Gabon, au Sénégal, au Cap-Vert, dans la Sénégambie, à la Réunion (4.500 hectares), à Madagascar, à Nossi-Bé, à Zanzibar, à Liberia, etc. ; 4° dans l'*Océanie*, à Java, Taïti, aux Philippines, à la Nouvelle-Calédonie, à Sumatra, Ceylan et Mysore, au Malabar, dans les Nilgherries, etc.

Le Brésil exporte annuellement 300 millions de kilog. de café ; les Indes hollandaises, 77 millions ; l'empire britannique, 31 millions ; Haïti, 25 à 30 millions et la Vénézuéla, de 30 à 32 millions.

La quantité de café consommé annuellement en France varie entre 40 et 50 millions de kilog. Sur ce nombre, 11 à 12 millions viennent d'Haïti, 11 à 13 millions du Brésil, 5 à 7 millions des Indes anglaises, et 4 à 6 millions de la Vénézuéla.

Espèces et variétés.

Les espèces cultivées ne sont pas nombreuses, mais elles ont donné naissance à un grand nombre de variétés ou de races qui, jusqu'à ce jour, n'ont pas été suffisamment étudiées et comparées.

1. Le *café moka* (COFFEA ARABICA), appelé aussi *café rond*, produit des grains petits, jaune verdâtre, souvent presque ronds parce que les fruits très fréquemment n'ont qu'une seule graine. Ce café est le plus estimé à cause de sa saveur et de son odeur qui sont très agréables.

Cette espèce a été découverte en 1285, c'est-à-dire deux siècles avant que sa culture se soit développée dans l'Yémen, sur les montagnes qui bordent la mer Rouge. C'est un der- viche du nom de Hadji-Omar qui l'a remarqué pour la première fois. Le café qu'elle produit alimente principale- ment la Turquie, la Syrie et l'Égypte. Il a été introduit en 1817 à la Réunion par Dufougerais-Grenier.

Cet arbuste est délicat. Il périt presque toujours quand il donne une récolte très abondante. Il a produit trois va- riétés : le *café myrte* qui jouit d'une grande longévité, le *café* d'*Aden* (Coffea microcarpa) et le *café bâtard*.

Le *Coffea laurifolia* est une variété du *Coffea arabica*.

2. Le *café marron*, ou *café Bourbon*, ou *café de Mauritanie* (COFFEA MAURITIANA ou COFFEA SYLVESTRIS) est origi- naire de l'île-Bourbon. Ses baies sont oblongues et aiguës à leur base. Ses fèves sont allongées et un peu pointues.

Ce café a une saveur un peu amère, mais il est plus fort, plus enivrant que beaucoup d'autres sortes. On l'emploie souvent pour accroître la force des cafés faibles ou avariés. Il est répandu dans les hautes forêts à la Réunion.

3. Le *café Monrovia* (COFFEA LIBERIA) (1) est originaire de la côte occidentale d'Afrique. Cette espèce est très vi- goureuse, mais elle est encore peu cultivée, bien que sa fève possède toutes les qualités qui caractérisent le café Bour- bon. Elle existe au Gabon et à la Réunion. Son feuillage est très développé.

Cette espèce atteint 8 à 10 mètres d'élévation. Elle vé- gète très bien dans les plaines chaudes et humides. Elle a, en outre, le mérite d'être productive et de résister aux sécheresses. Ses grains sont arrondis à leurs extrémités.

4. Le *café Leroy* (COFFEA LAURINA) croît à l'état indi-

(1) Liberia est situé sur la côte de Guinée ; cette petite république a Monrovia pour capitale. On y récolte beaucoup de café.

gène à une grande altitude dans les forêts du Brésil. On le cultive à la Réunion. Son feuillage est très abondant. Sa fève est allongée, mais son arome est bien moins fin que celui du café moka. Cette espèce est robuste et demande peu d'abris. Elle existe aussi sur la côte occidentale d'Afrique.

Il existe à Nossi-Bé, dans les bois, un caféier qui est peu élevé, mais qui produit des grains qui ont une saveur délicate.

En général, le terrain et le climat ont une grande influence sur la manière d'être du café. En 1818, l'amiral de Makau importa le café moka à la Martinique, mais quelques années après ce café ne différait plus du café qu'on y cultivait depuis de longues années.

Terrain.

Le caféier se plaît de préférence dans les sols de consistance moyenne, profonds, et situés sur le penchant des collines élevées. Les sols fertiles, frais, mais non humides, sont ceux qui lui conviennent le mieux.

Dans les terres grasses, substantielles mais mêlées de sable, son feuillage prend toujours une nuance vert sombre; par contre, ses feuilles sont souvent jaunes ou chlorosées quand il occupe des terres très argileuses.

A l'île Bourbon, il occupe des terres légères; aux Antilles, des sols volcaniques; à la Guyane, des plaines basses; au Brésil, des terrains légers mais frais; à Java et à Ceylan, des vallées fertiles situées dans les montagnes.

Tous les terrains doivent être abrités contre les grands vents et les rayons brûlants du soleil. Dans l'Yémen, les caféiers sont protégés par des *Corda sebestana*; à Java, par des *Erythrina collodendrum*; aux Antilles, par des bananiers, des *Cedrela odorata* et des *Anacardium occidentale*; dans l'Inde, par des *Acacia Lebbeck*.

Les coups de vent formant cyclone ont été très nuisibles aux caféiers en détruisant à la Guadeloupe et à la Réunion, les *Acacia Lebbeck* qui les protégeaient.

Multiplication.

Le caféier se propage ordinairement par le concours de ses semences. La multiplication par bouture est possible, mais ce moyen est rarement mis en pratique.

Les semis se font en place ou en pépinière, au printemps ou en automne, à l'époque des équinoxes, suivant les contrées.

Avant de confier les semences à une terre bien préparée, on les fait tremper pendant vingt-quatre heures dans le but de hâter la sortie des germes qu'elles contiennent. On les sème toujours avec leur parchemin, en évitant de les exposer à l'action du soleil.

Quand les semis ont lieu en place, on espace les trous dans lesquels on les exécute de 2 à 4 mètres, suivant la nature du terrain et son altitude. Dans les pépinières, on distribue les semences dans des rayons en les espaçant les unes des autres de $0^m,08$ à $0^m,12$. Dans les deux cas, on les recouvre de $0^m,03$ à $0^m,04$ de terre. On arrose ensuite si cela est nécessaire. Les graines germent du 20e ou 25e jour, lorsqu'elles sont nouvelles. On ne doit pas oublier que la graine du caféier perd promptement sa faculté germinative.

Quand les semis ont été faits en pépinière, on les transplante quand ils ont environ $0^m,25$ de hauteur, en ayant la précaution de placer les racines superficiellement.

Mise en place des plants.

C'est lorsque les caféiers sont âgés de huit à dix mois qu'on les plante à demeure, après avoir procédé à leur *ha-*

billage. Cette mise en place a lieu en quinconce, ou en lignes séparées par les arbres qui doivent les abriter de deux en deux lignes, dans des trous régulièrement disposés et éloignés les uns des autres de 2 mètres au minimum et de 4 mètres au maximum. Cette transplantation est suivie par un arrosage.

Au Brésil, un hectare ne comprend que 918 caféiers ; ailleurs, on en compte de 800 à 1.200.

Parfois, aussitôt après la mise en place des sujets, et même pendant le cours de leur existence, on les étête dans le but de les faire ramifier aussi bas que possible et de rendre plus facile la récolte des fruits.

Soins d'entretien.

Chaque année, on opère un ou plusieurs binages, afin de maintenir la terre propre et meuble. Dans l'Inde, on complète ces soins annuels en exécutant des arrosages modérés quand cela est utile. Partout, on enlève les branches mortes et les gourmands qui se verticalisent et qui nuisent à la production des fruits.

Quand on constate qu'un caféier s'élève trop, on le rabat à $0^m,65$ ou $0^m,80$ au-dessus du sol.

Les caféiers âgés de quatre ans ont, au Brésil, 4 à 5 mètres de hauteur et $0^m,50$ de circonférence.

Maladies et insectes nuisibles.

Le caféier est exposé à être envahi par un champignon appelé *Hemileia vastatrix*, de la famille des Péronosporées. Ce parasite apparaît sur les feuilles sous forme de *rouille orangée*. Il se propage par ses spores. On espère l'arrêter dans son développement à l'aide de la *bouillie bordelaise*. Ce champignon a causé de grands dommages dans les caféières de Ceylan, de Java, de Sumatra et de la Réunion.

La *rouille noire*, causée par le *Pellicularia Kolleraga*, a été aussi très néfaste aux caféiers de Java.

Ces champignons ont beaucoup diminué le nombre des caféiers à la Réunion et à la Guadeloupe.

Les maladies des caféiers à Natal, au Cap de Bonne-Espérance, aux îles Philippines et au Mexique paraissent avoir mêmes les causes.

Au nombre des insectes nuisibles, on doit signaler une *vrillette* qui fait des trous peu visibles dans les troncs et les branches principales. Aux Antilles on redoute la présence d'une *chenille* produite par l'*Elachysta coffcella*, phalène qui dévore le parenchyme des feuilles.

Récolte.

La récolte des cerises a lieu quand celles-ci ont pris une couleur rouge-brun. Cette cueillette se fait ordinairement à la main, par un temps sec (1). Les ouvriers chargés de l'exécuter se servent d'échelles ou abaissent les branches élevées au moyen d'un bâton muni d'un crochet ou grimpent sur les arbres selon l'élévation des caféiers.

La couleur rouge clair ou rouge verdâtre indique bien que les fruits ne sont pas arrivés à leur point de maturité.

Dans quelques contrées, on étend une toile sous l'arbre et on secoue modérément ce dernier pour faire tomber les fruits arrivés à parfaite maturité. Il est important, dans les deux cas, que le sol soit maintenu propre pour qu'on puisse ramasser aisément les cerises qui tombent à terre ou en dehors de la bâche.

(1) A la Réunion comme dans d'autres contrées de l'Asie et de l'Afrique, la saison est sèche de mai à octobre et pluvieuse de novembre à avril.

En général, on opère chaque année deux récoltes et exceptionnellement trois. À la Guadeloupe, la récolte a lieu d'octobre à janvier, et au Brésil pendant les mois d'avril et de mai et parfois jusqu'en novembre.

Les fruits qui ont été récoltés sont étendus à mi-ombre en couche mince de $0^m,10$ à $0^m,12$ sur des terrasses cimentées ou sur de grandes nattes à l'action du soleil pour qu'ils perdent leur humidité. Cette dessiccation dure plusieurs jours. Chaque soir on les met en tas qu'on couvre d'une toile ou on les rentre sous des hangars. Leur dessiccation est complète quand leur coque se brise sous la pression des doigts. Alors cette enveloppe est sèche et raccornie.

Le café qu'on expose longtemps à l'action d'un soleil ardent perd de sa couleur verte, de son arome et de sa saveur.

Le point essentiel pendant cette opération est d'*éviter toute fermentation* et de prendre toutes les précautions voulues pour que les fruits ne soient pas en contact avec la terre, ce qui est nuisible à leur qualité. Les fruits munis de leur pulpe et qui fermentent, contractent une odeur désagréable.

À Java, la dessiccation a lieu sous des hangars. Dans d'autres contrées, on l'opère dans des étuves.

Lorsque les fruits sont bien secs, on les conserve dans des locaux convenablement disposés pour procéder le plus tard possible à leur mondage. En agissant ainsi on obtient toujours des fèves ayant une couleur verte moins apparente, mais le café qu'on obtient a toujours un arome plus prononcé.

Autrefois, on procédait à l'écorçage des cerises en soumettant celles-ci dans de grandes auges à l'action de pilons de bois. De nos jours, on les dépouille de leur enveloppe en brisant celle-ci à l'aide d'un appareil composé de deux cylindres surmontés d'une trémie et qu'on nomme *grageur*. Dans ce décortiquage mécanique, les fèves tombent dans un vase avec leur parchemin et les débris des coques. On procède ensuite à leur vannage, et on les expose de nouveau à l'action du soleil.

Quand les fèves sont très sèches, on brise leur enveloppe parcheminée avec un moulin qui se compose de deux cylindres en bois recouverts, comme ceux d'une râpe, d'une feuille de cuivre percée de trous. On termine le décortiquage en procédant à un vannage et à un triage. Cette dernière opération a pour but de séparer les grains cassés et ceux qui sont avariés.

Dans quelques contrées, on lave à l'eau courante les fèves après avoir brisé et séparé leur coque et on les fait sécher une dernière fois sur une terrasse ou dans une étuve chauffée à $+ 22°$ à $+ 24°$.

Le café qui a été ainsi obtenu doit être conservé en balles dans un endroit très sec.

En Angleterre, on déduit 40 pour 100 du poids total lorsque le café y est introduit en *cerise* et 20 p. 100 quand on l'importe muni seulement de son *parche*.

Produit.

Le produit donné par un caféier est très variable. Il dépend de son âge, de son développement et de sa vigueur. C'est à l'âge de deux à trois ans qu'il commence à produire des fruits, et c'est lorsqu'il a douze à quinze ans, qu'il commence à ne donner que de faibles récoltes annuelles.

Dans les contrées où il végète facilement, où il est suffisamment abrité contre le soleil, son produit moyen dépasse rarement 1 kilog. par pied. Il faut des circonstances exceptionnelles pour qu'on puisse récolter sur un beau caféier de 2 à 3 kilog. de fruits.

A Cuba, le produit moyen par hectare varie de 500 à 700 kilog. A la Martinique, il oscille entre 250 et 500 kilog. A l'île Bourbon, chaque arbre donne 1 kilog. de café.

Les produits les plus élevés varient au Brésil entre 1.200 et 1.500 kilog. par hectare. A la Réunion, ils s'élèvent à 1^{kg},200 ; à la Martinique, il varie de 1^{kg},500 à 2 kilogrammes.

Un hectolitre de cerise pèse de 35 à 40 kilog.

100 kilog. de cerise donnent 15 kilog. de café de marchand.

100 litres de café vert fournissent 40 litres de café sec.

Au Brésil, les cafés en coques sont appelés *crocros;* on nomme ceux qui ont été lavés *casquinha;* ceux qui ont été gragés sont désignées par le mot *lave.*

Variétés commerciales.

Autrefois, le commerce ne connaissait que quatre sortes de café : le *Moka,* le *Bourbon,* le *Martinique,* et le *Haïti.* De nos jours, on compte un grand nombre de variétés commerciales qui diffèrent les unes des autres par leur forme, leur coloration et leurs qualités.

Les uns, appelés *cafés perlés, cafés ronds,* sont petits, arrondis et comme s'ils avaient été roulés (Moka); les autres sont de grosseur moyenne, allongés et pointus (Bourbon); enfin plusieurs sont gros, larges et aplatis (Brésil). Dans ces trois catégories les fèves présentent souvent des inégalités; les unes sont régulières, et les autres très irrégulières. En général, les cafés de grosseur moyenne sont ceux qui ont le plus de finesse.

La couleur a pour cause principale l'influence exercée par le sol, le climat, le degré de maturité et l'âge du café. Les cafés qui proviennent de caféiers situés sur les élévations ont une couleur claire, un arome prononcé comme le *Moka,* le *Bourbon,* le *Java,* etc.; ceux qui ont été récoltés dans les caféières situées sur des terrains bas et humides sont toujours plus développés, avec une nuance verdâtre et un goût de vert très accusé, comme le *Martinique,* le *Guadeloupe,* le *Haïti,* etc.

Le *café Bourbon* a un grain allongé, gros, aigu par un de ses bouts et blanchâtre avec un sillon peu prononcé ; il est presque inodore ; sa saveur est amère ; néanmoins il est recherché à la Réunion.

Le *café de Saint-Domingue* a un grain jaunâtre et une saveur peu agréable.

Le *café de la Havane* est petit, régulier et vert jaunâtre ; son sillon le partage en deux parties égales.

Le *café de Java* est gros, allongé et jaune verdâtre ; son odeur est forte.

Le *café d'Haïti* est irrégulier, vert clair ou blanchâtre ; il est rarement pelliculé ; son odeur et sa saveur sont moins agréables que celles du café Martinique.

Le *café Martinique* est de grosseur moyenne, allongé, verdâtre ou vert clair avec une pellicule argentée et un sillon bien marqué ; sa saveur herbacée est très franche. Ce café est le meilleur après le café Moka. On le divise en cinq catégories : le *fin vert,* le *marchand,* le *bon marchand ordinaire,* l'*ordinaire* et le *bon ordinaire.*

Le *café de la Guadeloupe* a un grain gros, allongé, régulier, vert plombé. Sa qualité est secondaire. On le vend souvent comme café de la Martinique.

Le *café du Brésil* est très gros, régulier, jaune, légèrement pédiculé et à odeur forte. Il provient de caféiers cultivés, ayant des cerises rouges. On le nomme au Brésil *café vermelho.* Le café connu sous le nom de *café amarello* provient de cerises jaunes ; il est récolté dans les forêts de Botu-Catu dans la province de Saô-Paulo ; il est riche en caféine.

Le *café de la Guyane* a une saveur fine et moins de verdeur que le café des Antilles. Le meilleur est récolté sur la montagne d'Argent et sur les côtes de Remiré, de Karw et d'Oyac.

Le *café de Rio-Nunez* provient de caféiers qui ont de 10 à 12 mètres d'élévation et qui existent dans les forêts situées sur le versant des montagnes de Fouta-Djallon (Sénégal). Ce café a une saveur remarquable. Dans le langage sénégalien, on le nomme *Legal café* ou *houricoff*.

Le *café du Gabon*, sur la côte de l'Afrique occidentale, a des grains petits, roulés et inégaux ; sa finesse est excellente. Il est dérivé du café Moka. On l'appelle *café Monravia*.

Le *café du Congo* ou *café de Benguella* a aussi des grains petits et roulés ; son arome est très pénétrant.

Le *café de Nossi-bé*, sur la côte orientale d'Afrique, est aussi appelé *café de Saint-Leu;* il provient de caféiers qui croissent dans les bois et qui appartiendraient au *Coffea Zanguebariensis*. Ses grains sont petits avec une saveur délicate.

Le *café de Vénézuéla* comprend deux variétés : le *trillados* qui n'est jamais lavé et le *Cerezados* qu'on lave quand on l'a dépouillé de son enveloppe.

Composition.

La base du café est la *caféine*, découverte en 1850 par Runge. Cet alcaloïde se cristallise en filaments blancs et soyeux. Sur 100 grammes de café, le

Martinique en contient	3,58
Brésil	2,90
Java	2,52
Moka	2,16
Cayenne	2,00
Saint-Domingue	1,78

On peut dire, en général, que l'arome est en raison directe de la dessiccation des grains. Avec l'âge, le café bien conservé perd de son humidité, et le goût de vert qu'il possède quand il vient d'être récolté. De plus, sa densité diminue ainsi que le nombre de grains contenus dans un décimètre cube.

Le café contient 10 à 13 pour 100, de matières grasses, 15 à 16 de matières non azotées, 15 à 18 de matières azotées, 6 à 7 de matières minérales et 11 à 14 d'eau.

Un café qui pèse à un an 600 grammes le litre, ne pèsera à trois ans que 585 grammes; à quatre ans 540 grammes, à huit ans, 400 grammes.

Voici la densité et le nombre de grains contenus dans un décilitre :

	Densité.	Nombre de graines.
Moka..............	500 gr.	510
Martinique.........	620	414
Guadeloupe.........	660	382
Zanzibar	665	502
Réunion...........	630	488
Ceylan............	580	452
Nossi-bé......... .	534	432
Java..............	455	338

En général, dans le café de Moka comme dans le café de la Réunion et du Brésil, les grains ronds sont l'exception; les grains plats existent dans la proportion de 70 à 90 pour 100.

Il existe des cafés qui ont un *goût de terroir* qui est souvent assez désagréable. Ce goût s'affaiblit très sensiblement si on conserve le café pendant deux ou trois années dans un endroit sec.

On vieillit le café nouvellement récolté et on lui enlève son *goût de vert* en le soumettant à l'action de 70 à 75° de chaleur dans une étuve; ce procédé accroît ses qualités.

Le café mouillé par l'eau de mer est dit *café* avarié; il a une saveur peu agréable, et il ne contient presque plus de caféine.

Torréfaction ou brûlage.

Le café est soumis à une torréfaction dans le but de développer son arome et ses propriétés excitantes. Cette opération est faite dans un appareil appelé *brûloir* et sur un feu vif. Pendant ce brûlage, la fève se gonfle et dégage beaucoup d'odeur. On doit l'arrêter lorsqu'on voit apparaître sur les grains de café une sorte de rosée qui n'est autre que la *caféine* qui s'est dégagée.

Le café qui a été *torréfié au roux* ou au *point de rosée* contient pour 100 grammes environ 25 grammes de matières extractives. Le café qu'on *torréfie au marron* n'en renferme que 19 grammes.

La perte en poids que subit le café pendant sa torréfaction est variable. Elle ne dépasse pas 15 à 16 pour 100 quand on torréfie du Java et du Moka; elle atteint 18 p. 100 avec le café Bourbon et le Malabar, et elle s'élève à 20 pour 100 avec les cafés des Antilles et d'Haïti.

Le café qui a été bien brûlé ou torréfié est brun-roux et aromatique; il cède à l'eau chaude ayant au plus 98 degrés de chaleur, 40 p. 100 de ses principes solubles.

Celui qui a été trop torréfié et qui présente une nuance marron foncé, produit une infusion plus forte mais ayant une saveur amère peu agréable.

Usages.

Le café, après avoir été torréfié et réduit en poudre à l'aide d'un moulin, sert à faire une boisson très agréable et excitante, et de laquelle, depuis deux siècles, on dit beaucoup de mal et beaucoup de bien. D'après Fontenelle, le café est un poison lent.

Une infusion de café est bien faite quand on fait usage

de bon café convenablement torréfié, et lorsqu'elle est préparée avec 25 grammes de poudre par tasse d'une contenance d'un décilitre. Chaque tasse contient alors de 1ᵍ,25 à 1ᵍ,50 de matières extractives.

Une bonne infusion facilite la digestion, augmente l'activité des facultés intellectuelles et combat les fièvres intermittentes.

Il est très utile de bien s'assurer de la provenance et surtout de la qualité du café qu'on utilise. Au Brésil, on vend du *café Saint-Paul* pour café du Malabar, du *café capitania* pour du café d'Haïti, du *café de Rio* pour du café de la Jamaïque. A Ceylan, le café qu'on y récolte est souvent vendu pour du café de la Martinique et celui de Java pour du café Moka.

Le café fait à la française est le plus estimé. Le café fait à l'orientale ou à l'africaine plaît bien moins aux Européens. Pour préparer cette dernière infusion, on réduit le café en poudre à l'aide d'un mortier en pierre et on le verse dans une eau bouillante. Après quelques minutes d'ébullition, on le laisse un peu refroidir et on le boit sans sucre. Il est excitant.

Le marc qu'on fait bouillir fournit une boisson qui est plus tonique qu'aromatique ou excitante. En Égypte, on le nomme *kovah* ou *kahouch*.

. On donne au café une saveur particulière en projetant du sucre dans le brûloir pendant la torréfaction. Le *café de Chartres* est brûlé avec du sucre, mais d'après l'arrêté de 1862 la quantité de sucre ne doit pas dépasser 6 pour 100. Au delà de cette proportion, le mélange constitue une fraude et le vendeur peut être poursuivi devant le tribunal.

La poudre pure de café flotte sur l'eau ; celle à laquelle on a mêlé de la poudre de chicorée tombe en partie au fond du liquide.

La poudre qui provient de cafés qui ont été lavés ne

donne jamais une infusion ayant un goût prononcé, une saveur agréable et aromatique.

Succédanés du café.

On remplace parfois la fève du caféier par les graines que produisent les plantes suivantes :

1. Le *gombo* (HIBISCUS ESCULENTUS), malvacée annuelle à fleur jaune soufre, haute de $0^m,65$ et bien connue en Europe.

2. L'*astragale d'Espagne* ou *astragale d'Andalousie* (ASTRAGALUS LUSITANICUS OU BÆTICUS), légumineuse vivace à fleurs blanches qui atteint un mètre de hauteur.

3. Le *lupin varié* (LUPINUS VARIUS OU ANGUSTIFOLIUS), légumineuse annuelle à fleur bleue et blanche. Cette espèce est cultivée çà et là en France.

4. Le *cassier occidental* (CASSIA OCCIDENTALIS), légumineuse annuelle et buissonneuse répandue dans l'Inde où elle est appelée *Kasinda,* au Sénégal, où on la nomme *Bentamare,* à la Martinique, au Gabon etc., où elle constitue le *café nègre.* On en importe en Angleterre et en Allemagne.

Les graines des plantes précitées ne sont utilisées qu'après avoir été grillées et réduites en poudre.

Il existe en Moravie (Styrie), etc., des usines qui fabriquent chaque jour des quantités importantes de café artificiel.

CHAPITRE II.

CHICORÉE A CAFÉ.

CICHORIUM INTYBUS.

Plante dicotylédone de la famille des Composées.

Historique. — Mode de végétation. — Variétés. — Terrain. — Semis. — Soins d'entretien. — Récolte des racines. — Préparation des cossettes. — Valeur commerciale. — Fabrication de la chicorée. — Falsification. — Récolte des graines.

Historique.

On donne le nom de *chicorée à café*, ou *chicorée à grosse racine*, à une variété de la chicorée sauvage, dont la racine rappelle assez exactement la racine de la carotte rouge longue. La racine de cette chicorée est celle qui est employée pour fabriquer le *café chicorée*, substance qui diminue la qualité du bon café qui, suivant Cabanis, est la boisson intellectuelle par excellence, et qui n'améliore pas le café médiocre.

L'usage de cette poudre n'est pas très ancien. Valmont de Bonare est le premier écrivain qui l'ait mentionné. Les premières fabriques furent établies en Hollande en 1772, époque où cette poudre était déjà recherchée par les Flamands et les Hollandais. Cette fabrication resta secrète jusqu'en 1801, époque à laquelle deux Belges, Orban et Giraud, vinrent en France et organisèrent deux fabriques, l'une à Valenciennes et l'autre à Onnaing. A la fin du siècle dernier, Bleibtren en avait créé une à Brunswick qui lui permit de réaliser une grande fortune. Le canton de Messines, situé dans la Flandre occidentale, récolte annuellement près de 2 millions de kilog. de cossettes fraîches.

La vente de la chicorée à café n'est autorisée en Angleterre que lorsque les paquets sont revêtus d'un timbre constatant la perception d'un droit de 0 fr. 30 par kilog.

La culture et la fabrication de la chicorée à café ont pris en France, depuis le commencement du siècle actuel, une grande extension ; nonobstant, la quantité de racines récoltées dans les environs de Lille, Cambrai, Arras, Valenciennes, Onnaing, Saint-Saulve, etc., est loin de suffire aux besoins des fabriques qui sont en activité, car la production française ne dépasse pas 5.000.000 de kilogrammes de cossettes sèches (1). Dans les années ordinaires, nous recevons chaque année, de la Belgique ou de l'Allemagne, près de 30.000.000 de kilogrammes de racines sèches. La production de la chicorée à café, en Belgique, dépasse annuellement 550.000.000 de kilog. de racines vertes.

La chicorée à café est cultivée en France sur 820 hectares, en Belgique sur 10.025 hectares, et en Allemagne sur 10.300 hectares. L'Alsace cultive aussi cette plante.

Mode de végétation.

La chicorée à café a une racine fusiforme, à écorce brune, longue de 35 à 25 centimètres ; son diamètre, au collet, dépasse parfois 4 centimètres quand elle végète dans un terrain de bonne qualité. Ses tiges sont droites, glabres et un peu rameuses. Ses feuilles sont un peu velues ; les inférieures sont très découpées ; les caulinaires sont plus

---

(1) M. Humez, à Sauchy-Lestrées (Nord), possédait, en 1889, 30 hectares occupés par la chicorée à café.

petites, lancéolées et sessiles. Ses fleurs sont aussi sessiles et réunies en faisceaux de deux à cinq le long des tiges et des rameaux; elles sont formées de demi-fleurons à cinq dents. Ses semences sont de petits akènes amincis à la base, tronqués et couronnés par de petites écailles.

Cette plante a une racine vivace et des tiges annuelles, mais elle n'occupe le sol que pendant neuf à dix mois, parce qu'on extirpe sa racine au commencement de l'automne.

Variétés.

Cette plante a produit deux variétés qui se distinguent par la régularité de leurs racines : la *chicorée à grosse racine de Magdebourg* (fig. 27), qui a des feuilles entières et dressées, et la *chicorée à café de Brunswick* (fig. 28), qui a des feuilles très découpées. La première, suivant M. Vilmorin, est regardée comme la plus productive.

Terrain.

Cette chicorée doit être cultivée sur des terres douces, argilo-siliceuses ou argilo-calcaires, profondes et saines, mais un peu fraîches. Elle réussit difficilement dans les sols légers sujets à souffrir de la sécheresse, dans les terrains cailloutcux et dans les terres humides. Elle demande, en outre, des terres limoneuses et fertiles. Elle est si épuisante qu'elle fut proscrite pendant longtemps en Flandre dans les baux, sous peine de résiliation.

Toutefois, on doit éviter de fumer très fortement les terres qu'on lui destine, parce que les fumiers forcent les racines à produire beaucoup de chevelu et un grand nombre de feuilles qui nuisent à leur développement. En outre, les fumiers frais et pailleux ont l'inconvénient de communiquer aux racines un mauvais goût ou une amertume très

prononcée. Les fumiers doivent être appliqués en automne.
On peut remplacer ces engrais dans les bonnes terres par
400 kilog. de superphosphate de chaux, 300 kilog. de nitrate de soude et 200 kilog. de chlorure de potassium.

En Flandre, souvent avant la semaille, on arrose avec du

Fig. 27. — Chicorée à café, race de Magdebourg.

purin les sols qui ont été fumés pendant l'automne précédent. On peut, sur les bons sols, remplacer le fumier par
500 kilog. de superphosphate de chaux, 300 kilog. de
nitrate de soude et 200 kilog. de chlorure de potassium.
Une récolte de 30.000 kilog. de racines fraîches enlève au

sol 75 kilog. de potasse, 25 kilog. d'acide phosphorique et 15 kilog. de chaux.

Les terres qu'on consacre à la chicorée à café dans le nord de la France et en Belgique sont louées de 200 à 300 fr. l'hectare.

Les terres doivent recevoir une préparation complète, soit

Fig. 28. — Chicorée à café, race de Brunswick.

à la bêche ou au louchet, soit à l'aide la charrue ordinaire, de la fouilleuse, de la herse et du rouleau. Ordinairement on les laboure avant l'hiver, aussi profondément que le permet l'épaisseur de la couche arable, et on complète leur ameublissement à l'aide de façons diverses exécutées en février ou en mars et avril. Il est nécessaire que la surface de la terre soit très meuble au moment de la semaille.

Semis.

La chicorée à café se sème quelquefois en mars, mais le plus ordinairement en avril, ou, au plus tard, au commencement de mai, suivant la perméabilité des terrains et l'état de l'atmosphère. On répand de 4 à 6 kilogrammes de semence par hectare. La graine doit être de la dernière récolte, bien qu'on préfère en Belgique la graine de quatre ans, parce que les racines, dit-on, sont moins sujettes à monter. Plusieurs cultivateurs de la Flandre font tremper les graines, avant de les confier à la terre, pendant un ou deux jours. Cette opération a pour effet de hâter leur germination.

On sème la chicorée à café à la volée ou en lignes espacées de $0^m,20$, $0^m,25$ ou $0^m,30$ suivant la fertilité du sol. Ces derniers semis sont ceux qu'il faut recommander. On les exécute soit à la main, soit avec un semoir à brouette ou à cheval. On doit répandre les semences de manière que les pieds de chicorée ne soient pas très nombreux sur les lignes. On les enterre légèrement avec un râteau ou par un hersage, lorsqu'on a semé à la main ou avec le semoir à brouette. Ordinairement, on fait suivre cette opération par un roulage lorsque le semis est fait tardivement ou exécuté par un temps sec.

La graine de chicorée lève au bout de quinze jours environ.

Soins d'entretien.

Lorsque les plantes ont quelques centimètres d'élévation, et que les mauvaises herbes commencent à apparaître, on exécute un binage avec la *rasette*. La chicorée redoute les mauvaises herbes pendant ses premières phases d'existence. Un mois après cette opération, on opère un second binage pendant lequel on éclaircit les plantes en les espaçant sur les lignes de 0ᵐ,12 à 0ᵐ,18 les unes des autres, selon la variété cultivée et la richesse de la couche arable. Ce *démariage* se pratique avec la rasette ou binette ; on le répète souvent une seconde fois après quinze jours d'intervalle. En juillet, et quelquefois aussi en août, on bine de nouveau la chicorée. La propreté du sol a une très grande influence sur le développement des plantes et de leurs racines.

Récolte des racines.

Vers la fin d'août ou au commencement de septembre, on coupe toutes les feuilles de la chicorée pour que les racines puissent mieux se développer. C'est à tort que divers cultivateurs effeuillent cette plante pendant sa croissance, c'est-à-dire en juillet et en août, parce que cette opération nuit sensiblement au développement des racines. Les feuilles qu'on coupe vers la fin de l'été constituent une excellente nourriture verte pour les bêtes bovines et ovines.

L'arrachage des racines a lieu en octobre ou novembre, plus ou moins tôt, selon les localités. En Belgique, on extirpe les racines toujours tardivement, parce qu'elles continuent à croître jusqu'aux gelées. L'arrachage qui a lieu en octobre permet de récolter des racines ayant plus de qualité. En agissant ainsi, on évite l'arrivée des grandes pluies et des froids intenses.

Dans les bonnes cultures, on compte de 15 à 16 racines par mètre carré. Chaque racine pèse en moyenne environ 200 grammes.

Avant de procéder à l'arrachage, on coupe de nouveau toutes les feuilles et tout le *collet des racines* pour les rapporter à la ferme et les donner au bétail. L'arrachage se fait avec une bêche à lame très étroite ou avec la fourche à dents plates, ou à l'aide d'une charrue spéciale, en défonçant le sol jusqu'à 0^m,40 et même 0^m,50, selon la longueur des racines. Au fur et à mesure de l'arrachage, on réunit les racines en tas ou on les transporte directement à l'atelier dans lequel elles doivent être préparées. Les tas de racines qui séjournent la nuit dans les champs doivent être couverts de paille ou de feuilles si la température est froide et si on redoute une gelée à glace. Le prix de cette opération varie par hectare, en France et en Belgique, de 150 à 140 fr., selon la dureté plus ou moins grande du terrain. En Belgique, un ouvrier habile arrache par jour de 2 ares à 2 ares 30.

Un hectare donne, en moyenne, de 18.000 à 20.000 kilog. de racines fraîches.

Ce rendement, dans la Flandre occidentale, dépasse souvent 25.000 et même 30.000 kilog., ou 3 kilog. par mètre carré.

Le produit moyen, d'après les statistiques, s'élève par hectare, en France, à 6.800 kilog. de racines sèches, et en Belgique à 26.000 kilog. de racines vertes.

D'après la statistique française, le département du Nord récolterait 5.900 kilog. de cossettes sèches par hectare.

Préparation des cossettes.

Lorsque les racines ont été conduites à l'atelier, on les décollète si cette opération n'a pas été faite dans le champs, on les nettoie et on les lave avec soin si cela est nécessaire. Il est très important de les priver complètement de particules terreuses. Les racines bien propres ont toujours une valeur commerciale plus grande. On les fait ensuite sécher. On doit éviter, si elles restent en tas, qu'elles ne s'échauffent et fermentent.

Quand les racines sont propres et sèches, on les fend dans toute leur longeur, avec un couteau, en trois ou quatre parties, suivant leur grosseur. Ensuite, on les coupe par morceaux de 0^m,04 à 0^m,06. Dans quelques usines, on divise les racines qui ont été coupées longitudinalement avec un instrument qu'on nomme *couteau à racines*, et qui a beaucoup de rapport avec un hache-paille à levier ; une vis de pression agissant continuellement sur les racines, les pousse au dehors de l'auge. Alors elles tombent divisées sur des *bannettes*, qui servent à les porter dans les *tourailles* ou *étuves*, où règne une température de 50 à 55 degrés.

Pendant cette dessiccation, on a soin de retourner fréquemment les racines qui reposent sur des *carreaux percés de petits trous*, afin qu'elles se dessèchent régulièrement. Ordinairement, douze heures suffisent pour qu'elles soient complètement sèches. Une touraille à deux feux permet de dessécher en vingt-quatre heures de 300 à 400 kilog. de racines. Celles-ci, après leur dessiccation, prennent le nom de *cossettes*. Il est très utile de ne brûler que de l'anthracite dans le foyer de la touraille. On sait que ce charbon de terre ne produit pas de fumée.

En Bohême, on dessèche les cossettes vertes dans de grands cylindres séchoirs chauffés par la vapeur.

Les racines de chicorée qui ont été bien desséchées subissent une diminution de poids de 70 pour 100. Ainsi, 20.000 kilog. de racines fraîches bien propres pèsent, après avoir été touraillées, 6.000 kilog. En Flandre, on est généralement satisfait quand on obtient, par hectare, 5.000 kilog. de cossettes.

Un mètre cube de cossettes pèse de 375 à 400 kilog., suivant leur grosseur.

Valeur commerciale.

On ne doit pas conserver les cossettes qui ont été touraillées au delà d'une année. Les racines âgées de deux ans moisissent facilement si elles ne sont pas conservées dans un local parfaitement sain ; en outre, elles sont sujettes à être attaquées intérieurement par des vers.

Les cossettes qui ont été préparées, et celles qu'on a conservées dans des locaux exempts d'humidité, sont vendues aux usiniers qui s'occupent de les transformer en semoule ou en poudre.

Les racines exemptes de terre, et bien desséchées, sont achetées par les fabricants de chicorée en poudre au prix de 16, 20 et même 35 fr. les 100 kilog., suivant les années. Les racines fraîches ou vertes sont vendues ordinairement 30, 35, à 40 fr. les 1.000 kilog. Un hectare qui produit 25.000 kilog. de racines fraîches ou *racines vertes* permet donc de réaliser une recette de 700 à 900 fr. Lorsque la valeur commerciale s'élève à 40 fr., comme cela arrive quelquefois, la recette brute atteint 7.000 fr. par hectare.

C'est très exceptionnellement que les cossettes sont vendues 30 et 35 fr. les 100 kilogrammes.

Fabrication de la chicorée.

La torréfaction des cossettes se fait dans des *brûloirs* ou grands cylindres en tôle, auxquels on imprime un mouvement continuel de rotation, soit à l'aide d'un manège, soit au moyen d'une machine à vapeur. Lorsque les racines sont suffisamment torréfiées, on y ajoute environ 2 pour 100 de beurre ou de mélasse, ou de saindoux, ou de margarine et on agite de nouveau le cylindre-brûloir pendant quelques minutes. La mélasse ou le beurre lustre les cossettes et leur donne l'apparence du café brûlé. Quand le grillage est terminé ou est arrivé au point voulu, on retire les cossettes du brûloir et on les dépose dans de grands vases plats en tôle appelés *rafraîchissoirs*. 100 kilog. de cossettes bien sèches fournissent, en moyenne, 75 kilog. de cossettes torréfiées, et 100 kilog. de poudre.

Lorsque les cossettes sont refroidies, on les pulvérise au moyen de meules ou de cylindres. Le but qu'on doit chercher à atteindre, dans cette opération, consiste à faire le moins de poudre et le plus de grains possible.

Les cossettes sont ordinairement classées comme suit : 1° *cossettes de choix;* 2° *belles cossettes;* 3° *petites cossettes;* 4° *cossettes inférieures* et *touraillons* ou *débris.*

On termine la fabrication de la poudre en la soumettant à un *blutage.* Les blutoirs qu'on emploie séparent le produit broyé en quatre sortes : 1° en *semoule gros grain:* 2° en *semoule grain moyen;* 3° en *semoule ordinaire* ou *semoule petit grain;* 4° en *poudre.*

Les fabricants qui emploient des meules et des cylindres pour diviser les cossettes torréfiées, obtiennent au blutage les produits suivants :

	Meules.	Cylindres.
Poudre..............	40 kilog.	25 kilog.
Fin grain............	25 —	30 —
Moyen grain.........	25 —	30 —
Gros grain...........	10 —	15 —
	100 kilog.	100 kilog.

Si le broyage au cylindre est plus avantageux en ce qu'il donne des résultats plus satisfaisants, il a l'inconvénient d'être plus long que la mouture ordinaire.

La chicorée-poudre pèse de 15 à 20 p. 100 de plus que la chicorée-grain ; elle est aussi plus riche en matières extractives. Ainsi, elle abandonne 60 p. 100 par l'épuisement à l'eau chaude ; la chicorée-grain n'en perd que 56 p. 100.

Les grains sont beaucoup plus recherchés que la poudre. Ces deux produits sont mis en paquets cylindriques du poids de 125, 250 et 500 grammes. On les livre aussi en vrac dans des tonneaux ou des caisses carrées de bois blanc pesant 25, 50 et 100 kilog. On doit les conserver dans un local bien sain, car la chicorée torréfiée est très hygrométrique.

Le poudre première qualité est vendue de 65 à 70 francs les 100 kilogrammes.

Le prix de la poudre de deuxième choix vaut de 55 à 60 francs.

Par la torréfaction, la chicorée acquiert un arome qui rappelle celui du café brûlé. Elle est brun rougeâtre, un peu odorante avec une saveur amère; mais son parfum, quoique très agréable, n'a pas la finesse délicieuse que possède le café en poudre. Nonobstant, on en fait grand usage dans le nord de la France, en Suisse, en Allemagne, etc. Elle adoucit les propriétés excitantes du café. On la vend sous les noms de *café moka, fleur de moka, moka des dames, crème de moka,* etc.

En Belgique, où elle donne lieu à un commerce considérable; les mineurs en font leur boisson ordinaire en préparant celle-ci avec 30 grammes de chicorée, 30 grammes de café, 2 décilitres de lait et 2 litres d'eau. En France, la chicorée est mêlée au café par économie.

Falsifications.

On la fraude avec du vieux marc de café, de la poudre de brique, des matières terreuses, etc., etc. La chicorée-grain est toujours moins falsifiée que la chicorée-poudre. Aux termes de l'instruction publiée par le ministre de l'Agriculture, en date du 25 juillet 1853, l'une et l'autre sont pures quand elles ne donnent pas au delà de 5 à 6 pour 100 d'une *cendre grisâtre* après avoir été incinérées.

Le café pur en poudre reste un certain temps à la surface

de l'eau quand on le projette sur celle-ci ; la chicorée en poudre tombe rapidement au fond du vase.

Récolte des graines.

On récolte les graines de la chicorée en août, lorsque la floraison est presque complète. On coupe les tiges avec une faucille, on les met en bottes pour les exposer ensuite à l'action du soleil. Quand elles sont bien sèches, on les rentre dans une grange ou un grenier. On les bat avec le fléau.

Un hectare de chicorée à café peut produire de 600 à 800 kilog. de graines. Chaque hectolitre de graines pèse de 37 à 41 kilogrammes.

Usages.

La poudre de chicorée ou de *café chicorée* n'a pas le parfum du café en poudre, ni les propriétés excitantes qu'il possède, mais ajoutée au café, bien que sa saveur soit très amère, elle constitue un mélange économique qui est très apprécié par les populations du Nord de la France et de l'Europe.

Les racines vertes ou sèches de chicorée donnent lieu en Belgique à des transactions commerciales très importantes. De 1888 à 1892, les exportations se sont élevées à 241.705.614 kilog. et les importations à 1.456.473 kilog.

CHAPITRE III.

THÉ.

THEA SINENSIS.

Arbuste de la famille des Camelliacées.

Historique. — Végétation. — Climat. — Terrain. — Multiplication. — Récolte des feuilles. — Préparation des thés. — Variétés commerciales. — Usages. — Succédanés du thé.

Historique.

Le thé est connu en Chine et au Japon depuis la plus haute antiquité. De là, sa culture s'est répandue dans l'Inde, dans l'Arabie, en Perse, au Brésil, en Cochinchine, etc.

Il a été importé pour la première fois en Europe, en 1602. Son usage en Angleterre remonte à 1652. C'est en 1763 que Linné reçut à Upsal des plants de thé de Chine et c'est en 1812 que les Chinois l'introduisirent au Brésil.

Au commencement du dix-septième siècle, on le vendait à Paris jusqu'à 100 fr. la livre.

Il a été introduit sur la côte du Malabar, dans les montagnes des Nilgherries et aux États-Unis.

L'Angleterre consomme annuellement 180.000.000 de livres anglaises de thé, qu'elle reçoit en très grande partie de l'Inde et de Ceylan. La Russie reçoit de Chine les 75 millions de livres qu'elle consomme chaque année.

Fig. 29. — Thé de Chine. La fleur, le fruit.

Végétation.

Le thé (fig. 29) est un arbrisseau toujours vert qui peut

Fig. 30. — Thea Bohea.

s'élever jusqu'à 8 et 10 mètres, mais dont l'élévation,
lorsqu'il est cultivé pour sa feuille, dépasse rarement deux
mètres. Sa racine est irrégulière et ligneuse ; son bois est dur

et fibreux ; ses rameaux sont diffus. Ses feuilles sont droites, alternes, ovales, lancéolées ou elliptiques et courtement pétiolées ; elles sont deux à trois fois plus longues que

Fig. 31. — Thea viridis.

larges. Ses fleurs polypétales sont blanches, solitaires ou réunies par deux ou trois à l'aisselle des feuilles. Ses fruits, de la grosseur d'une noisette, sont à trois coques qui contiennent chacune deux graines dures et globuleuses (fig. 30).

12.

Le thé, en chinois *tcha*, ressemble beaucoup par son ensemble à un camellia qui aurait de petites fleurs.

Il existe au Japon, dans la province de Manobée, des arbres qui sont âgés de 400 à 500 ans; leurs troncs n'ont pas au delà de $0^m,18$ à $0^m,16$ de diamètre.

On cultive aussi le *Thea bohea* (fig. 30) et le *Thea viridis* (fig. 31); mais ces deux thés ne diffèrent l'un de l'autre que par une légère différence dans leur feuillage. C'est pourquoi Kœmpfer, Thumberg, Desfontaines, etc., n'admettent qu'une seule espèce, le *Thea sinensis*.

Le Thea bohea est aussi connu sous le nom de *thé bou*.

Climat.

Le thé est principalement cultivé en Chine dans les fertiles provinces de Fo-Kien, de Kiang-nan, de Kiang-Si, de Tche-Kiang et de Kiang-Sou, dans lesquelles on compte 116 millions d'habitants. La région qu'il occupe et qui s'étend jusqu'au 39° latitude nord, se divise en deux grandes zones : 1° la région maritime qui est limitée par la mer Jaune et la mer de Chine orientale; 2° la région intérieure qui est située entre le 22° et le 32° latitude nord.

La culture de cet arbrisseau est aussi importante au Japon. Elle s'y étend de Kiou-sion et de Niphon jusqu'au 39° latitude nord. La zone qui lui est la plus favorable est située entre le 29° et le 35° latitude; elle comprend les régions situées sur les côtes de la mer intérieure. Le meilleur thé est récolté dans la Province de Yamashiro, dont le climat est à la fois doux et humide.

En général, en Chine comme au Japon, les plantations de thé sont très florissantes entre le 25° et le 33° degré de latitude.

Le thé existe à l'état sauvage à Assam, Katschar et dans les prolongements sud-est de la chaîne de l'Himalaya. Il y a un siècle que l'Inde le cultive. Les cultures sont situées à Kamaou et à Gahrwal, au nord de Delhi, dans la chaîne de Darschilling, la région montagneuse de Sik-Kim entre le Népaul et le Bhout. La culture du thé a pris aussi une grande extension dans la vallée de la Kangra dans le Pendjab supérieur. En dehors des territoires de Ceylan et des Nilgherries, elle embrasse un territoire qui s'étend des contrées de l'Indus au centre de Bramapoutra et aux frontières de Birmah.

La culture du thé a pris aussi une grande extension au Brésil, dans les provinces de San-Paolo, Minas, Parana et Rio-de-Janeiro.

Les provinces du Japon qui produisent le plus de thé après Yamashiro sont Omi, Shimosa Totomi, et Kadzusa.

Les contrées les plus favorables au thé en Chine, au Japon et dans l'Inde, ont en été une température moyenne qui ne dépasse pas + 26°. La température la plus basse dans ces régions oscille entre + 6° et + 12°. Au Japon comme en Chine, il neige très rarement dans les provinces où la culture du thé a une grande importance.

L'altitude du terrain a une grande influence sur la végétation des thés et la qualité des produits qu'ils fournissent.

Les arbrisseaux qui végètent dans les plaines ont une grande vigueur; mais les thés qu'ils produisent sont grossiers et de qualité très secondaire. Ceux qui sont situés à mi-côte ont des feuilles moins larges, mais les thés qu'on en obtient ont plus de valeur. Les arbustes qu'on rencontre sur les plateaux élevés ont des feuilles plus petites, mais les thés qu'ils fournissent sont très aromatiques.

Les thés chinois les plus recherchés, les plus estimés et les plus chers, sont récoltés dans les montagnes des provinces de Fo-King et de Tche-Kiang, qui sont de très belles contrées.

Le thé végète très bien en pleine terre en France à Angers, Nantes et Brest.

Terrain.

Les thés demandent des terrains légers ou de consistance moyenne. Ils végètent sur les sols calcaires ferrugineux et sur les terrains provenant de la décomposition des roches granitiques et feldspathiques; mais ils redoutent les sols pierreux et surtout les terrains humides ou marécageux, les sols bas et froids.

Les terres qui ont de la fraîcheur pendant les fortes chaleurs ne leur sont pas nuisibles.

Les sols arides ou peu fertiles leur sont aussi peu favorables.

Le thé, en général, supporte très bien une chaleur modérée, mais les sécheresses l'arrêtent dans son développement. Le soleil ne lui est pas nuisible, quand il n'est pas très intense. C'est sous son action vivifiante que les feuilles acquièrent les qualités qu'elles doivent posséder pour être transformées en thé de premier choix. Les feuilles qui se développent à l'ombre des arbres ont une nuance moins foncée qui indique bien qu'elles n'ont pas toute la vitalité voulue.

Au Japon, les thés occupent le bord des champs, où ils sont plantés en quinconce sur leur superficie.

Multiplication.

Le thé se multiplie de graines et de boutures, mais ce dernier mode de propagation est peu en usage dans l'Asie.

Les semis se font après la saison des pluies, de janvier à mars, avec les graines qui ont été récoltées l'automne précédent. On les exécute en place ou en pépinière (fig. 32) et

Fig. 32. — Semaille du thé en Chine.

généralement sur couche en ayant la précaution de placer les graines à fleur de terre. Dans le premier cas, on ouvre avec la bêche des trous carrés ayant $0^m,30$ à $0^m,40$ de profondeur et $0^m,40$ de largeur. Ces fosses sont remplies ensuite de fumier de bêtes bovines ou ovines, additionné de cendres de foyer ou de guano que l'on couvre d'une couche de bonne terre. Quand ces diverses opérations sont terminées, on sème 5 à 6 graines dans chaque paquet. Toutes les fosses forment des lignes espacées de $1^m,10$ à $1^m,20$. On arrose de temps à autre, si cela est nécessaire, et on opère tous les binages qui sont utiles pour que la terre soit toujours meuble et propre avant comme après la germination des graines.

Au Japon, les semis se font en janvier sur des sillons dirigés du nord au sud avec des graines récoltées pendant l'équinoxe d'automne.

Le thé végète lentement les premières années. A la fin de septembre, il n'a guère que $0^m,06$ à $0^m,07$ de hauteur. Son élévation atteint $0^m,30$ à $0^m,40$ à la fin de la seconde année; alors il possède deux ramifications qui l'année suivante sont généralement au nombre de cinq. C'est, suivant les contrées, quand il est âgé de quatre à sept ans, qu'on commence à lui demander des feuilles.

Les thés ne sont pas toujours abandonnés à eux-mêmes. Dans le but de rendre la cueillette des feuilles facile et expéditive, tous les huit ou dix ans, on les rabat sur leurs troncs, afin que pendant les années suivantes les ramifications n'excèdent pas la hauteur d'un homme. En opérant ce recépage, on permet aux jets d'être plus nombreux et plus vigoureux. Les thés qui occupent des terres saines et profondes et qui reçoivent les soins annuels qu'ils exigent : engrais, arrosages, binages, peuvent vivre plusieurs siècles.

Fig. 33. — Récolte des feuilles du thé.

Récolte des feuilles.

Le plus ordinairement, on opère annuellement trois à quatre récoltes de feuilles dans les cultures bien conduites. La première a lieu le 5 mars, jour de la fête organisée en l'honneur du génie protecteur des cultivateurs de thé. La seconde est faite en avril, la troisième en mai et la dernière vers la fin de juin. Au Japon, dans le Yamashui, on opère quatre récoltes par an. Les feuilles récoltées en février ou mars forment le thé appelé *Ficki Tsjaa*; celles qu'on cueille en avril composent le thé dit *Too-Tsjaa*; celles récoltées en mai et juin forment le thé appelé *Ban Tsjaa*.

Les Chinois (fig. 33) comme les Japonais récoltent les feuilles du thé avec une prestesse, une promptitude très remarquables. Ils portent devant eux une corbeille qui est soutenue par une courroie qui passe sur les deux épaules; ils ont alors les deux mains libres.

Quand il est question de récolter le *thé vert*, ils saisissent une branche par la main gauche et la dépouillent de ses feuilles avec la main droite, en laissant autant que possible un fragment du pétiole de chaque feuille afin que de nouveaux jets puissent se développer. Lorsqu'ils doivent cueillir le *thé noir*, ils agissent des deux mains et opèrent très rapidement sur chaque ramification.

Un bon ouvrier chinois cueille par jour de 5 à 7 kilog. de feuilles. Il suspend son travail quand il survient de la pluie.

Les feuilles très peu développées et encore *couvertes de* duvet qu'en récolte en Chine à la fin de l'hiver, c'est-à-dire en mars ou avril sur le thé noir, sont celles qui forment le *thé Pekoé à pointes blanches;* celles qu'en récolte en mai sur les mêmes sujets constituent le *thé souchong;* les feuilles récoltées à la fin de juin forment le *thé congo.*

Les premières feuilles récoltées sur le thé vert servent à préparer le *thé Hyson*. Les feuilles qu'on cueille en dernier lieu constituent le *thé Tonkay*.

En général, les feuilles des branches supérieures constituent de meilleur thé ; celles des branches moyennes et inférieures fournissent des thés de moins bonne qualité.

Chaque arbre produit par an de $1^{kg}500$ à 2 kilog. de feuilles. La récolte de celles-ci cesse quand les thés sont âgés de huit à dix ans.

Le *thé de la caravane* est récolté de mai en août sur de petits arbustes.

Préparation des thés.

La préparation des feuilles exige des manipulations nombreuses et difficiles. Elle a pour but de ramollir les feuilles, de leur enlever leur humidité sans les brûler et de les rouler ou tortiller sur elles-mêmes. Ces opérations exigent des fourneaux, des bassins, des corbeilles, des cribles, des séchoirs et beaucoup de main-d'œuvre soit pour torréfier, enrouler et plier les feuilles qu'on veut dessécher, soit pour trier, cribler le thé qui a été préparé et qu'on doit emballer dans des caisses.

C'est par des manipulations très différentes qu'on parvient à préparer avec des feuilles provenant des mêmes arbustes, soit du thé noir, soit du thé vert.

Voici comment on prépare le *thé noir :*

On expose les feuilles pendant deux heures au soleil dans de grandes mannes plates faites avec du bambou. De temps à autre, on les agite pour prévenir toute fermentation. Après ce temps, on les rentre, on les laisse refroidir et on les frotte légèrement avec la paume des mains. On cesse ce travail quand les feuilles sont devenues souples et ont pris une nuance foncée ; alors on jette 1 kilog. environ de feuilles dans une bassine placée sur un fourneau (fig. 35); on les étend uniformément et on les retourne jusqu'à ce qu'elles soient brûlantes, ce qui dure à peine une minute. Alors on les retire, on les met dans des corbeilles, on les évente pour les refroidir et on les verse sur une table couverte d'une natte où des ouvriers et ouvrières les enroulent en

Fig. 34. — Support mobile
à roulettes avec bassine.

Fig. 35. — Fourneau
avec bassine.

les frottant entre les mains par un mouvement circulaire. Par cette opération, la poignée de feuilles prend la forme d'une boule et rend un jus verdâtre. Les feuilles, après avoir été ainsi travaillées à plusieurs reprises, sont agitées dans une corbeille et soumises ensuite à une deuxième coction, puis, jusqu'à trois ou quatre fois, à un roulement, dans une bassine située sur un support mobile (fig. 34), mais en diminuant graduellement la température de la bassine à chaque opération.

Ces opérations terminées, on procède au séchage de la

feuille à l'aide d'un brasier sans fumée ou en l'exposant dans des corbeilles situées sur une étagère à l'action du soleil (fig. 36). Le lendemain, on procède à leur triage suivant leur finesse, etc. Les plus jeunes feuilles forment le *thé Pekoé*, la deuxième qualité, le *thé Pow-chong*, la troisième qualité, le *thé Souchong* et la quatrième le *thé congo*. Après cet assortissement on les fait sécher à deux ou trois reprises

Fig. 36. — Étagère avec corbeilles.

sur un feu très doux et sans flamme. Quand elles sont bien sèches, bien crispées et roulées, et qu'elles se brisent sous la pression légère des doigts, on les emballe dans des boîtes très bien fermées.

Quand on aromatise les thés noirs avec des *pétales de rose*, des *fleurs d'orangers*, des *racines d'iris*, des fleurs du *jasmin d'Arabie* (NYCTANTHES SAMBAC), des fleurs du *Camellia sesanqua* ou des fleurs de l'*Olea fragrans*, on les sèche une dernière fois sur le feu.

Le *thé vert* se prépare de la manière suivante :

Aussitôt que les feuilles ont été récoltées, on les verse dans une bassine placée sur un fourneau dans laquelle elles restent pendant trois minutes, temps pendant lequel on les agite avec une petite fourche en bois, afin qu'elles ne brûlent pas. Dès qu'elles ont acquis de la souplesse, on les retire, on les verse dans une corbeille et on les évente. Pendant cette opération, elles laissent échapper beaucoup de jus; alors on les froisse entre les mains pour leur donner une forme conique. Puis, on les expose pendant 8 à 10 minutes à l'action du soleil et ensuite on les déroule pour les exposer une fois encore au soleil. Alors, on les remet une seconde fois en cônes et ainsi de suite jusqu'à trois fois consécutives.

Les feuilles ainsi traitées contiennent peu d'eau de végétation. Alors encore, on les jette dans une bassine chauffée au rouge, on les retourne en tous sens, et aussitôt qu'on s'aperçoit qu'elles vont brûler, on les jette dans un panier ou dans un sac en les pressant le plus possible avec les mains, puis avec les pieds en le retournant de temps à autre en tous sens. Quand le sac a une grande dureté, on l'abandonne jusqu'au lendemain matin. Alors, on retire toutes les feuilles avec précaution pour ne pas les déformer, puis on les met dans des corbeilles qu'on expose au feu jusqu'à ce qu'elles soient recoquillées. Quand elles sont crispées, on les renferme dans des caisses ou des paniers, et on les conserve pendant plusieurs mois, c'est-à-dire jusqu'à ce qu'on leur fasse subir la dernière préparation.

Quand le moment est venu d'opérer de nouveau, on retire le thé des caisses ou des paniers, on l'expose à l'air, et lorsqu'il est assez amolli, on le jette dans une bassine chauffée et inclinée vers le torréfacteur, puis on le roule avec la paume de la main en tenant les doigts en l'air pour qu'ils ne touchent pas le métal qui est brûlant. Après une heure de ce pénible travail, on jette les feuilles dans un gros crible placé au-dessus de deux autres, l'un qui est moyen et l'autre qui est fin, afin de pouvoir opérer un premier triage. Ces travaux terminés, on soumet chaque grosseur à un ventage qui sépare la poussière et les débris des thés.

Le thé le plus léger constitue une variété du thé hyson appelée *hyson junior*. Celui qui est plus lourd et qui tombe moins loin est le *thé hyson;* celui qui est moins éloigné parce qu'il est encore plus pesant est le *thé poudre à canon;* enfin, celui qui tombe près du ventilateur est le *thé impérial* ou *thé grosse poudre à canon.*

Toutes ces sortes sont bien séparées. Néanmoins, on les soumet à un nettoyage opéré par des femmes ou des enfants et qui a pour but d'enlever les mauvaises feuilles, les débris de tiges, etc. Quand les thés ont été bien épurés, on les remet dans une bassine rougie par le feu, on les roule de nouveau, on les retire pour les trier une dernière fois.

Toutes ces opérations sont longues, difficiles et pénibles; il faut la dextérité remarquable que possèdent les Chinois pour les exécuter sans danger.

Le thé vert préparé sans le concours de colorants est verdâtre ou vert brunâtre. Ces nuances ne sont pas assez éclatantes aux yeux des Chinois pour que le thé puisse être expédié en Europe. Lors de la troisième torréfaction, on y ajoute un mélange composé de 75 pour 100 de *sulfate de chaux* (younglin) et de 25 pour 100 d'*indigo* (acco) pulvérisé et passé au tamis de soie; puis on roule le thé pendant une heure au moins. Ce mélange rend les grains plus foncés. Les thés verts qui ont été ainsi colorés sont emballés dans des caisses lorsqu'ils sont encore chauds. On a soin de les tasser fortement.

Quatre kilog. de feuilles fraîches donnent un kilog. de thé préparé.

Les thés séchés à l'aide de bassines sont appelés *Tsaoutsing*, et ceux séchés dans une étuve ou au soleil, *Hong-Hing.*

Variétés commerciales.

Les principaux thés noirs sont au nombre de quatre, savoir :

1° *Thé Pekoë* ou *Pë-hâo* (duvet blanc).

Ce thé provient des feuilles récoltées alors que les arbres présentent encore des boutons. Il est légèrement torréfié. Son parfum est délicat et rappelle celui de la rose. Il est susceptible de s'altérer pendant les voyages.

Ce thé, appelé souvent *thé Peko* ou *Pak-ho*, diffère peu du thé Souchong, mais son odeur est plus prononcée, plus délicate.

Le *thé Pekoë orange* est remarquable par sa finesse et sa suavité, mais il est rare en Europe.

2° *Thé Souchong* ou *Siào-Tchóng* (petite espèce).

Ce thé est le plus fort des thés noirs ; il est très renommé en Chine, mais sa saveur est plus faible que celle des thés verts.

Le thé Souchong associé au thé Pekoë permet de faire une infusion exquise.

3° *Thé Congo* ou *kóng-foù* (travail).

Ce thé est très estimé en Angleterre et dans l'Amérique du Nord. Son arome est agréable et sa saveur parfumée. On le récolte sur les mêmes sujets que le thé Pekoë, après ce dernier.

4° *Thé Pouchong* ou *Paô-tchóung* (à envelopper).

Ce thé est supérieur et très estimé en Chine. Son arome est très fin, très suave. On le livre en paquets de 200 grammes, enveloppé de papier jaune clair.

Les principaux *thés vert* sont au nombre de trois, savoir :

1° *Thé Hyson* ou *thé Hyswen* ou *hi-t'chûn* (printemps fortuné).

Ce thé est le plus estimé, le plus recherché. Il provient

de la première récolte des thés verts et ne subit pas une torréfaction aussi prolongée. Son parfum est agréable, mais sa saveur est un peu âcre si on le prend seul.

2° *Thé poudre à canon* ou *tchoû-t'châ* (perlé).

Ce thé est formé de feuilles enroulées en grains ronds et réguliers. Il est très parfumé et très recherché. Il donne à l'eau une teinte vert doré quand l'infusion est prolongée.

Le *thé impérial* ou *ta-tchoû* (grosses perles), est le même que le précédent, mais plus gros et d'un vert argenté. Il est moins actif. Il provient de feuilles qui ont été récoltées en février dans les montagnes.

3° *Thé Tonkay* ou *thûn-ki* (nom d'une vallée).

Ce thé provient de feuilles récoltées tardivement. Sa qualité est très secondaire et sa saveur n'est pas toujours agréable. Il est très importé en Angleterre.

Le *thé jaune* est le plus estimé en Chine, mais il est très rare.

Le *thé du Japon* est vendu comme thé vert ; il est plus vert que noir. Le *thé du Brésil* ressemble au thé japonais. Son arome est fin.

En général, les thés verts du commerce viennent des provinces de Kiang-si, de Nyan et de Hoeï. Ils contiennent plus de tanin que le thé noir et sont plus âpres ; de plus ils sont plus aromatiques et ont une action plus enivrante. Le thé noir vient de Fo-Kien qui est au sud et voisin de la province de Canton.

Les ports d'expédition sont Han-Kéva, Kiu-Kiang pour les thés noirs et Ken-Kiang et Ning-Pö pour les thés verts. La Chine exporte huit fois plus de thés noirs que de thés verts. En Angleterre, on préfère le thé noir et en Amérique le thé vert. Les thés de Java sont expédiés en Hollande et en Allemagne. Les Russes achètent beaucoup de thé dans la Tartarie chinoise.

Les peuples nomades du centre de l'Asie se servent d'un

thé en brique, ou *thé en tablettes*, ou *thé de la caravane*, qui est importé des villes de Han-Kiou province de Husse, sur le Yang-Tsé-Kiang. De Husse, centre de la Chine, ce thé est expédié par Shangai et Tien-Sin à Kiachta, ville frontière de la Russie, pour de là être expédié en Silésie, dans la Tartarie, la Russie, etc. Ce thé est aussi expédié au pays des Mongols, des Kalmouks, des Ehi-Wains, des Bokariens et des Kirghises.

La Chine exporte très peu de thé en poussière.

Le port d'expédition du thé japonais est Yo-Kohama.

Les thés s'altèrent facilement quand ils ont été mal préparés et mal conservés. En s'échauffant, ils perdent beaucoup de leurs qualités. En outre, l'air et l'eau de mer les altèrent aussi très sensiblement.

On falsifie les thés avariés avec l'iris de Florence, la badiane ou anis étoilé, etc. A Macao, on transforme les thés verts avariés en thés noirs à l'aide d'une terre du Japon.

Les thés conservés dans des locaux très secs gagnent en qualité en vieillissant; leur arome devient plus suave.

Le *thé noir* le plus exquis est appelé *Liang-tsing*; le *thé vert* le plus estimé est le *Kon-lung-fyn-i*; mais ni l'un ni l'autre ne sont exportés de Chine.

Les thés falsifiés en Chine sont expédiés par le port de Canton; ceux qui ont été sophistiqués le sont par le port de Fou-chou-fou. C'est principalement avec les feuilles de l'*Ardisia crispa*, arbrisseau de la famille des Myrsinées, qu'a lieu cette dernière fraude.

Usages.

Les thés servent à faire des infusions qui constituent la principale boisson des peuples de l'Asie, des Anglais, des Hollandais, des Suédois, des Danois et des Russes.

Les Chinois et les Japonais prennent le thé sans sucre.

Les Malaisiens l'adoucissent avec du sucre candi et les Français avec du sucre raffiné.

En Chine, on mélange deux cuillerées de thé noir avec une cuillerée de thé vert. Voici, d'après Péligot, les parties solubles dans l'eau que contiennent les principaux thés :

Thés noirs : Congo................	40,5 p. 100	
Souchong............	40,3	—
Pouchong............	39,0	—
Pekoë..............	31,8	—
Thés verts : Poudre à canon......	48,5	—
Hyson..............	43,8	—
Tonkay.............	38,4	—

L'infusion contient 3 pour 100 d'azote. Celle du thé vert est couleur citron ; l'infusion de thé noir a une couleur foncée. Les cendres provenant de l'incinération des thés purs excèdent rarement 5,5 pour 100.

L'infusion de thé est salutaire et agréable ; elle stimule le système nerveux et vivifie l'esprit ; mais son abus est nuisible aux personnes délicates.

A San-Paola (Brésil), on retire de *l'huile de graines de thé* qu'on utilise dans les mines. Cette huile est siccative.

Je ne puis terminer ce chapitre sans dire un mot de l'*Olea fragrans* ou *Osmanthus fragrans*, arbrisseau de 1 mètre à 1^m,50, dont des petites fleurs jaunes odorantes servent en Chine, comme celles du jasmin ou Molu-Kwa, à aromatiser le thé. Cet arbuste appartient à la famille des Oléacées. Les Chinois le connaissent sous le nom de *Kwei-Hwa*. Il est aussi répandu au Japon.

Succédanés du thé.

Au Japon, comme au Canada, au Mexique, on remplace souvent le thé véritable par des feuilles sèches de diverses plantes dont les principales sont les suivantes :

1. Les feuilles du *Salix Japonica* sont utilisées au Japon en infusion. Les Japonais nomment cet arbrisseau *Kava Ya-nagi.*

2. Les feuilles du *Teucrium thea* remplacent souvent le thé en Cochinchine. Cette plante y est connue sous le nom de *Cayche-baong.*

3. Le *Rhododendrum chrysanthemum* est un arbuste de $0^m,30$, à $0^m,40$ de hauteur. Ses fleurs sont jaunes. Ses feuilles constituent le *thé des Tatars.*

4. Le *Smilax glycyphyllos* est la plante qui produit le *thé de la Nouvelle-Hollande* et le *thé de l'Australie.*

5. Le *Leptospermum thea* fournit le *thé des îles de la Polynésie* ou le *thé des mers du Sud.*

6. Les feuilles du *Calycanthus precox* ou *Chimonanthus fragrans*, qui est originaire de la Chine et du Japon, et dont les fleurs blanches développent une odeur très agréable, remplacent aussi les feuilles de thé.

7. Le *Chenopodium ambrosioïdes* est annuel et haut de $0,50$ à $0^m,60$; il est originaire du Mexique et commun dans l'Europe méridionale, à la Martinique, etc. Ses feuilles alternes, sessiles, lancéolées, ont une saveur âcre, mais aromatique, très agréable. Elles constituent le *thé du Mexique*, qu'on regarde comme très tonique.

8. Le *Lycium barbareum*, appelé *Kuke* au Japon, est originaire de la Chine; c'est un arbrisseau de 2 mètres de hauteur. Ses bourgeons servent à faire des infusions fades d'un vert foncé que les Japonais nomment *kukocha.*

9. Le *Gynostemma cissoïdes* produit les feuilles qui servent au Japon à préparer le *thé d'Amacha.* Ce thé est principalement en usage à Uji-Tawara, province de Yamaschiro.

10. Les feuilles du *Desmodium oldhami* est cultivé au Japon par les paysans sous le nom de *Fujé.* Elles remplacent le thé dans les provinces du centre. Leur infusion est appelée *Kawara.*

11. Les feuilles du *Celastrus edulis* que les Égyptiens nomment *cath*, constituent dans l'Arabie le *thé du Hârrar* dont l'infusion remplace le café chez les classes populaires. Cet arbrisseau a des feuilles opposées que les Arabes mangent à l'état vert dans la crainte de la peste.

12. Le *Gautheria procumbens* est un sous-arbrisseau couché qui a à peine $0^m,20$ de hauteur. Il est répandu dans l'Amérique septentrionale. Ses feuilles obovées et dentées constituent le *thé du Canada*, le *thé de montagne*. Son odeur est très agréable.

Cet arbrisseau est indigène dans les montagnes boisées et sablonneuses du Canada à la Virginie. On le trouve aussi au Mexique, aux Antilles, à la Nouvelle-Jersey. Ses fleurs sont blanches ou roses.

Le *Gautheria fragrans*, arbrisseau de 2 mètres, a des fleurs roses en grappes et très odorantes. Il est originaire du Népaul. Ses feuilles servent aussi à faire des infusions.

Enfin, on fait parfois des infusions avec les feuilles sèches de la *Véronique officinale* (VERONICA OFFICINALIS), qui est indigène en France et qui appartient à la famille des scrophularinées, et de la *sauge officinale* (SALVIA OFFICINALIS), labiée qui est aussi vivace et qui est commune en Europe dans les terres calcaires.

CHAPITRE IV.

CACAOYER.

THEOBROMA CACAO.

Arbre de la famille des Sterculiacées.

Historique. — Végétation. — Espèces et variétés. — Composition. — Climat. — Terrain. — Multiplication. — Transplantation. — Insectes et animaux nuisibles. — Récolte. — Produit. — Variétés commerciales.

Historique.

Le nom de *cacao* a été donné par les Caraïbes du Nouveau Monde à un arbre qui est répandu dans les contrées chaudes et humides des deux continents, et dont les semences entrent dans l'alimentation. Les Anglais le nomment *cocoa*.

Cet arbre est indigène au Brésil, sur les rives du Rio-Negro, de la Madiera et du fleuve des Amazones. Il est cultivé en grand sur la côte septentrionale de l'Amérique du Sud, au Chili, au Pérou, à Guatémala, à Haïti, à la Martinique, à la Guyane, à la Réunion, à la Floride, aux îles Philippines, à Fernando-Pô, au Gabon et au Brésil, dans les provinces de Maranham et de Para. Il existe aussi de belles cacaoyères au Mexique, à la Vénézuéla, à la Nouvelle-Grenade, à la Trinité, à Saint-Domingue, à Java et dans la Malaisie.

Sa culture est aussi importante sur les côtes de Caracas et dans les plaines de la Colombie. Il est indigène dans le Yucatan et le Honduras.

Le cacaoyer a été introduit en 1684 par Dacosta à la

Martinique et devint bientôt une des principales richesses de la colonie; mais un ouragan ayant détruit tous les cacaoyers en 1718, on les remplaça par des caféiers, qui constituèrent une grande source de profit dès 1723.

Le cacaoyer ou *cacaotier* est connu en Europe depuis 1649. Les Espagnols connurent l'usage du *chocolat* lorsqu'ils arrivèrent au Mexique et à la Nouvelle-Grenade. Ils appelaient alors le cacaoyer *cacaho aquatil*.

Le cacao est un excellent aliment. Son usage a été introduit en France sous Louis XIV, par Marie-Thérèse d'Autriche. Le beurre qu'il renferme constitue une substance très analeptique. Il est pectoral, adoucissant et même cosmétique.

Végétation.

Le cacaoyer âgé de plus de cinq à six ans porte en tout temps sur le vieux bois des feuilles, des fleurs et des fruits à tous les degrés de maturité.

Cet arbre (fig. 37) a de 8 à 10 et 12 mètres de hauteur, et son tronc a de $0^m,20$ à $0^m,40$ de diamètre. Il est toujours vert et peut vivre pendant cinquante années ; mais il devient de moins en moins productif à partir de la quinzième ou vingtième année. Sa racine est très pivotante. Son bois est léger avec une écorce unie et de couleur cannelle plus ou moins foncée.

Les feuilles sont alternes, ovales, oblongues, longues de $0^m,30$, d'un beau vert foncé, et portées sur de courts pédoncules. Les fleurs sont très petites, à cinq pétales, rosées ou jaunâtres, et fasiculées ou en bouquets, mais une seule noue, les autres tombent à terre ; elles apparaissent sur le tronc et sur les branches, à l'aisselle des feuilles. Les fruits, appelés *cabosses, gousses, mazorcas* sont allongés, ovoïdes, pentagones, un peu pyriformes à la base, légère-

Fig. 37. — Cacaoyer.

ment courbés et parfois droits. Ils sont longs de 0ᵐ,15 à

0^m,20 ; leur plus grand diamètre est de 0^m,06 à 0^m,10. Leur péricarpe est ligneux, sillonné de dix côtes longitudinales plus ou moins apparentes et rugueuses.

Ces fruits sont couverts d'une pulpe jaune-orangé, qui leur donne l'aspect d'un concombre à côtes. Cette pulpe a une chair blanche ou rosée qui est aigrelette. Chaque fruit est divisé intérieurement en cinq loges (fig. 38) et contient de 15 à 30 amandes qui sont inaltérables et disposées à plat les unes sur les autres. Toutes les amandes constituent le cacao; elles sont ellipsoïdes, un peu aplaties, (fig. 39) et ont une pellicule brun rougeâtre qui est cassante; intérieurement, elles ont une couleur marron noirâtre ou violacé; elles se divisent en deux parties. Leur saveur est onctueuse avec

Fig. 38. — Fruit du cacaoyer.

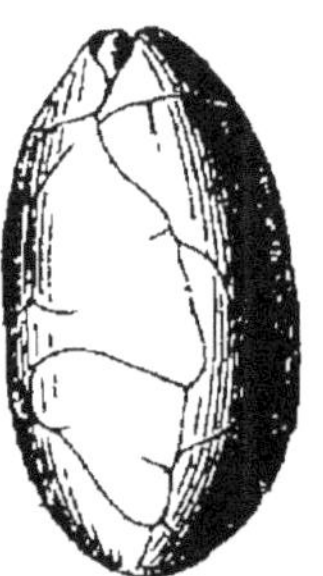

Fig. 39. — Fève
du cacaoyer.

un peu d'amertume ; elles sont très oléagineuses; cette matière grasse, appelée *beurre de cacao*, forme la base du chocolat. L'embryon que renferme l'amande est gros et à radicule conique et courte.

Les fruits mettent quatre mois à se développer après la fécondation des fleurs. Ils se détachent facilement des branches sur lesquelles ils se sont développés, quand ils sont arrivés à leur complète maturité.

Il existe à Cuba de très vieux cacaoyers, mais ces arbres ne donnent presque pas de fruits.

Espèces et variétés.

On cultive dans les régions intertropicales diverses espèces de cacaoyer dont voici les principales :

1° *Theobroma cacao*. Arbre mexicain très répandu en Asie et en Afrique. Son fruit est pentagone, ovale, pyriforme à la base, avec une pointe obtuse et libre.

Cette espèce, appelée à Guatemala *Theobroma pentagona*, y fournit le produit connu sous le nom de *cacao logarto*.

2° *Theobroma minor*. Fruit fusiforme, glabre, à cinq côtes peu saillantes, long de $0^m,20$ et large de $0^m,05$ à $0^m,7$. Son péricarpe est plus épais que dans l'espèce précédente.

Cette espèce est appelée *theobroma Leiocarpa* à Guatémala, où elle fournit le *cacao cumacaco*.

3° *Theobroma bicolor*. Fruit ovoïde, globuleux, à dix côtes peu marquées, et recouvert d'un duvet soyeux. Son enveloppe ligneuse est très dure, ses fleurs sont purpurines.

Cette espèce a de 3 à 4 mètres de hauteur ; elle existe à la Nouvelle-Grenade, à la Colombie, au Mexique et au Brésil. C'est elle qui fournit le *cacao de Caracas* qui est très bon et est remarquable par sa grande finesse.

4° *Theobroma Guyanensis*. Fruit ovoïde, à cinq côtes un peu marquées avec un poil brun et ras.

Cette espèce dépasse rarement 5 mètres de hauteur. Elle est aussi répandue à la Colombie. C'est elle qui fournit le *cacao de la Gugane* et le *cacao de Cayenne* qui sont riches en matières grasses, mais qui sont moins parfumés que le cacao de Caracas.

5° *Theobroma sylvestris*. Fruit ovoïde à côtes presque nulles avec un duvet roussâtre.

Cette espèce croît à la Colombie, à Cayenne et à la Guyane. Son cacao est rare dans le commerce parce qu'il a peu de valeur.

A ces cinq principales espèces, il convient d'ajouter les suivantes :

1° *Theobroma angustifolia*, qui est répandu au Mexique où il produit le *cacao soconusco* et le *cacao d'Esmeralda*.

2° *Theobroma glaucum*, qui croît à Caracas.

3° *Theobroma microcarpa*, qui est indigène au Brésil.

4° *Theobroma ovalifolia*, qui est répandu au Mexique.

5° *Theobroma subiacum*, qui est indigène au Brésil.

Les espèces ou variétés naines ne dépassent pas 2 mètres de hauteur ; les cacaoyers moyens ont 5 à 6 mètres d'élévation ; les grands cacaoyers ont de 10 à 12 mètres de hauteur.

Composition.

La fève du cacaoyer n'a pas une composition constante. Suivant les espèces et les variétés, elle se compose d'une coque plus ou moins épaisse et d'une amande variable dans sa nature. En examinant les divers cacaos du commerce on constate que les coques existent dans la proportion de 10 à 16 pour 100.

D'après Payen, l'amande privée de son enveloppe et de son germe contient les matières suivantes :

Beurre...................	48 à 50 p. 100
Albumine.................	24 à 21 —
Théobromine	3 à 4 —
Amidon ou glucose........	10 à 11 —

Cellulose.................   2 à 3 p. 100
Snbstances minérales......   3 à 4   —
Eau......................   10 à 11   —

Le beurre a une certaine consistance à $+$ 23°, mais il se liquéfie à $+$ 30°. Il est blanc et contient de l'oléine et de la stéarine. Sa saveur est agréable. Il est insoluble dans l'eau, mais il est soluble dans l'éther et l'alcool.

Climat.

Le cacaoyer appartient aux contrées intertropicales. Il ne végète bien que dans les contrées où la température moyenne dépasse $+$ 22°. Le climat qui lui est le plus favorable jouit d'une température moyenne de $+$ 25° à $+$ 27°.

La véritable région du cacaoyer s'étend depuis l'isthme de Tehuantepec, à l'extrémité septentrionale du Mexique, jusqu'à la terre Darien, dans la Nouvelle-Grenade. Cet arbre est un bel ornement des forêts qui existent dans les parties chaudes de l'Amérique du Sud. Il végète très bien dans les vallées chaudes et humides du Nicaragua, et il abonde le long de la rivière des Amazones, à Guatémala, et sur la côte de Caraque, dans l'île de Saint-Domingue.

Le cacaoyer est indigène au Brésil dans les provinces des Amazones et de Para, mais il est cultivé dans celles de Maranhao, de Bahia et de Para. Il est aussi cultivé dans les îles Philippines, à la Réunion, à la Floride et à la Louisiane ; mais le climat de la Guyane ne lui est pas favorable.

Si le cacaoyer végète bien dans la zone torride, il faut constater que les rayons brûlants du soleil lui sont pernicieux. C'est pourquoi on le rencontre principalement dans les contrées intertropicales à l'ombre d'arbres plus élevés, près des torrents ou sur les bords des fleuves où la vapeur qui se dégage de ces cours d'eau tempère très heureusement la vive lumière du soleil. C'est pourquoi aussi on le

protège souvent par des bananiers ou par des binares ou
Erythrina umbrosa. Au Brésil, on est obligé, dans la province de Maragnan, de l'abriter par des bananiers pendant ses premières années. On compte qu'il en faut 120
par hectare.

Terrain.

Le cacaoyer demande un sol fertile, profond et frais,
mais sa racine étant très pivotante, il redoute l'humidité
stagnante.

Les terrains qui lui sont très favorables sont ceux qui sont
exposés au sud, abrités des vents violents et qui sont profonds, de consistance moyenne et riches en humus, c'est-à-
dire qui ne sont ni secs ni humides. Au Vénézuéla, les sols
fertiles produisent le *cacao caraque*, alors que les terres
épuisées sont occupées par le *cacao Trinitaria*.

Il se développe bien sur les terres basses, les alluvions
fluviales situées dans les vallées ou sur les bords des cours
d'eau, quand elles sont perméables ou qu'elles ont été
drainées.

Multiplication.

On multiplie le cacaoyer de graines qu'on sème en place
ou en pépinière. Dans les deux cas, il est très important de
garantir les jeunes plantes contre les rayons du soleil.

Les semis se font avant ou après l'arrivée des pluies,
c'est-à-dire en novembre ou décembre.

Les *semis en place* sont exécutés dans des trous ou *po-
quets* dans lesquels la terre est bien divisée ou ameublie. Ces
trous, disposés en quinconce ou en carré, sont espacés les
uns des autres de 3, 4 et quelquefois 5 mètres, suivant le
développement que les cacaoyers sont susceptibles de prendre, eu égard à la fertilité et à la fraîcheur de la couche

arable. Aux Antilles, les semis sont exécutés sur des *buttes* qu'on abrite avec des feuilles de bananiers. Au Brésil, les semis se font aussi en place.

Lorsqu'on sème le cacaoyer en pépinière, souvent on opère les semis dans de petits paniers enterrés les uns près des autres et remplis de bonne terre. On agit ainsi parce que le cacaoyer, étant délicat quand il est jeune, n'est pas toujours d'une reprise facile lorsqu'on le transplante.

Dans les deux cas, il faut avoir la précaution de ne pas enterrer les semences à plus de 0^m,05 et de les placer de manière que leurs pointes soient dirigées vers la surface de la couche arable. On arrose quand cela est nécessaire, afin de hâter la sortie des germes.

Les semis dans les pépinières se font en lignes éloignées les unes des autres de 0^m,33 à 0^m,40.

Le cacaoyer a une jeunesse laborieuse. La germination n'a lieu que du 15e au 20e jour qui suit le semis. La première année, il atteint rarement au delà de 0^m,25 de hauteur. A la fin de la seconde année son élévation varie entre 1^m,20 et 1^m,60.

Pendant la seconde année, on l'élague modérément dans le but de le forcer à s'élever, surtout lorsqu'on constate que les ramifications sont nombreuses.

Dans diverses contrées, pendant les deux premières années, on utilise les intervalles qui séparent les lignes de cacaoyers en y cultivant des patates, du manioc ou du maïs.

Transplantation.

La transplantation des jeunes plants a souvent lieu dans les pépinières lorsqu'ils ont trois ans de végétation. Cette opération est délicate et demande une grande attention, parce que le cacaoyer est difficile à la reprise.

C'est lorsque le cacaoyer est âgé de deux ans et qu'il a

1^m,30 à 1^m,50 de hauteur, qu'on le met en place. Cette transplantation est très facile quand les sujets se sont développés dans un panier. Après cette opération, on arrose si le sol manque de fraîcheur. Au Vénézuéla, les cacaoyers sont mis en place lorsqu'ils sont âgés de six mois.

On plante en quinconce en espaçant les plants de 3 à 5 mètres.

Chaque année on exécute les binages et les arrosages nécessaires et on élague les troncs dans le but de les forcer à s'élever. On ne doit pas oublier que les mauvaises herbes favorisent souvent la multiplication des insectes nuisibles.

Un hectare comprend de 500 à 900 cacaoyers, suivant les contrées.

Dans les cacaoyères bien établies, un ouvrier intelligent peut surveiller 1.500 cacaoyers âgés de quatre à cinq ans, et 2.000 quand ils ont au delà de cet âge.

Insectes et animaux nuisibles.

Dans diverses contrées, il existe des *papillons* tachetés de blanc et de noir, qui nuisent très sensiblement à la floraison et à la fructification des cacaoyers. On en détruit un grand nombre, en allumant le soir, çà et là, des feux ayant une certaine intensité.

On redoute aussi l'envahissement des cacaoyères par des fourmis qui dévorent les jeunes feuilles des cacaoyers.

Enfin, les perroquets et les singes détruisent parfois un certain nombre de fruits en mangeant la pulpe qui les enveloppe.

Récolte.

C'est à l'âge de quatre à cinq ans qu'on commence à récolter des cabosses.

Cette récolte a lieu a deux époques un peu différentes, suivant les latitudes sous lesquelles sont situées les cacaoyères. En général, la première est faite en avril, mai ou juin, et la seconde en octobre, novembre et décembre. Nonobstant, il est utile de visiter les arbres tous les quinze ou vingt jours, puisqu'on y observe sans cesse des fleurs et des fruits à tous les degrés de maturité. Au Brésil, on opère deux récoltes : la première est faite en décembre et janvier et la seconde de mai à juillet.

La cueillette des fruits se fait à la main quand les cacaoyers sont âgés de quatre à cinq ans, en se servant d'échelles. Quand les arbres sont élevés, on se sert d'une longue gaule armée à sa partie supérieure d'un sécateur ou d'une serpette pour couper les pédoncules des cabosses qui sont mûres et les faire tomber à terre. Le gaulage est une opération qui doit être abandonnée, parce qu'elle nuit à l'avenir des arbres. La couleur brune ou jaune ou rougeâtre de la pulpe qui enveloppe les fruits indique bien ceux qu'on peut abattre.

Dès que les cabosses ont été détachées des branches, on les ouvre pour retirer les semences qu'elles contiennent, à l'aide d'un bâton arrondi ou d'une spatule. Alors on stratifie les fèves avec du sable ou de la terre, soit sur le sol soit dans une fosse, dans le but de provoquer une fermentation qui a l'avantage de faire disparaître leur principe amer et de les rendre plus aromatiques. On les remue chaque jour en ajoutant une nouvelle couche de sable.

Au bout de trois à quatre jours, on sépare les amandes de la terre et on les expose au soleil, sur des nattes ou dans de grandes boîtes plates jusqu'à ce qu'elles soient très sèches. Le soir, on les rentre sous des hangars.

Ce procédé appelé *terrage*, très usité à Caracas, charge toujours les amandes, qui sont alors foncées en couleur, de quelques parties terreuses, mais il rend le goût du cacao moins âpre, plus aromatique. Le point essentiel pour bien réussir est d'éviter la fermentation putride.

Dans d'autres contrées, après avoir retiré les amandes des cabosses, on les expose de suite à l'action du soleil pour les faire sécher. En agissant ainsi on évite toute fermentation. Cette dessiccation dure de vingt-quatre à quarante-huit heures. Suivant divers observateurs, les amandes du cacaoyer ainsi traitées seraient plus riches en huile essentielle. C'est pourquoi on mêle souvent le cacao de la Guyane au cacao de Caracas qui est peu parfumé.

La méthode indienne, qui consiste à sécher le cacao au moyen de la fumée, est peu suivie dans l'Amérique du Sud, parce que les amandes séchées à la fumée d'un feu de bois ne sont pas estimées. Le cacao qui a été ainsi desséché est connu à Cayenne sous le nom de *cacao boucané*.

Enfin, dans d'autres contrées, on rassemble les fruits en tas qu'on couvre de feuilles de bananier. Après vingt-quatre heures de fermentation, la pulpe se liquéfie et on remue tous les jours. Le cinquième jour, le germe étant mort, on sépare les semences et on les fait sécher sur des nattes au soleil, Ailleurs, on retire les amandes des cabosses, on les dépose dans un local pendant trois ou quatre jours et on les fait ensuite sécher au soleil (fig. 40) ou dans une étuve. Alors on les emmagasine de nouveau pendant deux jours, temps pendant lequel une nouvelle fermentation prend naissance. On termine l'opération en les faisant sécher au soleil pendant trois jours.

Sur la côte de la Trinité, on possède des hangars roulants ou châssis, élevés d'un mètre au-dessus du sol. Ces séchoirs sont très utiles en temps de pluie.

Toutes ces opérations sont faites par des tâcherons dans les contrées où les salaires des journaliers sont élevés.

Au Brésil, la récolte et la préparation des amandes sont payés 0 fr. 10 par kilogramme.

Produit.

Un cacaoyer est en plein rapport à l'âge de sept à huit ans aux Antilles et à Guatémala ; à dix ou douze ans au Brésil, et à cinq ou six ans sous l'équateur. Alors, il peut donner

Fig. 40. — Séchage du cacao.

annuellement de 1 kilog. 500 à 2 kilog. de cacao sec. C'est exceptionnellement qu'on récolte par arbre dans une cacaoyère importante 3 kilog. d'amandes sèches. Au Vénézuéla, un cacaoyer de six ans produit 500 grammes, de huit ans 1.000 grammes et de dix ans, 1.500 grammes.

Le produit par hectare à la Martinique et à la Guadeloupe varie de 600 à 1.000 kilog.

Dans les contrées les plus favorables à son développement, le cacaoyer donne presque toujours une récolte déjà satisfaisante, quand il est âgé de cinq ans.

100 kilog. d'amandes fraîches donnent de 45 à 50 kilog. de cacao sec.

Au Brésil, les plus beaux cacaoyers donnent chaque année 200 fruits frais comme produit maximum, ou 10 kilogrammes d'amandes fraîches.

Variétés commerciales.

Le commerce divise les cacaos en deux classes :

1. Cacaos terrés.

1. *Cacao Caraque.* Fève régulière, terrée, grosse, ovale, à angles arrondis, à pellicule épaisse et à chair brun-violet. Sa saveur est douce, agréable et légèrement musquée.

Ce cacao est onctueux et le meilleur. Il est principalement récolté au Vénézuéla dans les provinces de Caracas, autrefois Caraque, et de Cumana. Sa coque est souvent terrée de couleur rougeâtre avec mica.

2. *Cacao de la Trinité* ou *Cacao Trinitad.* Fève plus petite, plus aplatie que la précédente, mais de même forme, avec une coque mince rougeâtre ou grisâtre et terrée. Amande à chair noirâtre ayant une saveur peu prononcée.

Cette sorte est récoltée dans l'île de la Trinité et à Cuba ; elle est recherchée par les Anglais. Elle fournit le cacao appelé *cacao des créoles.*

3. *Cacao de la Martinique.* Fève un peu concave, aplatie et plus large du côté du germe ; coque terrée rouge vif. Amande à chair violette ou violet ardoisé, avec un goût de verdeur très accusé.

Cette sorte est récoltée à la Martinique et à la Guadeloupe.

4. *Cacao de Guayaquil.* Fève large, aplatie, à angles arrondis ; coque brune terrée. Amande brun foncé ou noirâtre à saveur forte.

Cette sorte provient du Pérou, du Chili et de la République de l'Équateur.

5. *Cacao Macaraïbo*. Fève plus grosse que celle du cacao caraque; coque peu adhérente brune ou grise. Amande brun-violet ayant peu de saveur.

Ce cacao vient de la province de Macaraïbo au Vénézuéla.

2. Cacaos non terrés.

6. *Cacao maranhan* ou *cacao maragnan* ou *cacao maragnon*. Fève assez petite, allongée, ayant un peu la forme de la fève du cacao caraque; coque non terrée, rougeâtre ou gris foncé, mince et peu adhérente à l'amande, qui est brun-violet et dont la saveur est douce et un peu amère.

Cette variété est récoltée dans la province de Maranhao (Brésil), dans la partie supérieure du fleuve des Amazones et à Saint-Domingue.

7. *Cacao de Para*. Fève grosse, allongée, non terrée, d'un rouge vif. Elle a beaucoup de rapport, sauf la grosseur, avec la fève du cacao maragnon.

Cette sorte est cultivée dans la partie septentrionale du Brésil.

8. *Cacao de Bourbon*. Fève petite, ronde; coque non terrée, mince, peu adhérente et rouge clair. Amande rouge violacé à saveur peu agréable.

9. *Cacao de Bahia*. Fève ronde ou aplatie, irrégulière; coque lisse non terrée, rouge terne. Amande rouge violacé de qualité médiocre.

Cette sorte brésilienne est très importée en Angleterre.

La France reçoit annuellement quatre à cinq millions de kilogrammes de cacao. Les contrées qui en fournissent le plus sont le Brésil, le Vénézuéla, la Nouvelle-Grenade et l'Amérique espagnole.

C'est du port de Caracas que sortent les meilleurs cacaos caraques ou de la terre ferme.

Les cacaos sont expédiés en balles de poids variables.

Il est indispensable de les conserver dans des locaux très secs. Ils s'avarient facilement dans les magasins humides.

Préparation du chocolat.

C'est le cacao qui sert à préparer le chocolat. Voici sommairement les manipulations qu'on lui fait subir :

Après avoir été nettoyées à l'aide d'un appareil appelé *poudreur*, les amandes arrivent mécaniquement dans un *diviseur* qui les sépare par grosseur. Alors elles sont livrées à des ouvrières dites *trieuses* qui séparent les pierres, les grains de mauvaise qualité, etc. Les bons cacaos sont soumis ensuite à une torréfaction dans des cylindres appelés *brûloirs*. Après cette opération, le cacao est soumis à un second triage, qui a pour but de séparer les grains avariés qu défectueux. Alors il est déversé dans un appareil dit *décortiqueur concasseur*, dans lequel il est brisé en divers fragments, séparé de sa coque et de son germe. C'est sous cet état qu'il arrive dans un atelier spécial où on le dose par provenances afin de pouvoir mélanger ensemble le *caraque*, le *Para*, le *Trinitad*, le *Porto-Cabello*, etc., dans des proportions bien déterminées par l'expérience.

Le cacao, une fois dosé, arrive mécaniquement dans l'étage supérieur d'un vaste bâtiment et est versé dans des tubes qui le conduisent aux *meules broyeuses*. La vapeur, en cicrulant autour des cuvettes dans lesquelles elles agissent, maintient la pâte fluide. Le cacao, après d'autres broyages, est soumis à l'action d'un appareil dit *mélangeur* qui malaxe le cacao et le sucre par quantités pesées exactement. Ce mélange opéré, le chocolat, qui est à l'état brut, est soumis successivement à l'action de cinq broyeuses. Lorsqu'il sort de la *raffineuse* qui est la dernière, il est porté dans une étuve où la température est maintenue à 30 degrés environ; alors il subit les effets d'une *malaxeuse*, et en dernier ceux de la *peseuse*, qui le divise mécaniquement en fractions de 125 ou de 250 grammes, et le verse dans des moules qui restent exposés pendant deux heures environ à une température de 30°. Au bout de ce temps, les moules sont placés sur une *tapoteuse*, et secoués mécaniquement de manière à faire disparaître l'air qui peut être renfermé dans la pâte. Quand le *dressage* de celle-ci est terminé, on porte les moules dans un *rafraîchissoir* dans lequel la température ne dépasse jamais + 10°, grâce à l'eau fraîche qui y circule sans cesse. Le chocolat qu'on a ainsi refroidi est envoyé à *l'atelier de pliage* où il est enveloppé d'une feuille d'étain, puis, d'une feuille de papier blanc ou de couleur.

Usages.

Le chocolat est un aliment d'un valeur importante, mais il ne convient pas à tous les estomacs. Il sert à faire des boissons, des bonbons, des pâtisseries, etc.

Depuis quelques années, on livre à la consommation du *cacao en poudre* de couleur brune. Ce cacao, délayé dans l'eau, est plus digestible pour quelques personnes que le chocolat, parce qu'il a été privé en grande partie de sa matière grasse. C'est en le soumettant à une forte pression après l'avoir torréfié, concassé et broyé, qu'on peut le débarrasser de son beurre qui renferme son arome. Le cacao en poudre est-il alimentaire, plus riche en principe azotés que le chocolat? Le doute est permis. Quoi qu'il en soit, le cacao en poudre est d'une conservation plus difficile que le chocolat qui a été bien fabriqué.

La pulpe du fruit peut servir à faire du vinaigre.

CHAPITRE V.

MATÉ OU THÉ DU PARAGUAY.

ILEX PARAGUAYENSIS.

Arbre de la famille des Ilicinées.

Le maté, appelé *houx du Paraguay,* fournit le thé auquel on a donné le nom de *thé du Paraguay* ou *Yerva do maté.* Il est très répandu au Paraguay, dans les forêts situées près des cours d'eau; il existe aussi dans l'Uruguay, au Chili, au Pérou. Il est indigène dans le bassin de Rio de la Plata, au Brésil, dans les provinces de Rio Grande du Sud et de Parana. Il est assez rare à la Martinique. Au Brésil, on le connaît sous le nom de *arvore de Congonha.*

Le thé qu'il fournit remplace le thé des Chinois dans toute l'Amérique du Sud.

Cet arbre à rameaux touffus ou nombreux (fig. 41), atteint 6 à 8 mètres de hauteur; ses feuilles sont simples, obovales, dentées, pédonculées, luisantes et longues de $0^m,07$ à $0^m,10$; leurs nervures sont déprimées sur leur face supérieure. Ses fleurs sont petites, axillaires, blanches, disposées en corymbe. Ses fruits sont à quatre noyaux monospermes.

L'Ilex paraguayensis existe souvent à l'état buissonneux, parce qu'on l'émonde tous les deux ou trois ans; il est très commun aux environs de Villa-Rica (Brésil). Il a l'aspect du laurier franc.

Cet arbre se propage par ses semences ou au moyen de

boutures, qui sont d'une facile reprise. On le plante en quinconce.

La récolte des feuilles a lieu pendant huit à neuf mois,

Fig. 41. — Rameau de maté.

c'est-à-dire de décembre à juillet ou août. Après les avoir récoltées, on les laisse en tas fermenter jusqu'au lendemain matin. Alors on procède à leur dessiccation.

Au Brésil, depuis Sainte-Catherine jusqu'à Ubataba sur

le bord de la mer, le maté est récolté en août, septembre, octobre et novembre.

La torréfaction des feuilles a lieu dans un fourneau en terre au moyen d'un feu ardent mais modéré, pendant quinze à vingt heures, ou en opérant le *flambage* des branches à l'aide de plantes aromatiques produisant une belle flamme. Cette dessiccation terminée, on les brise en *gros fragments,* dans un mortier en bois ou au moyen d'une meule, puis on les tamise, pour les classer ensuite suivant leur qualité. La poudre très grossière obtenue à l'aide de ces diverses opérations est vert jaunâtre ; on la conserve dans des sacs de toile et ou de peaux de bœufs cousus avec des lanières. On a le soin de la presser très fortement. Quand on veut s'en servir, on la pulvérise au moyen de meules.

Le maté a des propriétés toniques, astringentes et diurétiques. Le principe qu'il contient est trois fois plus excitant que celui possédé par le café et le thé. On l'utilise avec succès dans les fièvres. Sa base est le *bitter*. Les créoles lui attribuent beaucoup de vertu. Au Brésil comme dans les Républiques espagnoles, il sert à faire des infusions avec l'eau bouillante. Toutefois, pour que ces infusions soient agréables et stimulantes, comme elles sont enivrantes, il est essentiel qu'elles ne soient pas très prolongées. On en prend à toute heure du jour ; bien qu'elles aient beaucoup d'amertume, on ne les sucre pas. Ces infusions constituent la liqueur favorite des Indiens ; leur action est très énergique ; elle anéantit l'appétit.

On boit l'infusion, qu'on a préparée avec de l'eau bouillante et un peu de sucre, en l'aspirant à l'aide d'un tube de paille ou chalumeau ; sa saveur n'est pas très agréable, mais elle plaît aux habitants du Pérou, du Brésil, du Paraguay, etc.

Le commerce, au Brésil, distingue deux sortes de maté :

1° Le *caamini,* qui provient d'ilex cultivés ; c'est le

plus recherché, le plus apprécié à cause de ses qualités.

2° Le *caouana*, qui est fourni par les arbres indigènes.

Le maté donne lieu à un commerce très important. Le Brésil en exporte en Europe chaque année 30 millions de kilog. et le Paraguay de 4 à 6 millions. Les principaux ports d'embarquement sont Buénos-Ayres, Valparaiso et Montévideo.

Le centre des plantations de maté, dans l'Amérique méridionale, est situé à Curytiba (Brésil).

En outre de l'Ilex Paraguayensis, le Brésil possède les espèces ci-après : *Ilex ovalifolia; Ilex acutifolia; Ilex obtusisifolia; Ilex Humboldtia; Ilex curitybensis.*

Ces espèces permettent au Brésil d'exporter annuellement au Chili et à la Plata, par le Port de Rio-grande-do-Sul, de 12 à 14 millions de kilog. de maté.

Les feuilles de l'*Ilex vomitoria* servent aussi à faire des infusions excitantes et enivrantes à la Floride, à la Caroline et dans la Virginie. Ce sont elles qui constituent le *thé des Apalaches.*

Le maté le plus estimé à Santa-Fé est appelé *yerba de carini;* celui qui est le moins recherché est désigné sous le nom de *yerba de Palos.*

Le gouvernement du Paraguay a le monopole de la vente du maté. Le produit des forêts appelées *Yerbales* lui procure un important revenu.

A la Paz (Bolivie), ville située sur le versant oriental des Andes, à une altitude de 4.050 mètres, il se fait un commerce considérable de thé du Paraguay.

CHAPITRE VI.

AYA-PANA.

EUPATORIUM AYAPANA.

Plante dicotylédone de la famille des Composées.

Cette composée est répandue à la Guyane, à la Guadeloupe, à la Réunion et surtout au Brésil. Ses feuilles, après
avoir été desséchées, constituent le *thé de l'Amazone,* dans
l'Amérique méridionale. Les Indiens la nomment *aya-pan.*

L'eupatoire aya-pana est vivace; la base de sa tige, qui a
0,^m80 à 1 mètre de hauteur, est sous-frutescente; ses feuilles
sont opposées, sessiles et lancéolées; ses fleurs liliacées en
capitules sont disposées en corymbes; ses fruits sont des
akènes munis d'une aigrette.

L'aya-pana demande une terre meuble, un peu fraîche et
qui ne soit pas exposée à un soleil très vif. On le propage
par ses graines ou à l'aide de boutures. Sa culture est facile,
mais elle ne peut avoir lieu en Europe qu'en serre.

Les feuilles de cette composée servent à faire des infusions très agréables, parfumées, sudorifiques et pectorales,
qui remplacent celles qu'on obtient avec le thé. Leur saveur est astringente.

CHAPITRE VII.

FAHAM OU FAHAN.

ANGRÆCUM FRAGRANS.

Plante monocotylédone de la famille des Orchidées.

Cette orchidée, signalée par Dupetit-Thouars dans ses Orchidées d'Afrique, est répandue à l'île Maurice ou île de France, à l'île de la Réunion ou île Bourbon. La Réunion peut en fournir des quantités considérables. Elle existe aussi, mais en petit nombre, dans les forêts du Gabon.

Comme toutes les autres plantes herbacées épyphites, qui appartiennent au genre *Angræcum*, cette orchidée produit des feuilles coriaces, en rubans longs de $0^m,08$ à $0^m,12$ et larges de 8 à 14 millimètres. Ces feuilles développent un parfum très agréable qui rappelle assez bien celui que possède la vanille. Ce principe odorant a pour base la *coumarine* qu'on trouve dans la fève tonka.

Cette orchidée vit sur des arbres appartenant aux genres *Nuxia*, *Cupania* et *Melicoca*. Ses fleurs sont solitaires, et verdâtres avec un labelle blanc jaunâtre.

Les feuilles du fahan, après avoir été desséchées, sont employées en infusion théiforme. Elles sont sudorifiques. A l'île Maurice, on les utilise contre la phtisie pulmonaire; à la Réunion, elles servent à faire un sirop qui possède des propriétés stimulantes et stomachiques.

Ces feuilles constituent de *thé de l'Ile Bourbon*.

CHAPITRE VIII.

COCA DU PÉROU.

ERYTHROXYLON COCA OU PERUVIANUM.

Arbrisseau de la famille des Érythroxylées.

Le coca est la plante sacrée des Incas. Il est très répandu dans l'Amérique du Sud. Il occupe de grandes surfaces sur le versant oriental des Andes au-dessous de 2.200 mètres d'altitude, à la Bolivie, au Pérou et principalement dans la vallée chaude et humide de Santa-Ana et dans la province de Carabaya. Ses feuilles bien récoltées remplacent le thé. On en consomme beaucoup à Quito, Papayan, etc. La Bolivie en récolte annuellement sept millions de kilogrammes (fig. 42). Il est principalement cultivé au Pérou, dans la province de Yungas.

La coca est un arbrisseau rameux, haut de $1^m,30$ à $1^m,50$. Ses feuilles sont alternes, ovales, aiguës, trinervées, d'un vert sombre en dessus et blanches en dessous ; elles sont longues de $0^m,04$ et larges de $0^m,02$. Les fleurs sont petites, blanches et nombreuses. Le fruit est une drupe oblongue, monosperme et de couleur rouge ; il est disposé en grappes.

Cet arbrisseau est cultivé dans l'Amérique du Sud pour ses feuilles qui contiennent un principe excitant et fortifiant ; mais il végète mal dans les localités qui appartiennent aux régions tropicales, dans lesquelles les pluies sont rares. Les champs qu'il occupe au Pérou sont appelés *co-*

cales. Les vallées humides sont celles qui lui conviennent le mieux.

On le propage à l'aide de ses graines. Ces semences, se-

Fig. 42. — Rameau et fruit du coca du Pérou.

mées en pépinière, doivent être peu enterrées et arrosées souvent, car elles ne germent facilement que lorsque la terre est fraîche; elles lèvent alors entre le douzième et le quinzième jour. En outre, il est utile de garantir les semis contre les oiseaux, qui sont très friands des fruits du coca, au moyen de toiles, jusqu'à ce que la germination soit complète.

On met en place les plants quand ils ont un an et $0^m,30$ à $0^m,50$ de hauteur sur des terres de bonne qualité, perméables et déclives. Pendant l'année qui suit la transplantation, on opère les binages nécessaires, on exécute un buttage et on protège les plants à l'aide de nattes ou de treillages contre l'action desséchante du soleil.

C'est lorsque les cocas ont deux à trois années de végétation qu'on commence la récolte des feuilles. Cette cueillette a lieu feuille par feuille, avant la chute naturelle de ces organes. On l'exécute trois fois par an, en mars, en juillet et en septembre ou octobre. On les fait ensuite sécher à l'ombre sur des claies; mais il est très important de ne pas pousser cette dessiccation à un point extrême, parce que les feuilles très sèches se pulvérisent aisément. On doit éviter qu'elles subissent l'action des pluies, qui leur fait perdre leur belle couleur native. Quand elles sont bien sèches on les emballe dans des sacs appelés *cestos* contenant de 25 à 75 kilog.

Les cocaliers sont taillés chaque année ou tous les deux ans afin qu'ils ne s'élèvent pas au delà de 2 mètres. Les plantations les plus belles produisent jusqu'à 1.500 kilog. de feuilles sèches par hectare ou 276 livres par *cato* de 9 ares.

Le coca doit ses propriétés excitantes et fortifiantes à un alcaloïde appelé *cocaïne,* qui se cristallise en prismes soyeux blanc jaunâtres et qui existent dans les feuilles dans la proportion de 1 à 2 p. 100. Ces cristaux sont insolubles dans l'eau, mais ils sont solubles dans l'alcool et l'éther.

La cocaïne agit énergiquement sur le système nerveux.

Les feuilles ont une odeur qui plaît; elles laissent dans la bouche une fraîcheur agréable et salubre. Les populations péruviennes les mâchent et avalent leur salive après leur avoir associé un peu de poudre de chaux ou de craie (*Slipta à toccra*). Les voyageurs boliviens qui en font journellement usage à diverses reprises, restent souvent trois à quatre jours sans prendre d'autre nourriture. A la Martinique, on les mâche en petite quantité, trois à quatre fois par jour. Elles agissent sur les forces musculaires et les augmentent. Les Indiens qui travaillent dans les mines mâchent aussi les feuilles du coca, mais il les mêlent à une pâte (*Elipta*) faite avec des cendres provenant du *Chenopodium Quinoa*, plante alimentaire des hauts plateaux des Andes. Dans ces diverses contrées, le coca mâché en petite quantité apaise la soif et la faim par ses propriétés stimulantes, mais il ne nourrit pas. On cite des Indiens qui, en voyage, sont restés plusieurs jours sans prendre aucune nourriture, grâce à la provision de coca qu'ils possédaient.

Le coca est connu au Pérou depuis la plus haute antiquité. Autrefois les Incas s'en réservaient le monopole ; c'est pourquoi ils en popularisèrent l'emploi à leur profit.

Pour lui donner plus d'importance et le faire rechercher, on le brûlait sur les autels après les sacrifices opérés pendant les *raymi*, fêtes solennelles qui avaient lieu en l'honneur du culte du soleil. On en brûlait souvent aussi dans le but d'être agréable au dieu appelé *Ataguju*. Les Incas croyaient que les parfums qui se dégageaient de ces incinérations montaient au ciel et qu'ils rendaient heureux les idoles qu'ils adoraient.

Le coca, d'après des faits mille fois constatés et bien connus, calme la faim, facilite le travail de la digestion et accroît l'énergie. Pour les Incas, les feuilles de cet arbrisseau jouissaient de la propriété de dissiper les inquiétudes, de calmer la colère et de sécher les larmes causées par la douleur.

De nos jours comme autrefois, il permet aux pâtres qui vivent dans les pampas ou sur les hauts plateaux des Andes de supporter les plus pénibles fatigues causées par de longues marches ou les intempéries des saisons.

Le coca est employé en Europe par la médecine. Il sert à préparer le vin fortifiant connu sous le nom de *vin de coca*. On l'utilise aussi pour remplacer le thé.

Il n'est pas inutile d'ajouter que pris en grande quantité, il agit sur le système nerveux et cause une ivresse appelée *ivresse cocaline*, suivant l'expression du docteur Montegazza, état qui est analogue à celui que produit dans les contrées asiatiques le chanvre indien, et qui finit toujours par causer la mort. Par contre, pris modérément, il cause un sentiment de bien-être et de gaîté.

Il faut véritablement que la cocaïne soit douée d'une grande puissance pour que les feuilles du coca puissent manifester sur l'économie humaine les effets que je viens de rappeler. En 1850, M. Niéman, en traitant 500 grammes de feuilles, n'a pu en obtenir qu'un gramme.

Les feuilles du coca ne sont pas d'une falsification facile, parce qu'elles présentent une nervure assez apparente de chaque côté de la nervure principale qui divise toutes les feuilles en deux parties.

CHAPITRE IX.

KOLA OU COLA.

STERCULIA ACUMINATA, P. de B.; COLA ACUMINATA, Rob. Br.

Arbre de la famille des Sterculiacées.

Cet arbre est commun sur la côte occidentale d'Afrique, entre le 8° latitude nord et le 5° latitude sud, ou de Sierra-Leone au Congo, jusqu'à 800 kilomètres dans l'intérieur.

Le kola est un bel arbre; sa hauteur est de 12 à 16 mètres; ses feuilles sont alternes, ovales, coriaces et vertes; ses fleurs sont nombreuses et disposées en cymes paniculées et terminales; ses fruits, sessiles et oblongs, de la grosseur d'un œuf de pigeon, contiennent 5 à 6 graines qui sont blanches ou rouges suivant les variétés.

D'après MM. Heckel et Schlagdenhaussen, les graines du kola sont toniques et excitantes. Elles contiennent sur 100 parties 2,34 de caféine, 0,02 de théobromine, 1,59 de tanin, 2,87 de glucose, 33,7 d'amidon, 3,04 de gomme, 9,76 de matières protéiques, puis des sels et des matières colorantes. Ces noix à l'état sec sont alimentaires et calment la faim. Leur saveur est à la fois sucrée et astringente. Elles sont récoltées deux fois chaque année : en février ou juin et en novembre. Un arbre âgé de dix ans et en plein rapport, en fournit de 40 à 50 kilogrammes. Ces fruits se conservent frais pendant vingt-cinq à trente jours, quand on a le soin de les couvrir après qu'ils ont été récoltés. On les nomme souvent *noix du Soudan, noix de Gourou.*

On utilise aussi le kola en médecine. C'est un antidysentérique important par son amertume et son astringence.

QUATRIÈME PARTIE

VÉGÉTAUX GOMMIERS,
RÉSINIERS, LACTICIFÈRES ET ASTRINGENTS.

Cette partie comprend des végétaux qui ont beaucoup de rapports entre eux au point de vue des produits qu'on leur demande.

Les uns, comme les *arbres gommiers*, fournissent par exsudation la gomme du commerce ; les autres, dits *arbres résineux*, contiennent des résines qui constituent, quand elles ont été extraites, le camphre, le sang-dragon, etc. ; ceux-ci, appelés *végétaux lacticifères*, fournissent, par suite des incisions qu'on fait sur leur tronc, ou le caoutchouc ou la gutta-percha ; enfin, les *végétaux astringents* comme le cachou, le Kino, contiennent dans leurs fruits et leurs feuilles un principe amer et surtout très astringent, qu'on utilise comme produit médical ou qui est employé dans le tannage des cuirs.

Les *baumes* non utilisés par la parfumerie appartiennent à la classe qui comprend les arbres résineux.

Divers végétaux mentionnés dans cette division, comme la gomme, le camphre, le kino, le sang-dragon, pourraient être classés parmi les plantes médicinales ou pharmaceutiques.

PREMIÈRE DIVISION.

LES ARBRES GOMMIERS.

CHAPITRE PREMIER

GOMME ARABIQUE.

Espèces gommifères. — Culture. — Récolte de la gomme. — Variétés
commerciales. — Usages.

La gomme arabique est connue en Égypte depuis les
temps les plus anciens. Elle a été mentionnée par Théophraste, Pline et Dioscoride. De nos jours, elle est produite
par des acacias, qui appartiennent à la famille des Légumineuses. On la récolte en Arabie, en Égypte, au Maroc, au
Sénégal, au cap de Bonne-Espérance et dans l'Inde. Elle
constitue l'une des principales richesses du Sénégal.

Espèces gommifères.

Les acacias qui produisent la gomme sont au nombre de
onze, savoir :

**1. Acacia arabica, Mimosa arabica, Mimosa nilotica, Acacia
vera, Acacia Ægyptiaca.**

Cette espèce est répandue en Égypte, dans la Sénégambie, dans l'Arabie, l'Inde, etc. On la désigne souvent sous
le nom de *gommier du Nil*.

Cet acacia constitue un petit arbre, tortueux, à écorce

brun noirâtre et à liber jaunâtre. Il est muni d'épines droites qui sont stipulaires et subulées. Ses feuilles sont composées de 10 à 12 paires de folioles, glabres et linéaires. Ses fleurs jaunes développent une faible odeur de girofle. Ses gousses sont planes, linéaires et tomenteuses ou blanchâtres.

C'est cette espèce qui produit la *gomme de l'Arabie* et la *gomme du Sénégal*.

Elle a donné naissance à des variétés connues sous les noms d'*Acacia tomentosa* au Sénégal, d'*Acacia indica* dans l'Inde, d'*Acacia nilotica* en Égypte et d'*Acacia Kraussiana* à Port-Natal.

L'*Acacia arabica* est rustique et croît rapidement dans les sols argileux et calcaires. Il résiste bien à la sécheresse; son bois est excellent pour le charronnage. Les Indiens l'appellent *Karou-velam* et les Égyptiens *santh*.

2. Acacia Lebbek, Mimosa Lebbek ou Albizzia Lebbek.

Cet acacia est l'*ébénier d'Orient*; son cœur est noir comme l'ébène. Il existe en Égypte le long des routes et procure aux voyageurs, par son épais feuillage, une ombre fraîche pendant les grandes chaleurs. Les Indiens le nomment *katuvagi*. Il constitue un grand arbre non épineux. Ses feuilles sont composées de 4 à 8 paires de folioles. Ses fleurs, blanches et odorantes, sont pédicellées et à capitules pédonculés. Ses gousses sont larges, planes et linéaires.

La gomme que produit cet acacia est friable, transparente; sa couleur varie du jaune au rouge. On la nomme parfois *gomme du bois noir*.

Ce grand arbre est indigène dans le Travancore et sur la côte de Coromandel (Inde).

Cette espèce demande une bonne terre pour se développer très rapidement. On la transplante à tout âge au printemps, c'est-à-dire à l'époque de la chute des feuilles.

3. Acacia stenocarpa.

Cet acacia est répandu dans le sud de la Nubie et dans l'Abyssinie. Il est de haute taille. Ses feuilles sont accompagnées d'épines stipulaires. Ses fleurs ou capitules sont solitaires à l'aisselle des feuilles. Ses gousses sont aplaties, linéaires, courbées en cercle.

Cette espèce est connue sous les noms de *Tulha, Talah* et *Kakul.*

4. Acacia verek.

Cet acacia est commun dans l'Afrique occidentale, la Sénégambie, la Nubie, et au Sénégal, où il est appelé *verek.*

Cet arbre ne dépasse pas 6 à 7 mètres de hauteur; il est très rameux, avec des épines lisses et recourbées. Ses feuilles alternes biparipennées sont accompagnées de deux stipules. Ses fleurs en épis cylindriques produisent des gousses plates, oblongues et droites; elles s'épanouissent après l'hiver, d'octobre à mars.

L'acacia verek croît dans les terrains secs; néanmoins il produit beaucoup de gomme. C'est lui qui fournit la *gomme de Kordofan, la gomme du Gabon.*

5. Acacia seyal.

Cet arbre de taille moyenne et portant des épines blanchâtres, courtes, mais très recourbées, croît en Égypte dans les bas-fonds du désert arrosés par des eaux saumâtres, dans le Sennaar et le sud de la Nubie, où il est appelé *soffar.* Il est aussi répandu dans l'Afrique orientale et dans l'Arabie. Ses fleurs en capitules pédonculés donnent naissance à des gousses linéaires et falciformes.

6. Acacia albida.

Cet acacia est un arbrisseau à rameaux blanchâtres et

à épines droites et rigides. Ses feuilles comprennent 4 à 8 pennes ayant de 7 à 12 paires de folioles oblongues, très obtuses et poilues en dessous. Ses fleurs sont en épis lâches; ses gousses sont linéaires, falciformes, glabres et indéhiscentes.

Cette espèce est celle qui fournit, dans le haut Sénégal, la *gomme de Galam* et la *gomme de Sada-Beida,* qui sont friables et en petits fragments.

7. Acacia Adansonii.

L'Acacia Adansonii a 10 à 12 mètres d'élévation ; sa forme est très régulière. Son bois est très dur.

Il fournit, dans le bas Sénégal, la *gomme de Gonati*, la *gomme de Bondu.* Il y est connu sous le nom de *Gonakié*. La gomme qu'il produit est rougeâtre et astringente.

8. Acacia capensis, Acacia horrida.

Cet acacia est répandu dans l'Afrique australe. Il est indigène au Cap de Bonne-Espérance, où il est appelé *Doonboom* ou *Karrodoom.* C'est lui qui fournit en grande partie la gomme du sud de l'Afrique.

Cet arbre est aussi commun au Sénégal.

9. Acacia gummifera.

Cet arbrisseau a des épines droites et résistantes; ses feuilles à 2 pennes portent chacune 12 folioles obtuses. Ses fleurs sont en capitules oblongs et axillaires ; ses gousses sont planes, linéaires en forme de chapelets.

Cette espèce existe dans l'Afrique septentrionale, au Maroc, dans la Sénégambie. C'est elle qui fournit la *gomme de la Mauritanie* et la *gomme de Barbarie.*

10. Acacia dealbata et Acacia decurrens.

Ces deux espèces sont répandues en Australie. La première y est appelée *silver wattle* et la seconde *black wattle*. Comme l'observe M. Naudin, elles ont le même port, la même taille, le même feuillage, à cette exception que le feuillage est blanchâtre dans l'*A. dealbata* et vert sombre dans l'*A. decurrens* qui est répandue à la Nouvelle-Hollande. L'une et l'autre fournissent la *gomme d'Australie*.

11. Acacia leucophlæa.

Cet acacia, originaire de l'Amérique méridionale, est épineux. Ses feuilles présentent de 10 à 24 pennes de 12 à 20 folioles. Ses fleurs sont disposées en panicules. Il fournit, dans la Turquie d'Asie, la *gomme de Bassora* ou *gomme de Bagdad*. Cet acacia existe aussi dans l'Inde, sur la côte de Coromandel ; les Indiens le nomment *vel-velam*. Il est très bien naturalisé à Pondichéry.

Culture.

Les acacias gommiers sont d'une culture facile ; mais pour obtenir des arbres ou des arbrisseaux vigoureux, il est indispensable de bien choisir les espèces, afin qu'elles s'harmonisent parfaitement avec le climat qu'on habite et le terrain qu'elles doivent occuper ou utiliser. On ne doit pas oublier que certains acacias exigent des sols frais, alors que d'autres végètent très bien dans des sols arides et graveleux.

Toutes les espèces mentionnées ci-dessus appartiennent aux régions tropicales. Elles résistent très bien aux vents brûlants qui ont traversé les déserts. Le climat de l'Europe n'est pas assez chaud pour qu'on puisse les cultiver en France, en Italie ou en Espagne.

On sème tous ces acacias en pépinière, soit en rayon, soit à la volée. On les met en place lorsqu'ils ont de deux à trois ans. A cet âge, leur reprise est plus facile, plus certaine que quand ils ont de quatre à six années de végétation.

Récolte de la gomme.

C'est après la saison des pluies, lorsque l'écorce est encore humide et quand le vent est chaud ou brûlant, que les arbres gommiers âgés ou maladifs transsudent la gomme sous forme de larmes qui prennent aussitôt de la consistance, s'agglomèrent et forment des boules de formes et de grosseurs très variables. Cette exsudation a lieu par l'intermédiaire des fentes qui se manifestent dans les écorces.

La gomme suinte aussi des incisions faites sur les troncs.

La récolte de la gomme a lieu en Égypte en février et mars. Au Sénégal, on la commence en novembre avec le vent chaud et sec du désert pour la terminer en juin. Dans l'Inde, on l'exécute en février ou mars. La gomme provenant de la première récolte faite dans les forêts du Sénégal est moins estimée que la gomme obtenue pendant la deuxième période de la récolte.

La récolte qui a lieu au Sénégal après la saison des pluies, c'est-à-dire qui commence en novembre lorsque le vent d'est se fait sentir, est appelée *petite traite*. Celle qu'on opère de mars à juin ou juillet est connue sous le nom de *grande traite*.

Quand la récolte est terminée ou lorsque la quantité obtenue est suffisante, les Maures la conduisent sur les marchés pour l'échanger contre des marchandises importées d'Europe. Les acheteurs ou *traitants* lui font subir un triage avant de l'expédier à Saint-Louis.

La gomme qui a été enterrée après avoir été récoltée est désignée sous les noms de *gomme enterrée* ou *gomme non marchande*.

La *gomme de Galam* ou *gomme du haut du fleuve*, est récoltée de janvier à mars aux environs de Bakel.

Les principaux lieux de production sont les pays des

Maures Braknas et Trarzas, le pays de Galam, le Bondou et le Bambouck qui sont situés sur la rive droite du Sénégal.

Les larmes de l'*Acacia arabica* sont longues, irrégulières, transparentes et collées les unes aux autres ; elles varient de couleur du blanc au rouge-brun. Leur cassure est vitreuse ; elles se dissolvent facilement dans l'eau bouillante.

La gomme produite par l'*Acacia verek* est en grosses boules ovoïdes ayant 5 à 6 centimètres de diamètre ; ces boules sont blanches, ternes, ridées et à cassure vitreuse ; elles constituent la *gomme du bas Sénégal*.

La gomme récoltée la première dans le bas Sénégal est enterrée dans du sable pour qu'elle perde son humidité ; celle qu'on obtient pendant la seconde saison dans le haut Sénégal et qu'on nomme *gomme de Galam*, sèche sur les arbres qui la produisent et elle est exempte de parties sableuses.

C'est le commerce qui opère le premier triage des gommes.

La gomme, dans la Sénégambie, est exclusivement récoltée par les marabouts depuis le mois de novembre jusqu'en avril.

Variétés commerciales.

Les variétés de gomme qui donnent lieu à des transactions commerciales sont nombreuses. Voici les principales :

1. *Gomme arabique* qui est produite en Afrique et en Asie par les *A. arabica et verek*. Elle est importée à Marseille.

2. *Gomme du Sénégal*, qui comprend la *gomme de Galam* récoltée dans le haut du fleuve ; la *gomme Podor* qui est récoltée dans le bas du fleuve. Cette dernière est la plus estimée ; elle est jaune pâle ou presque blanche. Elle est expédiée à Bordeaux.

3. *Gomme de Kordofan*, provient de l'*A. verek*. Elle est importée au Caire.

4. *Gomme de Souakim*, est récoltée sur le plateau de Takka, qui est situé dans l'Abyssinie et au sud de l'Arabie. On l'importe à Alexandrie. Elle provient de l'*A. seyal*.

5. *Gomme de Djeddah*, provient de la côte de Samhara; elle est expédiée en Égypte et de là à Trieste.

6. *Gomme de Mogador*, ou *gomme brune de Barbarie*, vient du Maroc et est produite par l'*A. gummifera*. Elle est en larmes irrégulières, verdâtres et recouvertes d'une poussière grise. Elle est de qualité inférieure.

7. *Gomme de l'Inde*, qui provient de l'*A. Lebbek* et que les Indiens appellent *joud Kuknow*. Elle est de qualité inférieure et est expédiée de Bombay pour l'Angleterre. Cette gomme est brune, mais brillante.

8. *Gomme du Cap de Bonne-Espérance*, est fournie par les *A. horrida et Capensis*. Elle est expédiée du Cap en Angleterre.

9. *Gomme de Java*, provient des *A. stipulata et Farnesiana*.

10. *Gomme d'Australie*, est fournie par les *A. dealbata* et *decurrens*. Cette gomme est remarquable par sa transparence et sa solubilité.

11. *Gomme de Bagdad* ou *gomme de Bassora*, provient de la Turquie d'Asie. Elle est produite par l'*A. leucophœa*. La qualité est très inférieure, mais elle sert à frauder la gomme arabique. Elle développe une odeur qui rappelle celle de l'acide acétique, et contient beaucoup de *bassorine* et très peu d'*arabine*.

12. *Gomme de Gedda*, qui est produite par les *A. tortilis* et *Æhrenbergii*.

La gomme qui provient en Égypte des *A. nilotica* et *Ægyptiaca* entre peu dans le commerce.

13. Les *gommes du Brésil* les plus estimées proviennent de Cariman, Araruta et Cara.

La gomme arabique ou *gomme du Sénégal* et ses congénères contiennent une très forte proportion d'*arabine*, principe qui est soluble dans cinq fois son poids d'eau froide, et une très faible proportion de *bassorine*, qui est insoluble dans le même liquide mais qui se dissout dans quatre fois son poids d'eau bouillante.

Les gommes récoltées dans le haut Sénégal sont souvent échangées contre du corail, de l'ambre, de la poudre et des armes.

Le Sénégal exporte annuellement 2.500.000 kilog. de gomme.

La gomme connue dans le commerce sous les noms de *gomme de France, gomme de pays,* exsude de divers arbres qui appartiennent à la famille des rosacées, et qui sont principalement des cerisiers, des abricotiers et des merisiers. Cette gomme est riche en *cérasine;* elle est soluble dans l'eau bouillante.

C'est à Bordeaux que se fait le triage des gommes qui sont expédiées du Sénégal. On les classe en dix-sept catégories.

Les plus belles gommes valent de 250 à 275 francs les 100 kilog.

Usages.

La gomme est employée dans la pharmacie, la confiserie et la parfumerie. Elle est aussi utilisée dans le collage des enveloppes, les impressions sur étoffes, le lustrage des tissus et des papiers, la fabrication de l'encre et des vernis.

Les écorces des racines et des troncs de l'*Acacia arabica* sont utilisées dans l'Inde dans le tannage des peaux.

CHAPITRE II.

ASTRAGALE GOMMIER.

ASTRAGALUS.

Plante dicotylédone de la famille des Légumineuses.

Plusieurs astragales cultivés en Perse, dans l'Asie Mineure et en Grèce, exsudent de leurs tiges et de leurs principales ramifications une gomme particulière à laquelle on a donné le nom de *gomme adragante*.

Les espèces les plus répandues dans les contrées orientales sont vivaces et au nombre de trois :

1. L'*Astragalus verus*, petit arbuste trapu et rameux qui est commun en Perse et dans les environs d'Alep.

2. L'*Astragalus creticus*, qui végète facilement dans l'Archipel grec.

3. L'*Astragalus gummifer*, qui croît très facilement dans toutes les contrées de l'Asie où la température moyenne est élevée. Cette espèce est la moins recherchée parce que la gomme qu'elle fournit est de qualité très inférieure.

L'*Astragalus tragacantha*, qu'on rencontre dans les sables maritimes de la région de l'olivier, n'a pas, jusqu'à ce jour, été utilisé.

Les trois espèces précitées ne peuvent être cultivées que dans les contrées chaudes. Elles exigent des terrains secs. On les propage à l'aide de leurs graines qu'on sème en pépinière dans un jardin. C'est lorsque les plants ont un ou deux ans de végétation qu'on les transplante à demeure en les espaçant les uns des autres de 0^m,65 ou 0^m,75, et c'est lorsqu'ils sont âgés de huit à dix ans qu'on leur demande de la gomme adragante.

C'est en opérant des incisions sur les tiges et les ramifications principales qu'on voit apparaître sur les écorces le suc gommeux à l'état mou, mais ce suc ne tarde pas à se solidifier sous l'action de l'air et du soleil.

La gomme adragante est blanchâtre, inodore, soluble dans l'eau, insoluble dans l'alcool. Elle contient un principe appelé *adragantine*. Elle gonfle beaucoup dans l'eau.

Dans le commerce on la trouve en plaques blanches, quand elle provient d'Alep ou de Smyrne ; elle est rouge et à l'état filiforme ou vermiculé, lorsqu'elle vient de Crète.

La gomme adragante qui est importée de Bassora est aussi en plaques, mais elle est plus colorée que la gomme de Smyrne.

La gomme adragante fournie par l'*A. gummifer* et qu'on nomme *gomme pseudo-adragante* ou *gomme adragante de Sassa*, sert principalement à frauder les gommes de Smyrne et de Morée.

Cette gomme est employée en médecine et en pharmacie. On l'utilise aussi dans la fabrication des pastilles à brûler, dans le lustrage des étoffes, le gommage de la gaze et la fabrication de divers papiers.

DEUXIÈME DIVISION.

LES ARBRES RÉSINIERS.

CHAPITRE PREMIER.

CAMPHRIER.

LAURUS ET DRYOBALANOPS.

Arbres dicotylédones des familles des Laurinées et des Diptérocarpées.

Le camphre a été mentionné pour la première fois par Étius, de Diarbékir, en 545. Son nom sanscrit est *Kurpura*.

Cette résine, bien connue en Europe, est produite par un assez grand nombre d'arbres, mais ceux qui alimentent le commerce sont au nombre de trois :

1. Laurus camphora, Laurus officinarum, Cinnamomum camphora.

Ce laurier, appelé souvent *camphrier du Japon, laurier camphrier*, est répandu dans l'Inde, en Chine, au Japon, à Sumatra, Malacca, Ceylan, à Java, à Bornéo, etc. C'est de ses racines, de son tronc et de ses branches qu'on extrait une grande partie du camphre du commerce. Les Chinois le nomment *Tchang* et les Indiens *Karuppuram*.

Son tronc est droit et haut de 5 à 6 mètres. Ses feuilles sont alternes, persistantes, lancéolées, elliptiques, oblongues et luisantes. Ses fleurs blanches sont en corymbes axillaires et longuement pédonculées. Son aubier est épais et mou, son bois à tissu lâche est blanc veiné de rouge, avec une forte odeur camphrée. Ses baies noirâtres ont la grosseur d'un pois.

Cette espèce est peu répandue à la Martinique et à la Réunion. Elle est connue en France depuis 1675. Elle a fleuri pour la première fois à Paris et en serre en 1805.

2. Dryobalanops camphora ou aromatica.

Cet arbre aromatique et résineux acquiert de grandes dimensions dans les îles de Sumatra et de Kalémantan. On le rencontre principalement près des rivages de la mer. Il peut atteindre 5 mètres de circonférence. Cet arbre plaît en Océanie par son port, son ombrage et son odeur. Il croît aussi à Java, en Chine, dans la Guinée, au Japon. Le camphre qu'il fournit à Bornéo est très estimé.

3. Cinnamomum zelanicum.

Cet arbre aromatique et toujours vert est de petite taille; il a des feuilles opposées, pétiolées, ovales et oblongues. Ses racines contiennent une essence jaunâtre à odeur camphrée, qui peut donner du camphre.

Cette espèce est indigène dans les îles de la Sonde, de Ceylan, aux Moluques et dans l'Inde. C'est elle qui fournit la cannelle.

Culture.

Le camphrier est moins délicat et plus rustique que le cannellier. Sa culture est facile. On le propage par boutures ou à l'aide de ses semences. Les semis se font en pépinière. On opère la mise en place des jeunes sujets quand ils ont deux à trois ans de végétation. Il est utile de les planter dans des terres de moyenne consistance, profonde et de bonne fertilité. Les terrains secs et les sols humides leur sont nuisibles.

Le camphrier s'élève au Japon jusqu'au quatrième degré de latitude nord.

Extraction du camphre.

Le camphre, véritable huile essentielle, sort des fissures que présentent le bois et l'écorce sous forme de substance concrète ou liquide. Le plus généralement, on l'extrait de ces parties et des racines par sublimation. Alors on divise et le bois et les racines en très petites bûchettes ou en petits copeaux, pour les introduire ensuite avec de l'eau dans un alambic dont le chapeau est rempli intérieurement de paille. C'est sur celle-ci que le camphre se dépose, après avoir été entraîné par la vapeur d'eau.

Le camphre qu'on obtient par cette distillation est un *camphre brut*. C'est en Europe, le plus ordinairement, qu'il est épuré ou raffiné.

Un camphrier âgé de quinze à vingt ans peut donner de 5 à 10 kilog. de camphre raffiné.

En Chine, on le retire des jeunes branches par ébullition. On laisse le liquide refroidir toute la nuit. Alors on recueille une masse cristalline brute, qu'on épure pour obtenir du camphre sublimé qu'on nomme *Tchaug-nao*.

On retire aussi du camphre par la distillation des feuilles du *Laurus camphora* et du *Dryobalanops camphora*; mais la quantité qu'on obtient est bien plus faible que celle que donne la distillation du bois et des racines âgées.

Les indigènes de l'île de Kalémantan reconnaissent au son que produit un coup de bâton sur le tronc d'un camphrier, si l'arbre contient peu ou beaucoup de camphre.

Le camphre qui a été sublimé est une substance blanche, cristalline demi-transparente; il brûle à l'air avec une flamme fuligineuse. Son odeur est caractéristique, et elle est bien connue en Europe, dans l'Inde, en Perse, etc.

Emplois.

Le camphre est employé en médecine et en pharmacie. On le regarde comme un excellent aphrodisiaque. On connaît partout les vertus de l'alcool, de l'éther, de l'huile camphrés. On l'utilise aussi pour garantir les étoffes de laine et les fourrures contre les insectes qui vivent aux dépens de ces vêtements. Pour l'obtenir en poudre, on l'humecte avec quelques gouttes d'éther et on le pulvérise ensuite dans un mortier.

On importe beaucoup de camphre dans l'Inde provenant de Malacca, Pinang, Singapore, Ceylan et Chine.

Commerce.

Le *camphre de Chine* est principalement récolté dans la province de Fo-Kien. Comme celui du Japon, il provient du *Laurus* précité. Le *camphre malais* est fourni par le *Dryobalanops*. Ceux de Bornéo et de Sumatra sont très estimés par les Chinois.

Le *camphre anglais* est blanc et diaphane ; il est en pains de 2 à 3 kilog. Le *camphre français* est aussi de belle qualité ; il est en pains de 1 à 1^{kg} 500. Le *camphre hollandais* laisse souvent à désirer au point de vue de sa blancheur.

Le camphre est expédié dans des boîtes métalliques bien soudées. Il doit être un peu humide quand on l'emballe.

CHAPITRE II.

DRAGONNIER OU SANG-DRAGON.

DRACŒNA, CALAMUS ET PTEROCARPUS.

Plantes des familles des Liliacées, des Palmiers et des Légumineuses.

Le sang-dragon est une résine rouge et inodore en larmes sèches qui est produite par divers dragonniers.

1. Dracœna draco, Asparagus draco.

Ce dragonnier (fig. 43) a la forme d'un arbre muni de feuilles ensiformes, vertes, striées longitudinalement et longues de 0^m,30. Ses fleurs verdâtres sont en grappes terminales, ses baies globuleuses à trois loges sont jaunâtres. Son tronc est très développé, mais peu élevé.

Cette espèce peut atteindre de grandes dimensions; elle est répandue dans l'Inde, aux Canaries, aux îles du Cap-Vert, etc.

2. Calamus draco.

La tige de cette espèce, appelée *palmier des montagnes*, est grosse comme le pouce, mais elle s'allonge sans fin et peut atteindre une grande longueur. Ses feuilles sont à pinnules équidistantes, aiguës et munies de piquants droits et épars sur le rachis. Son fruit est petit et ressemble un peu à un cône de pin. Il est le seul qui soit imprégné d'une résine rouge qui est le sang-dragon.

Cette espèce est aussi appelée *rotang sang-dragon*. Elle est très répandue aux Moluques, dans les îles de la Sonde.

3. Pterocarpus indicus.

Cet arbre fournit le *sang-dragon d'Amérique*. Il est commun à la Colombie et dans l'île de Socotora. Il végète très bien sur le penchant des collines, à une altitude de 250 à 600 mètres.

Son tronc peut atteindre 6 mètres de haut, et avoir de $0^m,30$ à $0^m,40$ de diamètre. Ses feuilles coriaces ont $0^m,30$ de longueur. Son bois rougeâtre est très beau.

La résine qui découle naturellement de son tronc est rouge foncé.

Culture.

Les arbres qui précèdent n'ont pas les mêmes exigences par rapport aux terrains qu'ils doivent occuper. Le dragonnier ou *Dracena draco* végète bien dans les sols secs et pierreux. Étant très branchu ou touffu, il appelle la rosée, et l'ombre qu'il projette lui est salutaire, parce qu'il paralyse l'action du soleil sur le terrain qu'il occupe. Par contre, le palmier ou *Calamus indicus* demande un sol profond, perméable et de consistance moyenne. Le sang-dragon oriental, le *Pterocarpus indicus*, exige le même terrain.

Les uns et les autres sont propagés à l'aide de leurs semences ou de leurs rejetons.

Récolte.

Le sang-dragon que contiennent les dragonniers nᵒˢ 1 et 3 exsude de fissures naturelles ou d'incisions faites sur leurs troncs de novembre à avril. Chaque arbre peut en fournir un kilog. Le sang-dragon du Dracœna est rouge, celui du Pterocarpus est cramoisi foncé et de première qualité.

Le sang-dragon fourni par ces deux espèces a moins de

Fig. 43. — Dragonnier.

valeur commerciale que le produit extrait des fruits du n° 2.

Le sang-dragon que produit le palmier n° 2 est retiré de ses fruits. Voici les procédés d'extraction en usage :

1° On concasse les fruits et on les fait bouillir, jusqu'à ce que la matière résineuse surnage. Alors on en forme des tablettes larges de 0^m,04 à 0^m,06. Le marc est disposé en masse rondes ou aplaties. Il constitue le sang-dragon commun.

2° On introduit des fruits dans un sac de toile grossière et très rude, dans le but d'obtenir la matière résineuse qu'ils contiennent. Alors on la fond à l'aide d'une chaleur douce ; puis on la malaxe avec les mains pour lui donner la forme de boules qu'on enveloppe dans des feuilles de *Licuala spinosa*, palmier voisin des Corypha. On a alors le *sang-dragon des Canaries*.

Le sang-dragon du palmier est rouge-brun ; sa cassure présente des points luisants. Il donne une poudre rouge ayant une très légère odeur balsamique. Sa saveur est faiblement astringente. Il est insoluble dans l'eau, mais soluble dans l'alcool, les essences et les huiles grasses.

Ce produit est vendu en *baguettes*, qui sont fragiles et rouge-brun foncé ; en *olives*, qui ont une nuance rouge vermillon ; en *masse* avec une teinte rouge vif, et en *galettes*, qui sont rouge pâle.

Le sang-dragon est utilisé en pharmacie, en parfumerie et en teinture. Il entre dans les vernis rouges.

Le *Pterocarpus indicus*, grand arbre qui existe dans l'Inde, la Chine, aux Antilles, etc., contient une résine rouge analogue au sang-dragon et qui constitue aussi le *sang-dragon d'Amérique*.

CHAPITRE III.

SANDARAQUE.

THUYA ET JUNIPERUS.

Arbres résineux de la famille des Conifères.

La sandaraque est une résine qui est produite au Maroc par le *Thuya articulata* et à la Guinée par le *Juniperus oxycedrus.*

Le *Thuya articulata* ou *Callitris quadrivalvis* est un arbre pyramidal. La résine dont son bois est imprégné a une odeur pénétrante qui rappelle un peu celle du camphre. Il existe aussi en Algérie et dans l'Atlas.

Le *Juniperus oxycedrus* est un petit arbuste connu en France sous le nom de *Genévrier cade;* il est répandu dans la région méridionale.

Ces deux conifères se propagent par leurs graines. Ils demandent des terrains secs, silicieux ou calcaires et une exposition chaude et peu ombragée. Les jeunes plants doivent être protégés contre un soleil ardent.

La sandaraque se présente sous forme de larmes luisantes jaune pâle, allongées, et ayant une cassure vitreuse; son odeur est faible. Elle est soluble seulement dans l'alcool et sert à faire un beau vernis. On l'emploie en poudre pour empêcher le papier qu'on a gratté de boire de l'encre. Cette poudre est blanche. Celle de l'île de Kalemantan est recherchée.

La résine sandaraque est astringente, stimulante, diurétique. On l'utilise aussi en médecine.

⟢⟣

CHAPITRE IV.

BAUMES.

Myrospermum, Toluifera, Copaïfera, Liquidambar.

Arbres des familles des Légumineuses et des Balsamifluées.

Les baumes sont aussi des résines balsamiques qui découlent d'incisions faites sur les troncs de divers arbres. Les plus importants sont au nombre de quatre :

1. *Baume du Pérou;* provient du *Myrospermum* ou *Myroxylum Peruiferum,* arbre de la famille des Légumineuses, qui existe au Mexique, au Pérou, à la Colombie et principale ment sur la côte de San-Salvador. Il est connu depuis 1580. Cet arbre est rare en Europe. On obtient la résine qu'il renferme en opérant sur les troncs de larges incisions destinées à enlever l'écorce.

On connaît trois sortes de baume du Pérou : le *blanc* qui est liquide et qui développe une odeur suave, le *brun* qui est presque solide et le *noir* qui est sirupeux. Ce dernier est le plus abondant dans le commerce; son odeur est forte et sa saveur est amère.

Le baume du Pérou est employé par la médecine, la confiserie et la parfumerie.

2. Le *baume de Tolu* est fourni par le *Toluifera balsamum* ou *Myrospermum toluiferum,* arbre élevé, à écorce lisse, épaisse, qui appartient à la famille des Légumineuses. Cette espèce est originaire de Tolu, dans la Nouvelle-Grenade.

On extrait la résine qu'il contient en opérant des incisions ou des trous profonds sur son tronc. La résine, d'abord liquide, se liquéfie à l'air. Son odeur est agréable. Elle constitue le baume de Tolu qu'on nomme aussi *baume de Saint-Thomé, baume de Carthagène, baume d'Amérique* et qu'on utilise dans la pharmacie. La parfumerie s'en sert pour faire des pastilles balsamiques.

3. Le *baume de copahu* est obtenu à l'aide d'incisions faites sur les troncs du *Copaïfera officinalis* et du *Copaïfera Jacquini,* arbres de la famille des Légumineuses, qui existent au Brésil, à la Guyane et dans l'Amérique méridionale. Cette résine est semi-fluide ; son odeur est douce et aromatique, mais sa saveur est un peu amère.

Le commerce la vend aussi sous les noms de *copahu du Brésil* ou *copahu de la Colombie,* suivant sa provenance.

Ce baume est utilisé en médecine.

4° Le *baume copalme* ou *copalme d'Amérique* est extrait du *Liquidambar styraciflua,* très bel arbre de la famille des Balsamifluées, qui est répandu en Pensylvanie, dans la Floride, etc. Il est le *sweet-gum-tree* des Américains. La résine qu'il contient a une forte odeur de benjoin.

Le *Liquidambar styraciflua* est très rustique et supporte très bien les plus grands froids. Il végète avec vigueur dans les forêts fraîches et riches en humus. On le propage par ses rejets, ses graines ou à l'aide de marcottes portant des incisions.

La multiplication par graines est bien moins rapide que le marcottage, parce que les semences ne germent qu'une année après qu'elles ont été confiées à la terre.

Le suc qu'on obtient en incisant les écorces est abondant ; il a une odeur balsamique qui est très agréable, mais sa saveur est âcre et amère. Cette résine constitue le *copalme liquide,* ou *styrax liquide,* ou *storax liquide.*

On peut obtenir aussi cette résine en faisant bouillir de jeunes branches dans l'eau, mais ce procédé est moins simple que le précédent.

5° Le *copalme d'Orient* est fourni par le *Liquidambar orientale*, qui croît dans l'Asie Mineure, à l'île de Chypre. Le parfum de la résine qu'on en extrait rappelle celui de la vanille. Ce produit est liquide et constitue aussi le copalme ou storax fluide.

6° Le *Liquidambar Altingiana* fournit aussi du *storax* ou *styrax liquide*. Ce très grand arbre de l'Asie méridionale forme de vastes forêts de 700 à 1.000 mètres d'altitude dans les îles de la Sonde. Le suc balsamique qui en découle est très en usage dans l'Inde.

7° Le *Bursera gummifera* ou *Bursera balsamifera*, qui croît en Colombie, à la Guyane, au Mexique, aux Antilles, à la Martinique, est l'arbre auquel on a donné le nom de *Gomart d'Amérique*, *Gomart balsamifère*. La résine balsamique qu'il fournit est employée en médecine et dans le feutrage.

Cette résine est d'abord fluide et jaunâtre, mais elle s'épaissit promptement quand elle est en contact de l'air; sa saveur est amère et son odeur très désagréable.

8° Le *Boswellia thurifera*, grand arbre des montagnes du centre de l'Inde, fournit un baume jaune-orange à odeur très agréable, qui est très employé en médecine sous le nom de *Gunda*.

9° Le *Gardenia lucida* et le *G. gummifera* produisent dans le Mysore et la province de Bombay, une résine ambrée très odorante appelée *dik kamali*. Elle est très en usage dans les hôpitaux de l'Inde.

TROISIÈME DIVISION.

LES ARBRES LACTICIFÈRES.

CHAPITRE PREMIER.

CAOUTCHOUC.

CAOUTCHOUC, FICUS, HEVEA, CASTILLOA, JATROPHA.

Plantes des familles Artocarpées, Euphorbiacées, Apocynées.

Le caoutchouc, nom donné par les Indiens au suc laiteux de divers arbres qui végètent dans l'Asie méridionale et en Afrique, est connu en Europe depuis 1736, époque à laquelle de La Condamine en envoya du Pérou en France; mais c'est à dater seulement de 1820 que l'industrie l'a utilisé.

Le caoutchouc n'est ni une gomme ni une résine. On le récolte en Asie, à Bornéo, Java, Sumatra, Assam, Singapore, dans l'Amérique du Sud, à Panama, dans les Antilles, au Brésil, en Afrique, à Madagascar, au Gabon, Nossi-bé, etc.

Voici les principaux arbres qui le fournissent :

1. Ficus elastica ou Urostigma elasticum.

Cet arbre a des feuilles alternes, lisses, oblongues, entières et coriaces. Il atteint de grandes dimensions et est très beau. Il existe dans la Malaisie, l'Indoustan, à Java, etc.

Le caoutchouc qu'il fournit dans l'Inde et à la Réunion est de qualité inférieure. On le nomme *caoutchouc des Indes*.

2. Ficus religiosa.

Cet arbre de grande taille, appelé *figuier des Pagodes*, ou *roi des arbres*, est en très grande vénération dans l'Inde; son tronc est blanchâtre. Il est répandu aussi en Cochinchine. Son feuillage est remarquable; son bois sert à sculpter des idoles. Il fournit aussi le *caoutchouc des Indes*.

Le *Ficus elastica* est le *Pipûl* des Hindous, l'*arbre des Banians de Boudha*, l'*arbre de la science* et le *figuier du Paradis*.

3. Ficus bengalensis ou Ficus indica.

Ce figuier est le *Bërr* ou *Bâtt* des Hindous; il atteint 15 à 18 mètres de hauteur, avec une tête ayant parfois 100 mètres de circonférence, mais on ne le rencontre pas dans les parties montagneuses. Son feuillage est remarquable, son tronc est droit et cannelé. Il donne naissance à des racines adventices et aériennes qui descendent des branches principales pour s'implanter dans le sol, et dont plusieurs deviennent des troncs supplémentaires. Les plus fines, d'une grande dureté, sont employées en guise de cordes.

Cet arbre est aussi très vénéré par les Indous. Étant un *arbre sacré*, on ne peut couper ses racines que quand les prêtres Indiens en ont donné l'autorisation. Ce figuier est le *waringhïn* des Malais. Il existe de nos jours en Égypte. Son bois, qui est blanc et léger, sert en Cochinchine à faire des caisses d'emballage.

4. Ficus antiquorum.

Ce figuier existe en Égypte depuis la plus haute antiquité. Il peut acquérir de grandes dimensions. Son bois servait jadis à fabriquer des caisses pour les momies.

Tous les ficus appartiennent à la famille des Artocarpées.

5. Castilloa elastica.

Cet arbre, de la famille des Artocarpées, est originaire du Mexique. Il existe dans les Antilles, à la Nouvelle-Grenade, dans l'Inde, à la Martinique. Le caoutchouc qu'il produit est d'excellente qualité.

6. Hevea Guyanensis ou Siphonia elastica.

Cet arbre, de la famille des Euphorbiacées et que l'on désigne encore sous les noms de *Siphonia cahuchu* et *Jatropha elastica*, est commun dans l'Amérique équinoxiale, à la Guyane, à la Réunion, à Buénos-Ayres, à Rio de la Plata, au Brésil dans les provinces de Para et des Amazones. Le caoutchouc qu'il fournit est de qualité supérieure. Son tronc a souvent un diamètre de $0^m,65$ à $0^m,75$. L'amande de son fruit est blanche et douée d'une agréable saveur.

L'*Hevea Brasiliensis* et l'*Hevea discolor* fournissent aussi du caoutchouc au Brésil, dans la belle vallée de l'Amazone et dans les provinces de Para et de Matto-Grosso.

7. Urceola elastica.

Cette Apocynée est grimpante ; elle existe dans l'Archipel indien. Elle produit au Brésil, dans la vallée de l'Amazone, le *caoutchouc de Malasie*.

8. Vahea gummifera ou Madagascariensis.

Cet arbrisseau grimpant, de la famille des Apocynées, existe à la Réunion, au Gabon, à Madagascar. On en extrait facilement du caoutchouc. On le nomme *voua heré* à Madagascar. Les botanistes l'ont aussi appelé *Landolphia florida*. Il s'élève jusqu'à 800 mètres d'altitude sur la côte occidentale d'Afrique.

Tous les végétaux lacticifères que je viens de signaler

comme donnant du caoutchouc ne peuvent être cultivés que dans les climats équatoriaux. Les climats de l'Europe et de l'Australie ne sont pas à la fois assez chauds et assez humides pour qu'on songe à les propager, avec l'espérance d'en obtenir de bons résultats.

Les grandes forêts de caoutchouc au Brésil sont appelés *seringaes;* elles sont constituées principalement par les espèces qui appartiennent au genre *Hevea.*

L'extraction du caoutchouc est simple et facile. On fait sur les troncs des arbres des incisions profondes et verticales reliées par des incisions obliques. Le suc laiteux qui en découle est reçu dans des fruits du calebassier, au-dessous de l'entaille principale. Ce suc est blanc et fluide, et il reste presque liquide si on le met presque immédiatement dans des vases bien fermés; mais exposé à l'air, avec le temps il se coagule. Alors, avant qu'il se soit solidifié, on le dispose en plaques plus ou moins larges et épaisses. Parfois, plusieurs sont soudées ensemble par de la chaleur et une pression. Ces plaques sont ensuite disposées sous forme de rouleaux.

Quand on veut obtenir le caoutchouc sous forme de poires creuses, on verse le suc laiteux, lorsqu'il est encore fluide, entre deux moules en terre argileuse ayant un aspect pyriforme. Lorsque le liquide s'est solidifié, on détruit les moules en les brisant ou en les plongeant dans un vase contenant de l'eau. Le caoutchouc a alors une nuance brune.

Le caoutchouc qu'on importe en France vient principalement de l'Inde de l'Amérique du Sud et de la Guyane. La Chine n'en exporte pas.

Cette substance est inaltérable à l'air, insoluble dans l'eau et l'alcool, mais elle se ramollit à chaud se durcit à froid. Elle n'est utilisée dans les arts qu'après avoir été préparée par l'industrie. Ses applications sont nombreuses.

CHAPITRE II.

GUTTA-PERCHA.

ISONANDRA PERCHA.

Arbre de la famille des Sapotées.

La gutta-percha est connue en Europe depuis 1842 ; elle a, par sa composition, une grande analogie avec le caoutchouc. Elle en diffère en ce qu'elle n'est pas douée à froid d'élasticité et qu'elle se ramollit très aisément par la chaleur. Son nom vient du mot malais *gotah* et du sumatrais *Pertjah* qui signifie suc laiteux de Malacca et de Sumatra.

Ce suc concret découle d'incisions faites sur le tronc de l'*Isonandra gutta,* qui est commun dans le Cambogde, la Cochinchine, à Bornéo, aux environs de Singapore et au Brésil, dans la province de Céara, et qui est indigène dans les îles de la Malaisie. Cet arbre, haut de 10 à 20 mètres et ayant à sa base de 2 à 3 mètres de circonférence, a des feuilles alternes, vertes en dessus et brun rougeâtre en dessous.

Les îles de Sumatra renferment de belles forêts de gutta-percha.

La gutta-percha est produite au Sénégal par le *Minusops alata* que l'on nomme vulgairement *Massaranduba* ou *aprohin vermelho*. A la Guyane, elle vient du *Minusops balota,* qui est abondant dans le haut Maroni. En Abyssinie et au Brésil, on en extrait aussi du *Minusops Schim-*

perii. En Cochinchine, on la retire du *Dichopsis Krantziana* ou *Isonandra Krantzii,* qui constitue de belles forêts dans les montagnes du Cambodge.

En Chine, comme dans la Malaisie et ailleurs, on extrait la gutta-percha des arbres qui la produisent on opérant des incisions sur leurs troncs. Le suc laiteux qui découle de ces entailles est exposé à l'air pour qu'il se sèche en couches minces. Les lames qu'on obtient ainsi servent, en les superposant, à faire des pains ronds ou des rouleaux qui sont livrés au commerce. Un arbre adulte fournit de 5 à 7 kilog. de gutta.

La gutta-percha qui vient de Chine et qui est en pains aplatis, est blanchâtre, mais son odeur est désagréable. La chaleur de l'eau bouillante la rend très malléable. Les forêts de Lahore et l'île de Singapore en fournissent d'importantes quantités.

Celle qu'on récolte dans l'Archipel indien contient beaucoup d'impuretés. C'est dans l'Inde qu'on lui enlève ces parties étrangères en la soumettant à un broyage et à un lavage.

Au Cambodge, on obtient le suc laiteux que contient le *Dichopsis Krantziana* en pratiquant dans l'écorce deux entailles sous un angle aigu et en forme de V. Le suc épais qu'on recueille alors dans un récipient est versé dans une bassine située sur un feu doux. Après deux heures environ d'évaporation, on obtient une masse grisâtre, élastique, qui est de la gutta-percha bien inférieure à celle qu'on récolte dans la Chine et la Malaisie.

Comme le caoutchouc, la gutta-percha peut être vulcanisée, opération qui consiste à la durcir en l'imprégnant de soufre.

La gutta-percha est insoluble dans l'eau et peu soluble dans l'alcool, mais la benzine, le sulfure de carbone la dissolvent à chaud.

La gutta-percha épurée contient les principes suivants : *gutta*, 75 à 82 ; *albane*, 14 à 16 ; *fluavile*, 4 à 6 p. 100.

La gutta est une substance blanche, élastique, qui est fusible à 100° ; l'albane est une résine blanche, cristalline, qui est fusible à 100° ; la fluavile est une résine jaunâtre, cassante et fusible à 110°.

Son poids spécifique est 0,979.

Cette substance peut être facilement malaxée à la température de 100°. Elle donne lieu de nos jours à un commerce d'une grande importance. La gutta-percha la plus estimée est celle qui vient en Europe de la presqu'île malaise. Son emploi dans l'industrie est très varié et très utile.

On a depuis vingt ans abattu un très grand nombre d'arbres adultes d'*Isonandra* dans les îles de la Sonde. Le temps est venu de réparer cette perte très regrettable en créant, comme le propose M. Naudin, des forêts avec cette espèce, partout où elle peut réussir, si on veut que les nations civilisées ne soient pas un jour privées de cet important et très utile produit.

La multiplication de l'Isonandra, du Dichopsis et du minusops ne présente aucune difficulté dans les climats analogues à celui de la Péninsule malaise.

L'*Isonandra acuminata*, commun dans les forêts de Wynaad, de Cochin et de l'Ouest de l'Inde où il s'élève jusqu'à 1.000 mètres d'altitude, est un grand arbre. En incisant son écorce, on obtient un suc laiteux abondant, qui devient dur en perdant l'eau qu'il contient. Ce produit est cassant ; mais soumis à une température dépassant $+$ 30°, il se ramollit et devient flexible. Jusqu'à ce jour, ce suc n'a pas été utilisé par l'industrie.

QUATRIÈME DIVISION.

LES ARBRES ASTRINGENTS.

CHAPITRE PREMIER.

CACHOU.

ACACIA, ANACARDIUM ET ARECA.

Arbres des familles des Légumineuses, des Anacardiacées et des Palmiers.

Le cachou est un produit très riche en tanin, qu'on extrait par ébullition des trois arbres désignés ci-après :

1. Acacia catechu ou mimosa catechu.

Cet arbre des Indes orientales est commun dans les jungles de Pégu, Cuttack, etc. Il y est connu sous le nom de *kuba tree, kair tree.* Il est épineux et atteint 10 à 12 mètres de hauteur. Ses rameaux et ses pétioles sont couverts d'un duvet blanchâtre. Ses feuilles sont à folioles linéaires, ciliées et pubescentes. Ses fleurs sont sessiles, en épis lâches et solitaires.

Toutes ses parties fournissent par ébullition et évaporation une substance douée d'une saveur astringente et d'un goût très agréable. Ce produit est le vrai *cachou* ou le *ku* ou *cutch* des Indiens.

Cette espèce, appelée aussi *Acacia suma,* est d'une culture facile. On la propage aisément à l'aide de ses graines ou en la greffant sur une espèce indigène et vigoureuse. La germination de ses semences a lieu très lentement à cause de leur grande dureté.

2. Anacardium occidentale ou cassurium.

Cet arbre a été importé dans la Malaisie par les Portugais. Il est répandu dans les Antilles et sur la côte du Malabar. Il grimpe autour de supports et principalement sur le *Jak* (ERYTHRINA CORALLODENDRON), sur le *mangue koudou* (MORINDA CITRIFOLIA), et sur le *cocotier* ou l'*areca indien.* C'est du suc de ses fruits qu'on retire du cachou qui est de qualité secondaire.

Cet arbre a de 4 à 7 mètres de hauteur; son tronc est noueux, ses feuilles sont ovales, obtuses, entières, ses fleurs jaunâtres sont disposées en panicules terminales. Son fruit est une noix réniforme dont l'écorce contient une huile caustique et âcre.

L'anacardium se propage de boutures qu'on plante après la saison des pluies dans des terrains où des forêts ont été défrichées. A Pinang (Inde), les jets détachés de la base des arbres sont enterrés dans une fosse circulaire ayant $0^{m},50$ de diamètre, afin d'avoir beaucoup de tiges, car chaque pied donne naissance à plusieurs jets. A Bencoulen, on les espace de $1^{m},30$, et à Pinang de $2^{m},30$ à $2^{m},65$. Les sujets qu'on obtient sont en plein rapport de la cinquième à la neuvième année. En général, ils déclinent jusqu'à quinze ou vingt ans, et meurent de la vingt-cinquième à la trentième année, selon la nature du terrain. Les fruits récoltés sont séchés sur des nattes exposées au soleil.

3. Areca catechu ou Arec.

Cet élégant palmier est originaire des îles de la Sonde.

Il est répandu dans l'Archipel indien, à Ceylan, aux îles Moluques, sur la côte du Malabar, les collines des montagnes du Népaul, en Cochinchine. Son tronc est droit et haut de 12 à 14 mètres. Il est couronné par 10 à 12 feuilles longues de 5 mètres. On le regarde avec raison comme le plus beau palmier de l'Inde. Les régimes qu'on y voit sont ordinairement au nombre de trois. L'un, qui est supérieur, est composé de fleurs mâles et femelles, l'autre porte des fruits verts, et le troisième des fruits mûrs ou jaune doré et gros comme un œuf de poule, avec un brou fibreux. L'amande est arrondie, ovoïde, à peu près comme la noix muscade. A Ceylan, à Travancore, cette noix sert à préparer un *kaschu* spécial, qui est très estimé et qui est appelé *coury* s'il est de première qualité, et *cassus* s'il est de deuxième.

Cet areca est commun dans les Indes anglaises et hollandaises et dans le royaume de Siam. A Sumatra, on récolte annuellement 5 à 6 millions de kilog. de noix d'arec. La Cochinchine en expédie presque autant dans la Chine méridionale. Chaque arbre fournit de 500 à 1.000 noix.

On connaît cinq variétés de noix d'arec :

Le *Gonocarpa* ou drupe anguleuse ;

Le *Ceratocarpa* qui est un peu lobé au sommet ;

L'*Oocarpa* qui est ovoïde et blanchâtre ;

Le *Sphærocarpa* qui est arrondi ;

L'*Oxycarpa* qui est ovoïde et un peu pointu.

Les noix les plus recherchées sont toujours récoltées avant leur complète maturité. Celles que produit l'*Areca Dicksonii* variété indigène et vigoureuse, sur les montagnes du Malabar et du Travancore, sont consommées par les classes pauvres.

L'areca catechu se propage au moyen de ses fruits.

Extraction du cachou.

C'est en opérant une décoction prolongée qu'on obtient le cachou des feuilles de l'acacia et des fruits de l'anacardium et de l'areca. Dès que le liquide est évaporé et qu'il a une certaine consistance, on le divise en morceaux, on l'étend sur des feuilles ou des nattes et on le fait sécher ou soleil. Le cachou est alors rouge-brun, avec une cassure brillante, homogène, cristalline, et une saveur astringente. Il est soluble dans la bouche.

En agissant ainsi on obtient deux sortes de cachou :

Le *cuttacumbou* qui sert de masticatoire,

Le *cashcuttie* qui est utilisé par la médecine.

Cachous du commerce.

Le commerce européen distingue divers cachous :

1° Le *cachou de Bombay*, qui est extrait de l'*Areca catechu* et qui provient de Travancore et de Canara ;

2° Le *cachou du Bengale*, qui vient du Népaul et de Saharumpore et qui est exporté par Calcutta ;

3° Le *cachou de Pegu*, qui est extrait, comme le précédent, de l'*Acacia catechu.*

On a constaté que les cachous provenant de Bombay et de Pegu contenaient 50 à 55 pour 100 de tanin, alors que le cachou récolté dans le Bengale n'en renfermait que 40 pour 100.

Le commerce distingue, en outre, les cachous les uns des autres suivant leur manière d'être. Voici les divisions qu'il admet :

1° Cachou coulé sur des feuilles,

2° Cachou coulé sur du sable,

3° Cachou en gros pains cubiques,

4° Cachou en petits pains cubiques.

Les trois premiers proviennent de l'*Acacia catechu* et le dernier de l'*Areca catechu*.

Les gros pains de cachou importés des Indes pèsent de 30 à 40 kilogrammes.

Usages.

Le cachou est utilisé en médecine à cause de ses propriétés très astringentes. Le cachou bien préparé ou de choix est stomachique. On l'utilise sous forme de pastilles ou de grains.

Les noix d'arec, après avoir été grillées et pulvérisées, sont aussi utilisées comme poudre dentifrice.

Le cachou qui est terne ou enfumé est recherché par la tanerie; il remplace l'écorce du chêne dans le tannage des cuirs. Le *bali-bobolah* que fournissent les gousses de l'*Acacia catechu* est aussi employé par les Indiens dans les tanneries.

Les noix d'arec donnent lieu à un commerce considérable dans les Indes orientales et surtout à Madras, Ceylan, etc. Les habitants de cette partie de l'Asie ne peuvent s'en passer. C'est l'albumen des fruits que les Malais mâchent après l'avoir mêlé à des feuilles de bétel et de la chaux, masticatoire très astringent à cause de l'acide gallique qu'il contient et qui rend les dents noirâtres.

On importe en France annuellement 5 à 6 millions de kilog. de cachou.

CHAPITRE II.

KINO ET GAMBIR.

PTEROCARPUS, BUTEA, NAUCLEA, etc.

Arbres appartenant aux familles des Légumineuses, Rubiacées, etc.

Kino. — Gambir. — Emplois de ces deux produits.

Le *kino* et le *gambir* ont une très grande analogie au point de vue de leur composition.

1. Kino.

Le *kino* ou *gomme kino* est une substance très astringente qu'on extrait des arbres ci-après.

1. *Pterocarpus erinaceus ou Adansonii* et *Pterocarpus indicus ou Wallichii*, qui croissent au Malabar, à Rangoon et dans l'Afrique occidentale. Le *Pterocarpus marsupium* s'élève jusqu'à 1.000 mètres dans les montagnes de l'Inde. Il est répandu dans l'île de Ceylan et sur la côte du Malabar. Son écorce contient 75 pour 100 d'acide tannique.

2. *Butea frondosa* ou *Erythrina monosperma*, arbre remarquable qui est commun au Bengale et dans les montagnes de l'Himalaya. Ses fleurs écarlates, d'un grand effet, sont en grappes rameuses. Son écorce contient 75 pour 100 de tanin.

Cette belle espèce est le *pulas* des Hindous.

3. Les *Eucalyptus* qui fournissent du Kino sont au nombre de quatre :

Eucalyptus resinifera, qui est répandu dans l'Australie

et la Nouvelle-Hollande. Cette espèce a un développement rapide dans les bonnes terres. — *Eucalyptus rostrata*, qui végète très bien sur les sols humides dans l'Australie méridionale et aux îles Maurice et de la Réunion. Cette belle espèce est le *red gum* des Australiens. — *Eucalyptus corymbosa*, espèce élevée, commune à la Nouvelle-Galles du Sud ; son écorce est raboteuse, crevassée et riche en kino. — *Eucalyptus citriodora*, grand arbre à écorce blanche et lisse. Ses feuilles contiennent une huile essentielle à odeur de citron. Il est répandu en Australie.

4. *Rhizophora mangle*, qui appartient aux régions tropicales. Cet arbrisseau appelé *Rhizophore manglier* a des feuilles ovales et des fleurs jaune pâle. Il végète bien sur les côtes dans les régions tropicales. Son écorce est riche en tanin.

5. *Cocoloba uvifera*, qu'on rencontre dans les Indes orientales et dans l'Amérique du Sud. Cet arbre, de 6 à 8 mètres de hauteur, se plaît dans les sables maritimes meubles et frais. Ses fleurs blanches odorantes sont en grappes terminales et dressées. Son écorce est riche en kino. Ses fruits bleu foncé sont comestibles.

Le kino provient d'incisions faites sur les troncs des arbres qui précèdent. C'est un produit naturel que le soleil a desséché. Il est en petits fragments rouge foncé ; il colore la salive.

Les espèces qui précèdent sont d'une multiplication facile en Asie. On les propage à l'aide de leurs semences. Toutes demandent des terres profondes, légères et fertiles. Par exception, le *Cocoloba uvifera* doit être cultivé sur les bords de la mer dans un terrain frais.

Le commerce distingue six sortes de Kino :

1° Le *Kino de Gambie* ou *Kino d'Afrique* ou *Kino du Sénégal*,

2° Le *Kino du Malabar* ou *Kino d'Amboine*,

3° Le *Kino du Bengale* ou *Kino de Palas* ou *Pulas*,

4° Le *Kino d'Australie* ou *Kino de Batany-Bay*,

5° Le *Kino de la Jamaïque*,

6° Le *Kino de la Colombie*.

Le premier provient du *Pterocarpus erinaceus*; le second, du *Pterocarpus marsupium*; le troisième, du *Butea frondosa*; le quatrième, des *Eucalyptus resinifera*, *rostrata*, *corymbosa* et *citriodoras*; le cinquième, du *Cocoloba uvifera*; le sixième, du *Rizophora mangle*.

2. Gambir.

Le *gambir* ou *gambier* est aussi une résine très astringente et tonique, qu'on extrait par ébullition des feuilles du *Nauclea gambir* ou *Uncaria gambir*, de la famille des Rubiacées, et du *Volkameria inermis*, de la famille des Verbénacées, et des *Uncaria acida*, *ovalifolia* et *sclerophylla*.

Le *Nauclea* ou *Funis uncatus* est un arbrisseau de la famille des rubiacées; il est répandu à Ceylan, dans la Malaisie et l'Archipel indien, atteint 2 mètres de hauteur et peut vivre de vingt à trente ans. Le *Volkameria* est peu connu à Java, mais il est commun sur la côte occidentale de Bornéo et la partie orientale de Soumadra à Malaka. Il ne dépasse pas 2 mètres en hauteur.

Les feuilles de ces deux arbrisseaux sont récoltées deux fois par an.

Lorsque le suc, par suite de l'ébullition, a la consistance du sirop, on le coule dans des moules ronds ou carrés. Quand les pains sont devenus solides, ce qui a lieu au bout de quelques heures, on les divise en petits cubes de 12 à 20 grammes, qu'on fait sécher ensuite en les exposant sur des claies à l'action du soleil. Le gambir a alors une couleur jaune fauve. Celui qu'on fait sécher au feu a une nuance brune. Le gambir qu'on obtient par ce procédé se conserve plusieurs années. Dans la Malaisie, où il est très en usage, on le nomme *gatah*, *goutta* ou *gambir*.

Emploi du kino et du gambir.

Le *kino* est utilisé en médecine.

Le *gambir* est principalement employé dans l'Inde et la Malaisie comme masticatoire, après avoir été associé au bétel et à l'arec; il a un goût amer astringent qui affecte la langue; il est aussi très stomachique. Le commerce le désigne sous les noms de *Kino d'Amboine*, *Kino de l'Inde*, *Kino du Malabar* ou *cachou jaune*. Sa cassure est cristalline et brun clair.

L'Inde et la Malaisie expédient en Chine du gambir et du kino pour le tannage des cuirs.

Le gambir de Singapore a une couleur brune.

Un mètre cube de feuilles donnent de 20 à 25 kilog. de gambir.

CINQUIÈME PARTIE.

PLANTES MÉDICINALES.

Les plantes médicinales sont celles qui sont utilisées par la thérapeutique. Ces plantes sont très nombreuses. Les unes sont indigènes; les autres sont exotiques et cultivées. Au nombre de celles-ci, il en existe qui appartiennent au domaine agricole en Europe, en Asie et en Afrique.

J'ai principalement mentionné ici les plantes dont les produits donnent lieu à des transactions commerciales importantes, comme la réglisse, la rhubarbe, l'absinthe, le pavot blanc, l'aloès, le cinchonia qui produit le quinquina, etc.

A côté de ces plantes, se placent naturellement le ricin, la moutarde, la mélisse, la menthe poivrée; la lavande, la marjolaine, le romarin, l'anis, l'angélique, la coriandre, le fenouil, le safran, le houblon, la rose de Provins, le lin, qui ont été mentionnés dans le second et le troisième volume, et le pavot à opium, le séné, le camphrier, le cachou, l'aya-pana, les baumes, la gomme, le sang-dragon, le cachou, le kino, etc., qui ont leurs pages dans le présent volume.

CHAPITRE PREMIER.

RÉGLISSE.

GLYCYRRHIZA GLABRA, L.

Plante dicotylédone de la famille des Légumineuses.

Anglais. — Licorice.
Allemand. — Sussholz.
Danois. — Lakrizrol.
Russe. — Dubez.

Italien. — Regolizia.
Espagnol. — Regaliza.
Portugais. — Regaliz.
Polonais. — Lakrycya.

Mode de végétation. — Terrain. — Culture. — Arrachage des racines. — Conservation des boutures. — Produit par hectare. — Valeur commerciale. — Emballage. — Usages.

La réglisse officinale est une plante ancienne ; Dioscoride et Pline la signalent comme une plante médicinale. Théophraste l'appelle *racine de Scythie*, parce que les Scythes s'en nourrissaient.

Elle croît spontanément dans l'Europe méridionale.

On la cultive en Italie, en Espagne, en Allemagne, en Grèce et en France, à Bourgueil (Indre-et-Loire).

Mode de végétation.

Cette plante (fig. 44) est vivace. Ses racines ont souvent 1 et même 2 mètres de longueur ; elles sont rampantes, cylindriques, d'un gris rougeâtre en dehors, et d'un jaune plus ou moins foncé en dedans, suivant l'âge. Ses tiges ont 1 mètre à 1^m,50 de hauteur, sont arrondies, presque ligneuses et à rameaux légèrement pubescents ; elles meurent

Fig. 44. — Rameau de la réglisse.

en automne. Ses feuilles sont alternes, pétiolées, à 15 ou 19 folioles ovales, obtuses, presque sessiles et recouvertes d'un enduit visqueux. Ses fleurs sont petites, rougeâtres ou purpurines, et disposées en épis allongés et un peu lâches. Ses fruits ont la forme de gousses ovales, glabres, pointues, contenant 2 à 4 graines.

La réglisse résiste bien aux froids de la Touraine.

Il existe dans la Tartarie une espèce indigène appelée *Glycyrrhiza echinata* qui fournit la *réglisse de Russie* qu'on importe en France. Les racines de cette réglisse sont fortes et pivotantes. On les récolte dans les environs d'Astrakan.

Terrain.

La réglisse exige des sols profonds, silico-argileux, argilo-siliceux, fertiles, substantiels et bien exposés. Elle redoute les terres argileuses et humides, et les terrains sablonneux sujets à se dessécher pendant l'été.

Le sol qu'on destine à la réglisse doit être parfaitement préparé et bien fumé. Ordinairement, on le laboure à la charrue aussitôt après les semailles d'automne, et au mois de février ou de mars on l'ameublit à la bêche.

Culture.

On multiplie la réglisse à l'aide de pousses ou rejetons récoltés sur les vieilles racines ou de bourgeons enracinés. Les pousses doivent avoir 0^m,10 à 0^m,15 de longueur, et être munies de deux à trois yeux.

La mise en place des pousses ou des boutures se fait, suivant la latitude, ou à la fin de février, ou pendant le mois de mars.

La plantation des boutures ou des pousses se fait en lignes distantes de 0^m,50 à 0^m,80 les unes des autres, suivant la fertilité et la profondeur du terrain.

Les plants, sur les lignes, sont espacés de 0^m,25 à 0^m,50.

On doit avoir le soin, lorsqu'on plante des bourgeons enracinés, de laisser leur extrémité supérieure dépasser la surface du sol de 0^m,02 à 0^m,03.

Pendant la première année, on exécute les binages nécessaires. En automne, on coupe les tiges lorsqu'elles sont sèches, et on exécute un labour à la bêche entre les lignes. Puis on applique une fumure en couverture.

Au mois de mars suivant, on enterre le fumier par un deuxième labour à la bêche.

En mai ou en juin, on exécute un binage qu'on répète au printemps de la troisième année, si l'état du sol l'exige.

Arrachage des racines.

L'arrachage des racines se fait pendant l'automne de la troisième année, c'est-à-dire après deux hivers et trois étés, aussitôt après la chute des feuilles, qui a lieu ordinairement en novembre. Alors, les racines sont remplies de suc, elles sont fermes, rouge sombre en dehors, et jaune foncé à l'intérieur.

On a proposé de n'exécuter l'arrachage qu'au printemps de la quatrième année. L'expérience ne permet pas de considérer cette époque comme favorable. Ordinairement, à la fin du troisième hiver, les racines de la réglisse sont molles, ont une couleur pâle à l'extérieur, et une teinte jaune sale en dedans; en outre, leur saveur est moins agréable.

Après l'arrachage, on les débarrasse du chevelu qu'on y observe, on les lave, on les fait sécher dans une étuve ou au soleil, et on les met ensuite en bottes.

Depuis quelques années, divers cultivateurs décortiquent les racines avant de les livrer au commerce.

Un hectare bien planté fournit, à la troisième année, de 800 à 1.000 kilog. de racines sèches.

Les bourgeons qu'on destine pour la plantation du printemps suivant sont stratifiés dans du sable ou de la terre très douce. Cette stratification se fait dans un jardin, une cave ou un cellier.

La racine ou *bois de réglisse* se vend de 70 à 90 fr. les 100 kilog., suivant sa qualité et sa provenance.

Les racines les plus estimées sont celles qui sont très jaunes intérieurement et sans goût âcre.

Variétés de réglisse.

Le commerce distingue quatre sortes de réglisse :

1° *Racine de Bayonne.* Elle vient de la Galice ; elle est très longue et développée ; son épiderme est grisâtre et un peu grossier, et son intérieur est jaune doré. Sa saveur est un peu âcre.

2° *Racine de Catalogne.* Elle est moins longue et moins grosse, mais elle est plus sucrée.

3° *Racine d'Alicante.* Elle est plus effilée, plus mince que les racines précédentes, et présente beaucoup de chevelu.

4° *Racine de Bourgueil.* Elle est moyenne, un peu ligneuse, bien effilée et assez lisse ; son épiderme est mince et rouge-brun, l'intérieur est jaune doré. Sa saveur est peu sucrée.

La *réglisse de Russie*, produite par l'espèce appelée *Glycyrrhiza echinata*, vient en France en gros morceaux, parce que ses racines sont plus fortes que les racines de la réglisse officinale.

Emballage.

La *réglisse de Bayonne* est livrée en balles longues de 1^m,50 à 2 mètres. Ces balles sont aplaties, et rondes aux extrémités. Elles pèsent de 75 à 100 kilog.

La *réglisse de Catalogne* est ployée en bottes et expédiée en balles carrées contenant quatre bottes, et pesant 75 à 80 kilogrammes.

La *réglisse d'Alicante* est enveloppée de sparte. Chaque balle pèse 50 kilog.

La *réglisse de Bourgueil* est expédiée en balles de 50 à 100 kilog.

Usages.

La racine de la réglisse est employée fraîche ou sèche, par la pharmacie et les confiseurs ; les brasseurs l'utilisent pour adoucir et colorer la bière. Elle sert, en outre, à fabriquer la boisson que l'on nomme *coco.*

Cette racine est adoucissante, pectorale, rafraîchissante et diurétique. Elle doit ses propriétés spéciales à la *glycyrrhizine* qu'elle contient et qui est à la fois gommeuse et sucrée.

On en extrait une matière noirâtre et sucrée. Pour obtenir ce produit, on réduit la racine en poudre, qu'on fait tremper pendant deux jours, et qu'on fait ensuite bouillir dans des bassines. On obtient alors une liqueur qu'on évapore dans un vase en cuivre ; lorsque ce saccharolé liquide est noir, on le moule en bâtons du poids de 60 à 120 grammes. C'est quand ce produit est solidifié, qu'il constitue l'extrait qu'on appelle *suc de réglisse* ou *jus de réglisse.*

Le suc de réglise de Calabre est le plus estimé ; il est principalement fabriqué à Corigliano et à Barracca ; vient ensuite le *suc de réglisse d'Espagne* ou *de Bayonne,* puis le *suc de réglisse de France,* qu'on prépare dans le bas Languedoc, en Touraine et dans le Poitou. Ces divers sucs sont livrés en bâtons ou en pains.

100 kilog. de racines sèches donnent 90 kilog. de poudre.

La racine sèche *constitue* le *bois de réglisse.*

Succédanés de la réglisse.

En Amérique, dans l'Inde, aux Moluques, dans les îles de la Polynésie et aux Antilles, on emploie les racines de l'*Abrus precatorius* aux mêmes usages que celles de la réglisse. Cet arbrisseau a des tiges volubiles, des fleurs violet pâle, et il appartient aussi à la famille des Légumineuses. Ses racines sont cassantes, tortueuses et rarement droites ; leur épiderme est noirâtre, mais leur intérieur est jaune avec une saveur sucrée ; elles sont adoucissantes et béchiques, parce qu'elles renferment aussi de la *glycyrrhizine*.

Ses graines sont rouges et marquées sur l'ombilic d'une tache noire ; elles sont très vénéneuses, mais elles servent à faire de jolis colliers et d'élégants bracelets.

La *réglisse de montagne* n'est autre que les racines du *Trifolium montanum* et la *réglisse sauvage* celles de *l'Astragalus glycyphyllos*.

Le premier est vivace ; sa racine est pivotante. Ses fleurs blanc jaunâtre forment des têtes ovoïdes globuleuses. On le rencontre dans les prés et les bois des contrées montagneuses.

Le second est aussi vivace. Ses racines sont fortes et rameuses. Ses fleurs jaune verdâtre sont disposées en grappes ovales. Cette *réglisse bâtarde* est souvent commune dans les lieux incultes et les terrains boisés.

Ces deux plantes appartiennent à la famille des Légumineuses.

CHAPITRE II.

RHUBARBE.

RHEU.

Plante dicotylédone de la famille des Polygonées.

Anglais. — Rhubarb.
Allemand. — Rhabarber.
Hollandais. — Rhabarber.
Suédois. — Rabarber.
Polonais. — Rabarbarum.

Italien. — Rabarbaro.
Espagnol. — Ruibarbo.
Portugais. — Ruibarbo.
Chinois. — Tay-huam.
Russe. — Raven.

Mode de végétation. — Espèces. — Composition. — Terrain. — Culture. — Récolte. — Produit par hectare. — Variétés commerciales. — Emballage. — Valeur commerciale. — Usages.

La rhubarbe est connue depuis les temps les plus reculés ; mais, pendant longtemps, on a ignoré à quelle espèce on devait rapporter la vraie *rhubarbe médicinale,* la véritable *rhubarbe officinale.* On sait aujourd'hui que cette racine est fournie par l'espèce que l'on nomme *Rhubarbe australe* (RHEUM AUSTRALE), qui croît spontanément en Tartarie, et qui est très répandue dans le sud-est du Thibet et dans le nord-ouest de la Chine, où elle est très appréciée et dans les montagnes des Nilgherries (Inde).

Mode de végétation.

Cette plante est vivace comme toutes les autres espèces.

Sa tige est sillonnée, rougeâtre, rameuse supérieurement, et haute de 2 à 3 mètres. Ses feuilles, qui apparaissent à la fin de l'hiver, sont radicales, à gros pétioles, à nervures rougeâtres, à limbe tantôt arrondi plus ou moins en cœur, tantôt ovale, entier, à peine ondulé, couvert de poils courts. Ses fleurs sont très petites, blanc verdâtre et disposées en grappes allongées et étroites. Ses fruits ont une couleur rouge sombre.

Cette espèce a été introduite en Europe en 1828, par M. Wallich. Elle croît dans toute la Tartarie, jusqu'au 37e degré de latitude boréale. On assure qu'elle s'élève jusqu'à 5.300 mètres sur les montagnes de l'Himalaya.

Espèces cultivées.

On emploie aussi comme médicament les racines des espèces suivantes :

1° La *Rhubarbe rhapontic* (RHEUM RHAPONTICUM, L.). Cette espèce, vulgairement nommée *rhubarbe anglaise, rhubarbe des moines, rhubarbe pontique*, croît spontanément sur les bords du Volga, le long du Bosphore, sur le mont Rhodope, les monts Ourals, etc. Elle a été introduite en Europe en 1573. On la cultive très en grand en Allemagne et en Hongrie.

Sa racine est grosse, charnue, spongieuse et rameuse. Sa tige s'élève de 1 à 2 mètres ; elle est fistuleuse, et d'un vert jaune ou rougeâtre. Ses feuilles radicales sont pétiolées, ovales-obtuses, presque planes, très amples, et couvertes en dessous de poils assez raides ; les feuilles caulinaires sont petites, presque sessiles ou amplexicaules. Ses fleurs sont d'un blanc un peu verdâtre, et ses graines ont la grosseur d'un pois et sont triangulaires.

2° La *Rhubarbe ondulée* (RHEUM UNDULATUM, L.). Cette

Fig. 45. — Rhubarbe ondulée.

espèce (fig. 45), que l'on a appelée *rhubarbe de Moscovie,* a été introduite en 1734; elle croît dans la Tartarie chinoise et les lieux arides de la Sibérie.

Sa racine est pivotante, très grosse, et longue de 2 mètres. Sa tige est haute de 1^m,60 à 2^m,50, anguleuse, striée, fistuleuse et d'un brun pâle ou jaunâtre. Ses feuilles, radicales, sont larges, ovales, entières, longuement pétiolées, ondulées, échancrées en cœur à la base, et étendues sur la terre. Ses fleurs sont petites et d'un blanc jaunâtre. Ses graines sont triangulaires et noirâtres.

3° La *Rhubarbe compacte* (RHEUM COMPACTUM, L.). Cette espèce a été introduite en France en 1758; elle est aussi originaire de la Tartarie chinoise. Elle est très cultivée en Perse et en Orient.

Sa racine est grosse et rameuse. Sa tige est sillonnée, glabre, et ne dépasse pas 1 mètre. Ses feuilles, radicales, sont fermes, épaisses, très obtuses, bordées de dentelures fines et aiguës, glabres, vert clair et lustrées. Ses fleurs sont petites, blanches, et disposées en grappes plus ou moins allongées.

4° La *Rhubarbe palmée* (RHEUM PALMATUM, L.). Cette belle espèce, que l'on appelle souvent *rhubarbe officinale* ou *rhubarbe de Chine,* croît spontanément depuis la Tartarie chinoise jusqu'aux montagnes du Népaul. Elle est connue en Europe depuis 1750.

Sa racine est développée, pivotante et rameuse. Sa tige est droite, cylindrique, sillonnée, et haute de 2 mètres à 2^m,50. Ses feuilles sont larges, pétiolées, palmées, un peu raides, d'un vert sombre en dessus, d'un vert grisâtre en dessous. Ses fleurs sont blanchâtres, et disposées en panicule terminale composée de grappes presque simples.

5° La *rhubarbe australe* (*Rheum australe*) (fig. 46) est regardée comme la *rhubarbe médicinale.* Elle est originaire de la Tartarie; sa racine est ramifiée, noire extérieu-

rement et jaune en dedans. Sa tige est vigoureuse et ramifiée dans sa partie supérieure. Ses feuilles sont alternes

Fig. 46. — Rhubarbe australe.

et d'un vert bronzé ; leur pétiole est rougeâtre ; elles sont
très larges, ses fleurs sont disposées en longues grappes
rameuses.

Cette espèce, appelée aussi *Rheum emodi*, s'élève jusqu'à
5.300 mètres d'altitude dans les montagnes himalayennes.

Composition.

Les racines de rhubarbe teignent la salive en jaune, sont aromatiques, et ont une saveur très amère. Elles contiennent du tanin, de l'amidon, de l'acide pectique, de l'oxalate, du malate et du gallate de chaux, du fer, de la silice, du ligneux, et deux substances jaunes, très amères, peu solubles dans l'eau, auxquelles Caventou a donné les noms de *rhubarin* et *rhubarine*. D'après Dorvault, ces deux produits jaunes, traités par les alcalis, donnent un solutum rouge qu'on peut précipiter par les acides.

Terrain.

La rhubarbe ne végète bien que lorsqu'elle est cultivée sur des terres argilo-siliceuses, fraîches sans être humides, très profondes, substantielles et plus froides que chaudes. Les terres des environs de Londres présentent chaque année de très belles cultures de rhubarbe.

On la cultive en France sur des sols de même nature, situés dans les localités plutôt septentrionales que très tempérées. En général, elle réussit mieux sur les parties élevées et aérées que dans les plaines et les vallées.

Les terres humides ne lui conviennent pas, parce que ses racines y pourrissent très facilement.

Les terrains sur lesquels on cultive la rhubarbe doivent être défoncés jusqu'à $0^m,50$, $0^m,70$, et même $0^m,80$, si la nature du sous-sol le permet. Plus la terre est meuble profondément, plus les racines, qui sont pivotantes, longues et volumineuses, peuvent aisément se ramifier dans tous les sens.

On complète la préparation du sol en y ajoutant des engrais très actifs, des fumiers un peu décomposés. On ne

doit pas fertiliser la couche arable à l'aide de fumiers nouveaux très pailleux, très ammoniacaux, et appliqués dans
une forte proportion, car ils ont l'inconvénient de favoriser
la multiplication des insectes qui attaquent les racines de
rhubarbe, et de communiquer à celles-ci une odeur qui
nuit à leur qualité thérapeutique.

Culture.

La rhubarbe se propage par graines ou par drageons.

Semis. — On sème les graines aussitôt leur maturité ou
au printemps dans des jardins, sur des planches bien ameublies. On les répand dans des rayons espacés de $0^m,25$ à
$0^m,35$.

Au printemps suivant, on arrache les pieds qui proviennent des semis, et on les met en place, comme s'il était
question de planter des éclats de pied.

Un hectolitre de graines de rhubarbe pèse de 10 à 12 kilogrammes.

Drageons. — Quand on multiplie la rhubarbe par drageons, on détache du collet des pieds de quatre à cinq ans
des portions de racines ayant quelques bourgeons. Un vieux
pied de rhubarbe peut fournir de 25 à 30 bourgeons de
$0^m,03$ à $0^m,04$ de longueur. Cette séparation doit être faite
pendant le mois de mars, ou au plus tard dans la première
quinzaine d'avril.

Quand les drageons ont été détachés, on les abandonne
pendant une journée à l'air et à l'ombre. Alors, on les met
en place en les plantant en quinconce à $1^m,30$ les uns des
autres. Cette grande distance est nécessaire, afin que les
feuilles puissent se développer librement. On plante les
drageons à $0^m,08$, $0^m,10$, ou $0^m,12$ de profondeur.

Lorsque la plantation est faite par un temps sec, on arrose modérément de temps à autre jusqu'à l'apparition des premières feuilles.

Soins d'entretien. — Chaque année, pendant le printemps et au commencement de l'été, on exécute les sarclages et binages nécessaires.

Pendant les trois années qui suivent la mise en place des plants ou des drageons, on cultive entre les lignes des carottes, des betteraves ou des pommes de terre. Ces plantes, par les binages qu'elles exigent, maintiennent la terre dans un parfait état de propreté, et en soldant la valeur locative du terrain, elles diminuent d'une manière notable les frais de culture de la rhubarbe.

Récolte.

Époque. — On arrache les racines des rhubarbes à la cinquième année, époque où elles ont toute leur consistance et leur qualité. Si on les récolte plus tôt, elles perdent 10/12 de leur poids par la dessiccation. Quand on les arrache plus tard, c'est-à-dire à la sixième année, elles sont filandreuses et souvent altérées.

On ne peut les récolter à la quatrième année, que lorsque la rhubarbe végète sur un sol très sec.

Cette opération se pratique à la fin de l'automne ou pendant l'hiver.

Exécution. — L'arrachage s'exécute comme s'il était question d'arracher une plante ligneuse ayant de fortes racines.

Quand les racines ont été extraites, on les débarrasse de la terre qui y adhère, on les écorce ou on les monde, et on les coupe par morceaux de la grosseur du poing.

Dessiccation. — Lorsque les racines sont divisées, on les fait sécher pendant cinq à six jours, en ayant soin de les retourner de temps à autre. Quand elles ont perdu une partie de leur eau de végétation, et qu'elles ont pris une certaine consistance, on les enfile et on les suspend à l'air libre, mais à l'ombre. Le mieux est de placer les guirlandes sous des hangars. Celles-ci restent ainsi exposées pendant quarante à soixante jours, suivant la température et le degré de siccité de l'air ou du local.

Il faut éviter de précipiter la dessiccation des racines. Quand on dessèche celles-ci très rapidement, elles deviennent légères, et perdent beaucoup de leur qualité.

Enfin, il est utile de les garantir de l'humidité qui les altère et les fait moisir.

100 kilog. de racines fraîches donnent environ 25 kilog. de racines sèches.

PRODUIT PAR HECTARE. — Un pied de rhubarbe donne ordinairement de 3 à 4 kilog. de racines sèches. Un hectare, contenant environ 6.000 pieds, peut donc en produire de 18.000 à 24.000 kilog.

Variétés commerciales.

Les racines de rhubarbe ont des teintes différentes, suivant les espèces auxquelles elles appartiennent.

1° La racine de la rhubarbe rhapontic ou *rhubarbe* de France est marbrée de rouge et de blanc ; elle laisse dans la bouche une viscosité douce et gluante ; elle est légère, et moins odorante que les racines des autres espèces.

2° La racine de la rhubarbe ondulée est jaune foncé, légère et non fibreuse.

3° La racine de la rhubarbe compacte est aussi d'un très beau jaune en dedans.

4° Enfin, la racine de la rhubarbe palmée est marbrée de brun et de jaune pâle, comme la noix muscade ; elle est plus compacte que les précédentes.

Le commerce distingue trois sortes de rhubarbe :

1° La *rhubarbe de la Chine* ou *de l'Inde* est importée de Canton ; elle vient du Thibet ; elle est très aromatique et fournit une poudre d'un très beau jaune.

2° La *rhubarbe moscovite, thibétaine, de Tartarie* ou *de Buchare* est importée de la Tartarie chinoise ; elle est en morceaux irréguliers, anguleux et percés de trous ; sa poudre est jaune safrané.

3° La *rhubarbe de Perse* dite *rhubarbe plate, rhubarbe de Turquie* ou *rhubarbe mondée au vif,* vient du Thibet. Sa couleur est terne, mais on la regarde comme la meilleure.

Les rhubarbes du commerce, suivant Hornemann, ont la composition suivante :

	R. rhapontic.	R. d'Angleterre	R. de Chine.
Principe amer...............	14,256	24,475	27,042
Matière colorante jaune.....	2,187	9,166	9,582
Extrait avec tanin..........	10,416	16,854	14,687
Apothème de tanin.........	0,833	1,249	1,458
Matière extraite par la potasse.	40,290	28,416	26,333
Acide oxalique.............	» »	0,833	1,042
Fibre.....................	8,542	15,416	15,583
Rhaponticine..............	1,043	» »	» »
Amidon	14,583	» »	» »
Eau......................	0,643	3,125	3,333
Perte.....................	1,807	0,466	0,940
	100,000	100,000	100,000

Emballage et conservation.

La *rhubarbe de la Chine* est emballée dans des caisses de bois blanc du poids de 70 à 75 kilog., doublées intérieurement d'une feuille de plomb ou d'étain. Cette rhubarbe est demi-mondée ou entièrement mondée.

La *rhubarbe de Russie* nous arrive dans des caisses de même nature, et entourées d'un fort cuir de bœuf.

La *rhubarbe du Midi* est expédiée en balles de 100 kilog.; la *rhubarbe de Bretagne* est emballée dans des barriques pesant de 200 à 250 kilog.

La rhubarbe sèche se vend de 10 à 25 fr. les 100 kilog.

La rhubarbe indigène a moins de valeur que celle qu'on importe de la Russie et de la Chine. On croit que cette différence n'existerait pas si on cultivait en France la rhubarbe dans des contrées plus froides et des situations plus élevées que celles qu'on lui consacre ordinairement.

La rhubarbe est très sujette à s'altérer dans les magasins, quand ces derniers sont humides. En outre, certains insectes la piquent lorsqu'elle est ancienne. On déguise souvent les piqûres faites par les vers, en les bouchant avec une pâte faite avec de l'eau gommée et de la poudre de rhubarbe. On reconnaît aisément cette fraude en soumettant les racines à un lavage.

Usages.

Les racines de rhubarbe sont astringentes, toniques et purgatives. On les emploie dans diverses maladies, en poudre, en infusion ou sous forme de sirop.

La rhubarbe perd par sa torréfaction les propriétés purgatives qu'elle possède et acquiert une grande tonicité.

La racine de la rhubarbe rhapontic jouit des mêmes propriétés que les racines des rhubarbes exotiques, mais à un plus faible degré.

On réduit la rhubarbe en poudre dans un mortier. Cent kilog. de racines bien sèches donnent 90 kilog. de poudre très blanche.

En Angleterre, on fait, avec les pétioles des feuilles, des confitures ou des tartes (voir *Plantes alimentaires*).

En Russie, la racine rhapontic sert à teindre les cuirs en jaune.

CHAPITRE III.

GUIMAUVE.

ALTHÆA OFFICINALIS, L.

Plante dicotylédone de la famille des Malvacées.

Anglais. — Marsh-mallow.	*Italien.* — Malvavisco.
Allemand. — Libisch.	*Espagnol.* — Malvasco.
Danois. — Icisk.	*Portugais.* — Malvaisco.
Russe. — Podswonok.	*Hollandais.* — Heemst.

Mode de végétation. — Terrain. — Culture. — Récolte : feuilles, fleurs, racines. Valeur commerciale. — Usages.

Cette plante est très ancienne. Dioscoride et Théophraste ont signalé ses propriétés émollientes.

On la rencontre à l'état indigène dans diverses parties de l'Europe, et on la cultive presque partout comme plante médicinale.

Mode de végétation.

La guimauve officinale est vivace. Sa racine a la grosseur du doigt ; elle est longue, pivotante, cylindrique, grisâtre au dehors et blanche intérieurement. Ses tiges sont droites, hautes de 1 mètre à 1^m,40, un peu rameuses et légèrement cotonneuses. Ses feuilles sont alternes, pétiolées, ovales, cordiformes, dentées, à 3 ou 5 lobes inégaux, duveteuses. Ses fleurs sont presque sessiles, réunies dans les aisselles des feuilles supérieures ; leur calice est à 5 divisions et contient 5 pétales en cœur, blanc rosé et réunis par leur

base. Leurs fruits sont composés de plusieurs capsules monospermes.

Cette plante est très rustique.

La racine de la guimauve contient de la gomme, de l'a-
midon, de l'albumine, du sucre de canne, de l'asparagine,
une huile fine et une matière colorante jaune.

Terrain.

On ne peut cultiver en grand la guimauve que lorsqu'on
est à même de la planter sur des terres profondes, fraîches
et de consistance moyenne. Ordinairement, les racines se
développent mal quand elles végètent sur des terres fortes
ou sur des sols secs et légers manquant de profondeur.

Les terres de jardin lui conviennent très bien.

On la multiplie par éclats de pieds et même par tronçons
de racines, qu'on arrache et qu'on transplante en octobre
ou novembre sur un terrain bien ameubli.

Les éclats de pieds ou les boutures de racines doivent
être plantés en lignes, à $0^m,40$ ou $0^m,50$ les uns des autres.

Chaque année, pendant le printemps et l'été, on exécute
des binages. Le sol doit toujours être meuble et propre.

La guimauve occupe une, deux ou trois années le même
terrain, selon la volonté de l'agriculteur qui la cultive, et
selon aussi les produits qu'on lui demande.

Quand elle doit persister sur le même champ pendant
plusieurs années, au mois de novembre on coupe les tiges
et on laboure le sol en évitant d'endommager les racines.

Récolte.

La guimauve fournit trois produits : 1° des feuilles;
2° des fleurs; 3° des racines.

FEUILLES. — On récolte les feuilles au mois de juin

avant l'épanouissement des fleurs, et on les fait sécher sur des claies d'osier placées à mi-ombre et dans un courant d'air, ou on les étend en couche mince sur le plancher d'un grenier aéré.

Ces feuilles sont sèches quand elles sont pour ainsi dire cassantes.

100 kilog. de feuilles fraîches donnent, par la dessiccation, de 12 à 14 kilog. de feuilles sèches.

FLEURS. — Les fleurs se cueillent en juillet et août, à mesure qu'elles s'épanouissent.

On les fait sécher à l'abri de la pluie, c'est-à-dire dans une chambre ou un grenier ou dans une étuve.

Quand elles sont sèches, on les renferme dans des caisses ou des tonneaux, ou des sacs, afin qu'elles ne restent pas exposées à la poussière et à l'action de l'air.

100 kilog. de fleurs fraîches donnent de 16 à 18 kilog. de fleurs sèches.

RACINES. — On arrache les racines de guimauve pendant l'automne ou l'hiver.

On les vend à l'état frais ou après les avoir desséchées.

Quand on doit les faire sécher, après l'arrachage on les lave avec soin, on les racle avec un couteau ou on les pèle, et on divise les plus grosses en morceaux ayant environ $0^m,01$ de diamètre. Alors, on coupe ces morceaux et les petites et moyennes racines en fragments ayant $0^m,09$ à $0^m,12$ de longueur, puis on les enfile en longs chapelets qu'on suspend dans un local sec ou dans une étuve.

La dessiccation des racines de la guimauve est longue à cause du mucilage qu'elles contiennent. Dans le midi, on précipite quelquefois cette dessiccation en exposant les racines à l'action de la chaleur d'un four. Cette opération exige qu'on s'assure de temps à autre de l'état des racines. Lorsque celles-ci restent longtemps exposées à une forte chaleur, elles roussissent et n'ont plus autant de valeur vénale.

On peut opérer leur dessiccation en les étendant en couche mince sur des claies placées dans une étuve.

100 kilog. de racines fraîches donnent de 33 à 36 kilog. de racines sèches.

On doit conserver la racine sèche de guimauve à l'abri de l'humidité, soit dans des sacs, soit dans des vases fermés.

On fraude les racines qui n'ont pas une belle teinte blanche en les traitant par la chaux. Quelquefois on leur mêle des racines de rose trémière ou passe-rose, dans le but d'augmenter la quantité qu'on peut livrer à la vente.

Valeur commerciale.

La racine sèche non mondée se vend de 70 à 80 fr. les 100 kilog. Le prix de la racine blanchie varie entre 120 et 140 fr.

La racine de guimauve que l'on a préparée est désignée sous le nom de *guimauve ratissée*.

FLEURS. — La fleur sèche vaut de 220 à 250 fr. les 100 kilog.

FEUILLES. — Le prix des feuilles varie entre 90 et 100 fr. les 100 kilog.

Usages.

La racine, les feuilles et les fleurs de la guimauve sont employées en médecine. Toutes ses parties sont émollientes et adoucissantes au plus haut degré.

La racine sert à préparer les pâtes et les sirops de guimauve. On l'emploie en poudre dans la préparation de divers médicaments. 100 kilog. de racines sèches en produisent environ 90 kilog.

CHAPITRE IV.

GINGEMBRE.

ZINGIBER OFFICINALIS, AMOMUM ZINGIBER.

Plante dicotylédone de la famille des Zingibéracées.

Sanscrit. — Sringavera.
Persan. — Zinjabile.
Arabe. — Zingiber.

Chinois. — Jyn-Chin.
Japonais. — Shoga.
Cochinchinois. — Cay-gung.

Pays producteurs. — Végétation. — Culture. — Récolte. Variétés commerciales. — Usages.

Les anciens peuples connaissaient le gingembre comme plante aromatique. Il a été mentionné par Dioscoride et Pline. Il est originaire des Indes orientales.

De nos jours, on le cultive dans toutes les régions tropicales pour sa racine qu'on utilise comme aliment, condiment et médicament. Il a une grande importance dans l'Inde, principalement dans le Travancore et le Bangalore, et la côte du Malabar, sur la côte occidentale d'Afrique. On le cultive aussi aux Antilles, à la Jamaïque, dans la Malaisie, en Chine, aux Moluques, au Mexique, à la Nouvelle-Calédonie, etc. Les Indiens le nomment *adruk-soontha*, les Sénégaliens *n'dhydiar*.

Jusqu'à ce jour le gingembre n'a pas été trouvé à l'état indigène.

Végétation.

Cette plante est vivace, à rhizome rampant, à tubercules

charnus, palmés et parfumés. Sa tige est simple, dressée et haute de 0ᵐ,50 à 0ᵐ,60. Ses feuilles sont lancéolées, étroites et linéaires et longues de 0ᵐ,15 à 0ᵐ,30 ; elles forment des gaines qui embrassent la tige. Ses fleurs, qui s'épanouissent très rarement en Asie, sont disposées en épis oblongs ; le fruit est une capsule triloculaire.

Toutes les tiges de gingembre sont annuelles ; elles se flétrissent et se sèchent en décembre pour repousser au commencement de la saison des pluies. Elles ressemblent un peu aux tiges de roseau.

La racine de cette plante est demi-ronde, un peu plate, de la grosseur du pouce, grisâtre en dehors et blanche en dedans ; sa saveur est âcre et piquante.

Culture.

Le gingembre demande un sol léger ou sablonneux, qui soit frais et fertile, et protégé contre le soleil par des arbres bien feuillus. Il redoute l'action du soleil et se plaît dans les terrains ombragés.

On le multiplie à l'aide de ses racines. Celles-ci, après avoir été divisées, sont plantées au printemps ou en automne dans des trous remplis de fumier, espacés les uns des autres de 0ᵐ,33 en moyenne et ouverts sur des terres bien labourées. Cette plantation a lieu en octobre ou novembre. Aussitôt qu'elle est terminée, on couvre le sol d'un paillis ou de feuilles dans le but de maintenir le plus de fraîcheur possible dans la couche arable. Pendant la végétation des plantes, on opère les binages ou les sarclages qui sont né-cessaires, pour que la terre soit toujours exempte de plantes nuisibles.

Récolte.

La récolte des racines tuberculeuses a lieu, suivant les

contrées, six, dix ou douze mois après la plantation, lorsque les feuilles commencent à jaunir, c'est-à-dire en janvier ou février.

Les racines, après avoir été arrachées, sont débarrassées de leurs radicelles et lavées afin qu'elles soient exemptes de parties terreuses, puis on les fait sécher sur des claies à l'air libre, pour évaporer leur eau de végétation ; mais comme par ce mode de dessiccation, elles se rident et perdent de leur valeur commerciale, souvent, après qu'elles ont été nettoyées et à l'aide d'un panier, on les plonge pendant douze à vingt minutes dans une eau bouillante, ou on les enterre dans des cendres ou du sable chaud. On a pour but, par ces divers procédés, d'arrêter complètement la végétation de ces racines.

On termine souvent cette préparation en les plongeant dans un lait de chaux pour les préserver des insectes.

Le gingembre qui a été ainsi desséché est plus léger et plus facile à pulvériser.

Le gingembre qui a été privé de son enveloppe corticale par un raclage, passe du gris au blanc ; celui qu'on a plongé plusieurs fois dans une lessive alcaline devient noirâtre.

Variétés commerciales.

La racine de gingembre à l'état normal est grise ou gris-brun ; sa saveur est âcre ; son odeur est forte, pénétrante, et elle provoque l'éternuement.

La racine qui a été décortiquée est blanchâtre ; son odeur est forte, mais elle est moins aromatique, moins huileuse ; par contre, sa saveur est plus forte, plus brûlante.

Le gingembre qui vient de la Jamaïque est blanc jaunâtre, parce qu'il a été mondé et séché au soleil. On y observe des stries longitudinales ; son odeur est forte et agréable.

Le gingembre le plus répandu dans le commerce présente

deux ou trois tubercules réunis ; son épiderme gris jaunâtre couvre une couche rouge ou brunâtre.

En général, le commerce distingue quatre gingembres : le *petit*, le *grand*, le *gris ou noir* et le *blanc*.

Usages.

Le gingembre est utilisé de diverses manières. A Madagascar, on le mange cru ou à l'état vert comme stimulant ou digestif. Au Japon, on le mange à l'état frais ou après l'avoir séché, ou salé, ou confit. En Angleterre, on l'emploie pour faire la boisson connue sous le nom de *bière de gingembre*. Aux Antilles, il sert à faire une boisson théiforme. Dans l'Inde, il remplace souvent le poivre comme stimulant digestif, et, comme en Chine, il sert aussi à faire des confitures ayant une saveur chaude et piquante ; sa poudre entre dans la composition du *kari*.

Le gingembre contient une huile essentielle qui est bleu verdâtre et qui est très caustique. C'est pourquoi sa saveur, qui est poivrée, âcre, chaude et piquante, excite une salivation abondante.

En France, le gingembre est utilisé à l'état de poudre et il sert dans les pharmacies à faire des sirops, des teintures, des décoctions ou des infusions.

CHAPITRE V

QUINQUINA.

CINCHONA OFFICINALIS OU CONDAMINEA.

Arbre de la famille des Rubiacées.

Pays producteurs. — Végétation. — Climat. — Espèces et variétés. — Multiplication et culture. — Récolte des écorces. — Variétés commerciales. — Usages.

Cet arbre croît spontanément sur des pentes des Cordillères, dans l'Amérique du Sud, entre le 10° latitude nord et le 19° latitude sud. *L'emploi de son écorce* en Espagne date de 1640. En France, on le connaît depuis 1679 pour ses propriétés thérapeutiques, époque à laquelle Louis XIV acheta à l'Anglais Talbot l'origine de la poudre médicinale, qu'on vendait alors sous les noms de *poudre de comtesse* (1), *poudre de Jésuites, écorce péruvienne.* Cet arbre a été depuis très étudié en 1738, par le voyageur Condamine, en 1792, par Ruiz et Pavon, et dans ces derniers temps par Triana.

Le quinquina est répandu au Pérou, à la Bolivie, à la Colombie, à la Nouvelle-Grenade et au Brésil. Depuis 1860, sa culture a pris une très grande extension dans les montagnes bleues (Nilgherries), qui appartiennent à la région himalayenne de l'Inde et à la présidence de Madras, à Ceylan, au Bengale et dans les montagnes de l'Assam, de l'île de Java, de la Réunion, de la Martinique.

(1) La comtesse de Chinchon était l'épouse d'un vice-roi du Pérou.

Végétation.

Cet arbre atteint une hauteur variable de 5 à 20 mètres, suivant les espèces ou les variétés, et selon aussi l'altitude à laquelle il a été planté. Ses feuilles sont opposées, simples ou entières. Ses fleurs, disposées en panicules ou en cymes corymbiformes, sont blanches, roses ou purpurines et odorantes. Le fruit est une capsule ovoïde, oblongue ou linéaire, s'ouvrant en deux valves de bas en haut ; il contient de nombreuses graines bordées d'une aile qui est ordinairement denticulée.

L'écorce des cinchonas contient deux principaux alcaloïdes : la *quinine* et la *cinchonine*. Les *quinquinas jaunes* sont riches en quinine et les *quinquinas gris* en cinchonine. Les *quinquinas rouges* contiennent une proportion de quinine et de cinchonine qui les place entre le premier et le second.

Climat.

La vraie région du quinquina dans l'Amérique méridionale se trouve sur les deux longues chaînes qui forment la Cordillère des Andes, c'est-à-dire entre le quatrième degré latitude nord et le vingtième degré latitude sud, région équatoriale où l'air est humide, tempéré et régulier toute l'année. La zone qui lui est la plus favorable est comprise entre 1.000 et 2.200 mètres d'altitude. Dans cette région, les quinquinas sont presque toujours associés à la végétation luxuriante des forêts tropicales.

Les cultures dans l'île de Java sont situées entre 1.400 et 1.600 mètres d'altitude. Ailleurs, la zone réputée la plus favorable existe entre 500 et 1.000 mètres. Dans l'Inde, le C. Calisaya ne dépasse pas 1.500 mètres d'altitude sur les pentes méridionales des Nilgherries, mais les autres espèces y existent jusqu'à 2.000 mètres.

En général, les cinchonas végètent mieux sur les élévations que dans les vallées et les plaines basses.

Espèces et variétés.

Le genre Cinchona comprend un grand nombre d'espèces et de variétés. Celles qui sont les plus répandues et qui fournissent les écorces les plus fébrifuges sont au nombre de neuf :

1° Le *Cinchona officinalis* (fig. 47) est le plus anciennement connu ; il est commun dans les montagnes de Loxa, Guacabamha et Ayavaca. Il produit des arbres de grande taille. Cette espèce est la plus rustique, la moins délicate, mais elle craint l'air humide. On la trouve jusqu'à 3.000 mètres d'altitude dans les Andes.

Cette espèce fournit le *quinquina gris*, le *quinquina de Loxa*, le *quinquina de Guayaquil*, et le *quinquina de Lima*. Elle a produit plusieurs variétés, entre autres, le *Cinchona lancifolia*, qui fournit une partie du *quinquina de Pitayo*; et qui est très riche en alcaloïdes.

2° Le *Cinchona Calisaya* (fig. 48) atteint de 12 à 15 mètres de hauteur. Il est répandu dans la Colombie, au Pérou, au Brésil, à la Bolivie et dans l'île de Java. A la Nouvelle-Grenade, il s'élève jusqu'à 3.000 mètres d'altitude, mais dans l'Inde il ne dépasse pas 1.500 mètres d'altitude. Il fournit le *quinquina jaune du Pérou* ou *de Caravaja*. Son écorce est grise et très riche en quinine.

La variété appelée *C. Calisaya Ledgeriana* est regardée à Java comme supérieure à toutes les autres.

3° Le *Cinchona cordifolia* est robuste et végète avec vigueur au Pérou et à la Nouvelle-Grenade, entre 2.000 et 3.000 mètres d'altitude. Cet arbre dépasse rarement 8 mè-

tres en hauteur. Son écorce est grise et riche en alcaloïdes.
Il fournit le *quinquina de Maracaïbo*.

Cette espèce est aussi désignée sous les noms de *C. pubes-*

Fig. 47. — Quinquina officinal.

A, Rameau. — B, Écorce.

cens, C. micrantha. Le quinquina qu'elle fournit est jaune.

4° Le *Cinchona pitayensis* existe dans les Cordillères centrales de la Colombie, à la Nouvelle-Grenade et dans la ré-

gion himalayenne de l'Inde. Elle fournit du quinquina jaune et du quinquina rouge brun.

5° Le *Cinchona magnifolia* ou *oblonga* atteint 20 à 30 mètres de hauteur. Il est commun dans les forêts du Pérou et

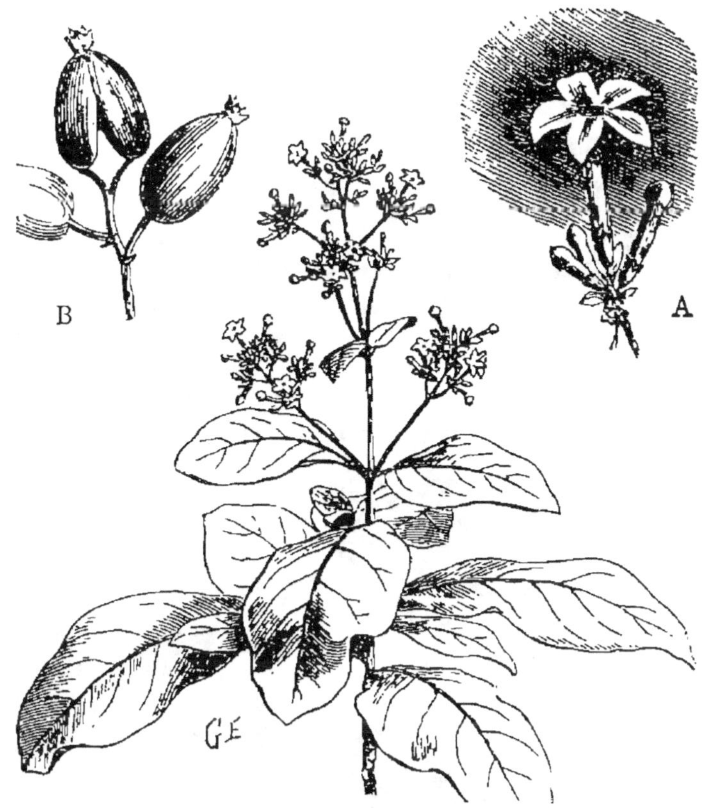

Fig. 48. — Quinquina de Calisaya.

A, Fleurs. — B, Fruits.

de la Nouvelle-Grenade. Son écorce est rouge ; elle contient autant de quinine que de cinchonine.

6° Le *Cinchona lancifolia* ou *nitida* est un arbre de 15 à 20 mètres de hauteur, qu'on rencontre dans les forêts des pentes septentrionales des Andes de Bogota et du Pérou. On le cultive à Java. Il fournit du quinquina jaune ou jaune-orangé à la Colombie, à la Nouvelle-Grenade, à la Réunion et dans l'Inde.

7° Le *Cinchona succirubra* est un arbre de 10 à 12 mètres.

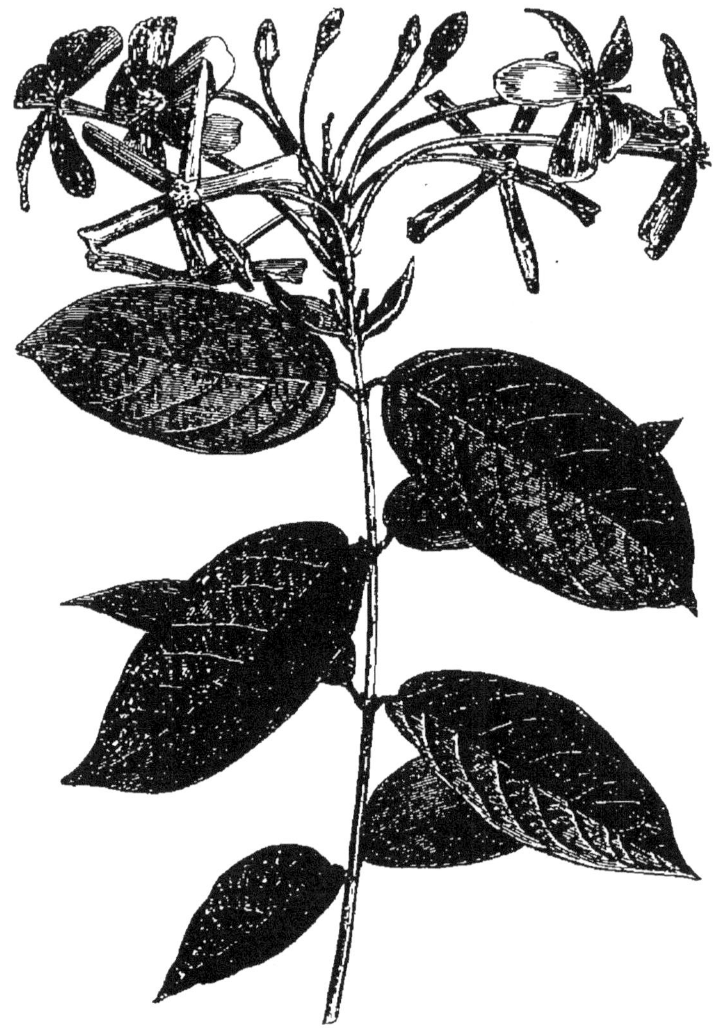

Fig. 49. — Quinquina de l'Inde.

Il existe dans les forêts situées sur les pentes septentrionales mais chaudes de l'équateur et du haut Bengale. Son écorce est rouge foncé et très riche en quinine ; elle constitue le *quinquina rouge de l'Équateur.*

8° Le *Cinchona micrantha* ou *Peruviana* atteint 8 à 12 mètres dans les Cordillères de la Bolivie et du Pérou. Il fournit le *quinquina gris de Lima*. Cette espèce croît assez bien dans les montagnes froides, mais elle est peu estimée à Java. Elle existe dans les Nilgherries.

9° Le *Cinchona indica* (fig. 49), espèce ou variété encore mal définie, est cultivé très en grand dans les Indes. Son écorce paraît être riche en quinine.

Multiplication et culture.

Les quinquinas ne végètent bien que lorsqu'ils occupent des terrains profonds, riches en humus et frais sans être humides. L'eau stagnante leur est nuisible.

On les propage par semences et par boutures.

Les semis se font en pleine terre ou en pots, suivant les localités. La terre, dans les deux cas, doit être un peu légère et très riche en humus. Il est très utile d'abriter les semis et les jeunes plantes contre l'ardeur du soleil, au moyen de paillassons placés verticalement ou obliquement. Les jeunes plants sont mis en place quand ils ont de $0^m,30$ à $0^m,40$ de hauteur, dans des trous ayant $0^m,40$ à $0^m,50$ au carré et $0^m,50$ de profondeur; on les espace de 2 à 3 mètres en tous sens. Pendant les premières années, on les élague pour faciliter leur élongation et on opère les binages nécessaires, en évitant de butter les sujets.

Un kilog. de semences contient plus de 500.000 graines.

La multiplication par boutures est aussi très facile. Ces boutures proviennent de jeunes pousses; elles ont de $0^m,25$ à $0^m,30$ de longueur et portent quelques feuilles à demi coupées à leur partie supérieure. On les implante dans un *sol frais à demi ombragé*. Les boutures ne réussissent pas dans les terrains très humides et dans les terres où l'eau est stagnante. La partie enterrée a de $0^m,08$ à $0^m,10$ de longueur. Les boutures qui prennent racine présentent à leur partie inférieure un bourrelet circulaire sur lequel se développent des radicelles. La mise en place des plants obtenus de boutures exige certaines précautions, afin de ne pas endommager le chevelu. On doit opérer de préférence par un temps de pluie, ou faire suivre la plantation par un arrosage opéré tous les cinq ou six jours, si la terre est sèche.

A Java, on a propagé avec succès le *Cinchona Calisaya Ledgeriana* en le greffant sur le *Cinchona officinalis*.

Dans l'Amérique méridionale comme dans l'Inde et à Java, les cultures cinchonifères ont généralement lieu à l'abri de terrains boisés qui les protègent contre les coups de soleil, les vents violents et les ouragans.

Récoltes des écorces.

La récolte des écorces a lieu dans les forêts vierges ou dans les cultures spéciales de septembre à novembre.

Dans le premier cas, les arbres croissent isolés et sont souvent chargés de lianes plus ou moins vigoureuses. Les ouvriers (*cascarilleros* ou *cascadores*) chargés de ce travail, choisissent les sujets qui peuvent fournir les écorces les plus appréciées par le commerce. Avec une hache, ils coupent les arbres aussi près que possible de leurs racines, enlèvent les lianes qui les enveloppent et procèdent à leur décortication. Quand les écorces des troncs ont été débarrassées de leur épiderme, on les incise jusqu'aux couches ligneuses, pour les diviser ensuite en planchettes rectangulaires ayant de $0^m,40$ à $0^m,50$ de longueur sur $0^m,08$ à $0^m,10$ de largeur. Les écorces des troncs restent plates et constituent les *plancha* ou *tabla;* celles des branches prennent la forme de cylindres creux et constituent les *cañutos.* Ces dernières écorces conservent leur épiderme.

L'écorçage des cinchonas n'est pas toujours fait comme

il vient d'être dit. Dans diverses contrées, on l'exécute de la manière suivante : lorsqu'un quinquina est âgé de six à huit ans, on lui enlève une lanière d'écorce plus ou moins large, suivant le diamètre de l'arbre et son élévation. Ceci fait, on en détache une seconde en laissant adhérente au tronc une bande d'écorce égale en largeur à celle qui a été détachée. Quand l'écorçage partiel est terminé sur la périphérie de l'arbre, on enveloppe en entier son tronc d'une bonne couche de mousse. Celle-ci est fixée sur le cinchona à l'aide d'une ficelle. L'année suivante, l'écorce est reformée sur les parties qui avaient été mises à nu l'année précédente. Alors on détache les lanières d'écorce qu'on avait laissées adhérentes sur le tronc et *on mousse* de nouveau le tronc. A la troisième année, on constate que l'arbre est entièrement enveloppé d'une écorce nouvelle, qui est aussi riche en alcaloïdes et en quinine que les écorces ayant six à dix années d'existence. La lumière et l'humidité sont nuisibles à la formation de la quinine.

En général, les écorces n'ont de valeur qu'autant que les arbres ont fleuri ; on ne les abat pas avant qu'ils aient de *quatre à cinq ans au minimum*.

Toutes les écorces divisées en lanières et destinées à rester aplaties sont exposées pendant un jour à l'action du soleil. Au bout de ce temps, on les empile les unes sur les autres et on les charge de corps lourds. Le lendemain, on les expose de nouveau au soleil pour les remettre en tas le soir. On continue ainsi jusqu'à complète dessiccation. Avant de les emballer dans des caisses ou dans des toiles grossières en balles ou *surons* de 50 à 75 kilog., suivant les contrées, on nettoie avec une brosse leur surface inférieure pour les débarrasser des corps étrangers qui y adhèrent.

Les écorces en forme de *tubes* sont introduites les unes dans les autres ; les plus petites occupent le centre.

Variétés commerciales.

Le commerce divise les quinquinas en plusieurs catégories :

Ceux qui proviennent du Pérou sont appelés :

1° *Caravaya jaune plat sans épiderme;* 2° *Caravaya jaune roulé avec épiderme;* 3° *Caravaya rouge de Cuzco;* 4° *Huanuco jaune plat;* 5° *Huanuco jaune rouge.*

Ceux récoltés dans la Bolivie sont connus sous les noms suivants :

1° *Calisaya jaune plat sans épiderme;* 2° *Calisaya jaune roulé avec épiderme.*

Ceux provenant de l'Équateur portent les noms ci-après :

1° *Quinquina rouge de Quito;* 2° *quinquina gris de Loxa.*

Ceux qui sont importés de la Nouvelle-Grenade sont appelés :

1° *Quinquina jaune de Santa-Fé de Bogota;* 2° *rouge de Pitayo;* 3° *jaune de Carthagène;* 4° *jaune de Cuzco de Santa-Anna;* 5° *gris roulé de l'Équateur.*

Les principaux marchés pour les quinquinas sont Paris, Londres et New-York.

Usages.

Le quinquina doit ses propriétés toniques et fébrifuges aux deux alcaloïdes qu'il contient dans des proportions très variables : la quinine et la cinchonine. On l'emploie dans les fièvres intermittentes et comme tonique sous forme de sulfate, d'extrait, de vin, de sirop, etc.

Les quinquinas les *plus riches en alcaloïdes* contiennent 2 à 4 pour 100 de quinine et $0^m,06$ à $1,2$ de cinchonine. Les *plus pauvres* renferment de $0^m,02$ à $1,6$ pour 100 de quinine et $0,03$ à $0,04$ de cinchonine.

On fraude les quinquinas en y mêlant des écorces de quinquinas qui ont été épuisées ou des écorces provenant des *Exostemma caribœa floribunda*, que l'on connaît dans le commerce sous les noms de *quinquina de la Jamaïque, quinquina des Antilles, quinquina de Sainte-Lucie, quinquina Piton*.

Succédanés du quinquina.

A Nossi-Bé, les indigènes donnent le nom de *quinquina de Madagascar* au *Gœrtnera longifolia*, parce que son écorce est regardée comme fébrifuge. Au Sénégal, les nègres appellent le *Khaya senegalensis* ou *Swietena senegalensis*, *quinquina du Sénégal*, arbre qui croît sur les rives de la Gambie, à cause de l'amertume très prononcée de son éorcec. L'écorce du *Cedrela Guyanensis* est aussi utilisée à la Guyane comme écorce fébrifuge.

La cascarille, écorce du *Croton elatheria*, arbrisseau qui croît dans les sols secs et pierreux dans l'Amérique méridionale, a une odeur aromatique très agréable, surtout quand on la brûle. Cette écorce est roulée comme celle de la cannelle. Elle est importée en Europe du Paraguay, des Antilles. Elle est tonique et fébrifuge. On la nomme quelquefois *quinquina aromatique*.

CHAPITRE VI.

ALOÈS.

ALOE VULGARIS.

Plante monocotylédone de la famille des Liliacées.

Espèces médicinales. — Culture. — Extraction du suc. — Variétés
commerciales.

Les aloès se distinguent par les feuilles épaisses qui se
développent sur leur collet. L'espèce type est originaire du
Cap de Bonne-Espérance, mais elle est naturalisée depuis
longtemps dans l'Asie et l'Europe méridionale. Ses racines
peu développées indiquent bien qu'elles puisent peu de nourriture dans le sol qu'elles occupent et qu'elles peuvent
résister aux plus grandes chaleurs et aux sécheresses les
plus prolongées.

Les feuilles de plusieurs espèces contiennent un suc
gommo-résineux que la médecine utilise comme purgatif
ou dans diverses préparations, comme *l'élixir de longue vie.*

Espèces médicinales.

Les aloès qui fournissent des médicaments sont au nombre de quatre savoir :

1. *Aloe vulgaris* ou *officinalis.*

Cette espèce est naturalisée depuis longtemps sur les
rives de la Méditerranée, où elle végète au milieu des ro-
chers (fig. 50). Sa tige est simple et sous-frutescente ; ses
feuilles sont lancéolées, et leurs bords sont garnis de dents
droites. Ses fleurs sont jaunes.

Cette espèce fournit dans l'Inde l'*aloès combacanum*. Le suc qu'on en retire est un excellent purgatif, mais il est moins actif que le suc fourni par l'aloès succotrin.

2. *Aloe soccotrina* ou *vera*.

Cette espèce est originaire de l'île de Soccotora. Elle est commune en Perse, en Arabie et dans l'Inde, à Ceylan. Sa tige est dichotome; ses feuilles sont lancéolées, droites, un peu glauques et à dentelures épineuses; ses fleurs sont en grappes et rose verdâtre.

On connaît aussi cet aloès sous les noms de *Aloe abyssina*, *Aloe purpurascens*.

3. *Aloe perfoliata* ou *serra*.

Les feuilles de cette espèce sont charnues, amplexicaules, imbriquées et dentées sur leurs bords; ses fleurs sont rouge jaunâtre.

Cet aloès végète bien dans les terres sableuses. Le suc que produisent ses feuilles est analogue au suc des aloès du Cap et de l'île de Socotora.

4. *Aloe lucida* ou *Capensis*.

Les feuilles de cette espèce sont très longues, dressées et vert glauque; ses fleurs sont nuancées de rouge, de vert et de rose.

Les *Aloe indica* et *littoralis*, qui sont indigènes dans l'Inde et qu'on trouve dans tous les bazars, sont de simples variétés de l'*Aloe vulgaris*; elles jouissent des mêmes propriétés médicales. Il en est de même de l'*Aloe barbadensis* qui croît à la Jamaïque.

Culture.

Les aloès sont d'une réussite certaine dans les contrées tempérées si on les plante dans un terrain sec, exposé au sud et abrité des vents froids. Les sols humides leur sont très nuisibles.

Fig. 50. — Aloès vulgaire.

On les multiplie de graines dans les pays équatoriaux, mais ailleurs on les propage à l'aide des rejetons enracinés qu'ils produisent, ou au moyen de boutures faites avec leurs branches ou leurs racines, soit au printemps, soit en automne.

On force les pieds à produire des rejetons en rabattant leurs tiges à quelques centimètres au-dessus du sol.

Extraction du suc.

L'extraction du suc contenu dans les feuilles des variétés précitées est variable suivant les contrées.

1. A Port-Natal, les Cafres déposent les feuilles qu'ils ont détachées des aloès dans une auge en bois inclinée et percée d'un trou dans sa partie inférieure, pour que le suc qui s'écoule par les sections puisse arriver dans un récipient. Alors ils font évaporer le liquide obtenu dans une bassine en cuivre et le versent ensuite dans des vases pour qu'il se solidifie.

2. Les Hottentots entassent les feuilles qu'ils ont coupées les unes sur les autres dans une fosse creusée dans le sol et garnie d'une peau de chèvre. Le jus qu'ils obtiennent en agissant ainsi est évaporé à l'aide du feu jusqu'à ce qu'il ait la consistance nécessaire. Cette opération terminée, ils font sécher la masse qu'ils ont obtenue.

3. A la Jamaïque, on divise les feuilles en fragments, on les met dans un panier qu'on plonge dans l'eau bouillante. Quand on juge que les feuilles ont été épuisées, on les retire du panier et on laisse reposer le liquide. Lorsque ce dernier est suffisamment épais, on le décante et on fait ensuite sécher le dépôt.

4. Dans l'Inde, on coupe les feuilles, on les met dans un vase la pointe en l'air, pour que le suc s'écoule. Alors on fait évaporer le liquide et on fait sécher le dépôt.

5. En Asie, on presse les feuilles et on laisse ensuite un peu reposer le jus qu'elles ont produit. Alors on décante le liquide et on l'expose au soleil pour qu'il s'épaississe et qu'il devienne solide.

6. Le jus qu'on obtient dans l'Amérique et dans l'Inde, en divisant et en pilant les feuilles de l'aloès ordinaire, constitue le produit appelé *aloès hépathique*, et qui est de qualité supérieure.

Le suc qu'on retire des feuilles des aloès à l'aide de ces divers procédés est purgatif et vermifuge. Cette substance en masse est noir rougeâtre, brillante, cassante et amère. Pulvérisée, elle est jaunâtre.

Variétés commerciales.

Le commerce distingue cinq sortes d'aloès :

1. L'*aloès soccotrin* ou *succotrin*, ou *A. de Bombay, A. des Indes orientales* ou *A. de Zanzibar*. Cet aloès est le plus estimé ; il est d'un beau jaune.

2. L'*aloès de l'Inde;* mais ce produit est rarement importé en Europe.

3. L'*aloès de Moka*, qui vient d'Aden. Ce produit est rarement pur. Son odeur est peu agréable.

4. L'*aloès du Cap*, qui est peu apprécié en Angleterre.

5. L'*aloès des Barbades*, qui est très estimé et qui vient de la Jamaïque.

6. L'*aloès hépatique*, qui se distingue par sa couleur rougeâtre.

Usages.

Le suc gommo-résineux qu'on extrait des aloès est utilisé en médecine comme purgatif, emménagogue et vermifuge. On l'emploie en poudre, en pilules ou en teinture.

CHAPITRE VII.

FRÊNE A MANNE.

FRAXINUS ORNUS ET FRAXINUS ROTUNDIFOLIA.

Végétaux dicotylédones de la famille des Oléacées.

La manne est un produit sucré et purgatif qui s'écoule de deux espèces de frênes qui végètent dans la partie méridionale de l'Italie et dans plusieurs parties de l'Asie.

Le *frêne à fleurs* (FRAXINUS ORNUS ou FLORIFERA) est répandu dans la Calabre, la Pouille et en Sicile. On le nomme aussi *frêne de Calabre*. Cet arbre atteint 6 à 10 mètres de haut. Son écorce est grisâtre. Ses feuilles sont composées de 4 à 6 paires de 9 folioles glabres, ovales et dentées ou sommet. Ses fleurs blanches, en panicules pendantes à l'extrémité des rameaux, exhalent une odeur agréable; elles s'épanouissent en mai et juin. Ses graines mûrissent en automne.

Le *frêne à feuilles rondes* (FRAXINUS ROTUNDIFOLIA ou FRAXINUS CALABRICA) est moins élevé que le précédent; ses feuilles sont composées de cinq folioles glabres, presque rondes et dentées. Ses fleurs, qui apparaissent en avril, sont rougeâtres.

Cette espèce est assez commune en Italie et en Asie, sur les collines qui bordent la Méditerranée. On la désigne quelquefois sous le nom de *Frêne d'Alep*.

Les deux frênes qui précèdent sont rustiques. Ils végètent bien sur les sols arides et pierreux en Italie, dans la Calabre et la Sicile. On les propage à l'aide de leurs graines, qui arrivent à maturité en automne. Ces semences sont semées en pépinières aussitôt qu'elles ont été récoltées ou au commencement du printemps. On repique les plants quand ils ont une année, pour les planter à demeure lorsqu'ils ont trois, quatre ou cinq années de végétation. Conme ces frênes demandent beaucoup d'air et de chaleur, on les espace de 2 à 3 mètres les uns des autres.

La manne pour laquelle on les cultive exsude naturellement des troncs et des branches depuis la mi-juin jusqu'à la fin de juillet. On croit en Sicile que cet épanchement a pour cause des piqûres faites par la cigale dite *Cicada* ou *Tetigonia orni*. Le suc sirupeux qu'on récolte alors tous les matins est concret et blanc jaunâtre; il est soluble dans l'eau et sa saveur est douce et un peu nauséabonde. C'est depuis midi jusqu'au soir qu'il s'écoule, et c'est pendant la nuit qu'il s'épaissit et prend de la solidité. Après l'avoir récolté, on le fait sécher au soleil. La manne ainsi obtenue est dite *manna di spontana*.

Lorsqu'au commencement d'août le suc cesse de s'épancher en dehors des troncs et des branches, on incise leurs écorces pour obtenir un écoulement artificiel. Le suc ainsi obtenu est aussi enlevé tous les deux jours; mais la manne qu'il constitue et qu'on nomme *manna forzatella* n'est pas aussi blanche que la première. On doit la conserver comme la précédente, dans des caisses fermées, car elle jaunit à l'air.

La manne qui, dans la Calabre, exsude des troncs des frênes, est dite *manna di corpo;* celle qui provient des feuilles est connue sous le nom de *manna di fronde*.

Le commerce distingue trois sortes de manne :

1° La *manne en larmes,* qui est la plus belle et la plus pure, et qu'on récolte pendant les fortes chaleurs, c'est-à-dire en juin et juillet; elle se présente sous forme de morceaux cristallisés, granuleux et blanchâtres.

2° La *manne en sorte*, qui résulte des incisions en août et qu'on récolte en septembre et octobre.

3° La *manne grasse*, qui est molle, gluante, jaune-brun et à laquelle sont souvent alliés du sable et des débris végétaux. Cette manne commune est celle qu'emploie la médecine vétérinaire.

La manne est un purgatif très doux. Elle se présente sous forme de larmes ou de grumeaux blanchâtres ou jaunâtres plus ou moins développés. Elle est soluble dans l'eau. La manne en sorte est souvent désignée sous les noms de *manne des Calabres, manne des Romagnes, manne de Rome*.

La manne est expédiée de Sicile dans des caisses dont le poids varie de 50 à 120 kilog. suivant sa qualité. Celle qui provient de la Calabre et qui est moins belle que la précédente est contenue dans des caisses qui ne pèsent que 25 à 30 kilogrammes.

La manne exsudée du frêne à fleur et du frêne à feuille ronde n'a pas de rapport avec la manne dont parle l'Exode, chap. XVI, et le livre des Nombres.

La manne produite par le frêne est différente du suc qui provient des feuilles du *mélèze d'Europe* (LARIX EUROPŒA), qu'on nomme *manne de Briançon,* et qui se présente sous forme des petits grains jaunâtres.

La *manne du Liban* est exsudée de l'écorce et des feuilles du cèdre du Liban (LARIX CEDRUS). Elle a peu d'importance en Europe.

CHAPITRE VIII.

ABSINTHE.

ARTEMISIA ABSINTHIUM, L, ABSINTHIUM OFFICINALE, Norb.

Plante dicotylédone de la famille des Composées.

Anglais. — Wormwood.
Allemand. — Wermuth.
Hollandais. — Alsem.

Italien. — Assenzie.
Espagnol. — Axenjo.
Portugais. — Lasna.

Mode de végétation. — Composition. — Terrain. — Culture. — Récolte. — Séchage des tiges. — Produit par hectare. — Valeur commerciale. — Usages.

La *grande absinthe* ou *absinthe amère* est très ancienne. Galien a vanté ses vertus ; il la regardait comme un puissant tonique. Depuis longtemps aussi, on connaît ses propriétés vermifuges.

Cette plante est indigène en France, mais elle est cultivée comme plante médicinale dans plusieurs contrées de l'Est, notamment dans les vallées du Doubs et du Drugeon, à Pontarlier, Rontaud, Dammartin, Montbenoît, Arçon, etc. On en rencontre aussi des cultures assez importantes dans la vallée de la Loue et aux environs de Besançon. Enfin, on en voit de grandes cultures à Couvet (Suisse).

Mode de végétation.

L'absinthe (fig. 51) est vivace ; elle a des racines ligneuses et pivotantes. Sa tige est droite, haute de $0^m,70$ à 1 mètre, dure, cannelée, rameuse, d'un gris rougeâtre, et remplie d'une moelle blanche. Ses feuilles sont alternes, et d'un beau vert en dessus et argenté en dessous, douces au toucher; les inférieures sont pétiolées et tripinnatifides, les supérieure sont sessiles et pinnatifides. Ses fleurs sont petites, globuleuses, jaunâtres, et disposées en grappes axillaires; elles s'épanouissent en août et septembre. Les semences sont solitaires et sans aigrettes.

Fig. 51. — Grande absinthe.

Toutes les parties ont une odeur forte, aromatique et une amertume proverbiale.

La *petite absinthe* (ARTEMISIA PONTICA) est aussi utilisée dans la fabrication de la liqueur d'absinthe. On la propage en divisant ses vieux pieds, parce qu'elle ne produit pas de graines.

Il existe en Algérie une espèce particulière que les Arabes nomment *chiak* et à laquelle on a donné le nom de *Artemi-*

sia judaica. Cette absinthe est très commune depuis le Tell jusqu'au Sahara.

L'absinthe cultivée dans l'Inde est l'*Artemisia indica.*

Composition.

D'après Braconnot, l'absinthe contient une matière azotée très amère, une substance azotée insipide, une résine très amère, une huile volatile très verte, de la chlorophylle et des sels de potasse.

L'huile essentielle a une très forte odeur, mais elle n'est pas amère. Elle se fonce et s'épaissit en vieillissant. Sa densité est de 0,929. On l'obtient incolore en la rectifiant sur de la chaux.

Terrain.

L'absinthe doit être cultivée sur un terrain sec, profond, argilo-calcaire, et exposé à l'Est. Elle réussit bien dans les vallées où le sol est de consistance moyenne et surtout sur les coteaux perméables et pierreux.

Culture.

On la multiplie de graines ou par éclats de vieux pieds, mais comme les graines ne germent pas toujours facilement, on préfère souvent la propager par plants enracinés.

Les semis se font en avril ou mai en pépinière, sur une terre profonde, fraîche et substantielle. Lorsque les plants ont séjourné une année dans la pépinière, en avril, de l'année qui suit le semis, on arrache les plants et, après avoir habillé ou raccourci leurs longues racines, on les transplante dans un terrain qui a été bien préparé et copieusement fumé. Ces plants, comme les éclats qu'on met souvent en place en octobre, sont plantés à $0^m,33$ de distance, sur les lignes espacées les unes des autres de $0^m,50$ à $0^m,60$.

Chaque touffe comprend deux à trois pieds, afin qu'elle soit aussi développée que possible pendant l'année qui suit la transplantation.

Pendant la végétation de ces jeunes plants, on exécute un ou plusieurs binages, afin que le sol soit toujours meuble et propre. Les années suivantes, on renouvelle ces façons d'entretien aussitôt que le sol et la température le permettent.

En général, chaque récolte est suivie par un binage exécuté par des journaliers ou des tâcherons ou à l'aide de la houe à cheval.

Dans le midi, on opère un arrosage pendant les fortes chaleurs quand cela est possible.

Après quatre années de végétation, les plants forment de larges touffes qui couvrent en grande partie la couche arable. Alors, au mois de septembre, on éclate ces touffes pour planter aussitôt les divisions dans un autre terrain bien préparé et convenablement fertilisé.

Récolte.

La récolte des pousses vertes de l'absinthe se fait en deux fois. D'abord en juin ou juillet, quand les plantes commencent à boutonner, mais bien avant l'épanouissement des fleurs ; ensuite, dans le courant de septembre.

Quelquefois, on opère la première coupe en mai et la seconde en août. A Grasse, la première récolte est faite à la fin de juin et la seconde dans le courant d'octobre.

Dans ces récoltes, il ne faut pas oublier que les feuilles contiennent plus de principes actifs que les fleurs, et que le produit de la première coupe est toujours plus recherché que celui de la seconde.

On doit couper les tiges avec une serpette, ou mieux

avec une faucille à lame unie, à 0^m,04 ou 0^m,05 du sol, c'est-à-dire au-dessus du collet. Les tiges ont alors 0^m,35 à 0,^m50 de hauteur.

Lorsqu'on les livre fraîches aux distillateurs ou au commerce, on les réunit en bottes de 15 à 20 kilog.

L'absinthe qui doit être vendue sèche est portée tout de suite dans un grenier ou un *séchoir*. Toute tige qui reste exposée sur le sol à l'action d'un soleil ardent, perd assez facilement ses feuilles et une partie de sa valeur commerciale. Pendant cette opération, on doit prendre toutes les précautions nécessaires pour éviter la chute des feuilles.

Les séchoirs comprennent des étagères à claire-voie et séparées les unes des autres de 0,^m33 environ. Des ouvertures spéciales, ménagées dans les lucarnes ou la toiture, permettent d'établir une ventilation suffisante pour que la dessiccation des tiges et des feuilles soit terminée dans l'espace d'un mois ; les fortes tiges sont les plus difficiles à sécher.

L'absinthe est bien sèche quand toutes ses parties présentent une coloration vert légèrement jaunâtre. Cette absinthe a moins de propriétés que l'absinthe fraîche, mais son expédition à de grandes distances offre plus de sécurité.

Avant de livrer l'absinthe desséchée au commerce, on la met en bottes de 5 à 10 kilog. ou on la divise en fragments de 0^m,15 environ de longueur, à l'aide d'un couteau à levier fixé à une table par l'une de ses extrémités. Le tranchant de la lame doit être bien affilé. L'absinthe, qui a été ainsi divisée, est mise en balles de 80 à 100 kilogrammes.

Une culture d'absinthe bien réussie donne par hectare :

	TIGES.	
	Fraîches.	Sèches.
1re année	12.000 kil.	4.000 kil.
2e —	20.000	6.000
3e —	15.000	5.000

Fabrication de l'absinthe.

L'absinthe sert à fabriquer la liqueur dite *l'absinthe verte*. Voici comment on opère cette fabrication :

On introduit dans un alambic des tiges et des feuilles vertes de la grande absinthe ; on y mêle des graines d'anis et de badiane et on y verse de l'alcool. Après la distillation, on colore en vert le liquide obtenu, avec une infusion de feuilles de menthe, de mélisse et d'hysope. Cette coloration se fait lorsque le liquide est encore chaud. Celui-ci est alors trouble et a un goût peu agréable. Après avoir séjourné dans un foudre pendant quarante à cinquante jours, il s'éclaircit et perd de son mauvais goût.

L'hiver, l'absinthe ainsi fabriquée se trouble un peu, parce que l'huile essentielle qu'elle contient, étant moins soluble à froid qu'à chaud, se précipite un peu sous l'influence du froid.

Quelquefois, l'absinthe renferme des traces de sulfate de cuivre qui rend la couleur verte un peu blanchâtre.

L'absinthe est une liqueur alcoolique, aromatique non sucrée. L'*absinthe suisse*, qui est d'un très beau vert, titre 72°, l'*absinthe fine* 65°, et l'*absinthe demi-fine* 60°.

Cette liqueur est de mauvaise qualité quand elle ne titre que 50 degrés.

3° Trente kilog. de tiges vertes et 60 à 70 kilog. d'eau fournissent, en moyenne, 30 litres d'absinthe.

L'*extrait d'absinthe* donne lieu, à Pontarlier, à Lyon et à Montpellier, à un commerce considérable ; il est de bonne qualité quand il pèse 27°, et lorsque sa teinte verte tire sur le jaune ou sur la couleur de l'opale.

On emploie l'absinthe en médecine comme vermifuge, tonique et fébrifuge. Elle sert aussi à préparer le vin, le sirop, la tisane et l'eau d'absinthe, le baume tranquille, la poudre vermifuge.

Les brasseurs substituent parfois l'absinthe au houblon ; la bière qui en résulte est très enivrante.

On remplace quelquefois la grande absinthe par deux autres espèces :

1° La *petite absinthe* ou *absinthe pontique* (ARTEMISIA PONTICA, L.), plante commune dans les Alpes.

2° Le *génépi* ou *armoise en épi* (ARTEMISIA SPICATA, Jacq.), espèce très rustique et très commune dans les Pyrénées, les Alpes, la Suisse et la Savoie. Cette dernière espèce possède toutes les propriétés médicales de la grande absinthe.

C'est l'abus qu'on fait de l'absinthe qui produit l'alcoolisme. Chaque fois qu'on boit un verre de cette liqueur, on absorbe de 50 à 100 grammes d'essences diverses.

Valeur commerciale.

Les tiges vertes de cette composée valent de 8 à 10 fr. les 100 kilog. Le prix de l'absinthe sèche varie de 22 à 28 fr. les 100 kilogrammes.

Les *feuilles sèches dites majeures* sont vendues à Paris 0 fr. 50 à 0 fr. 60 le kilog. Le prix des *feuilles sèches dites mineures* est de 0 fr. 90 à 1 fr. le kilog. Les *feuilles sèches majeures de Suisse* valent de 0 fr. 70 à 0 fr. 80 le kilogramme.

L'*essence d'absinthe supérieure* se vend Paris de 70 à 80 fr. le kilog.; la valeur de l'*essence d'absinthe du Midi* ne dépasse pas 40 à 50 fr. le kilogramme.

CHAPITRE IX.

CAMOMILLE ROMAINE.

ANTHEMIS NOBILIS, L.; ANTHEMIS ODORATA.

Plante dicotylédone de la famille des Composées.

Anglais. — Roman chamomille.   *Italien.* — Camomilla romana.
Allemand. — Rœmische kamille.   *Espagnol.* — Manzanilla.

Mode de végétation. — Composition. — Culture. — Récolte. — Fraude.
Valeur commerciale. — Usages.

La camomille romaine est connue depuis les temps les plus reculés. Les Égyptiens et les Grecs connaissaient ses propriétés thérapeutiques.

Cette plante, que l'on nomme souvent *camomille odorante*, est commune dans les lieux secs, chauds et sablonneux du centre et du midi de la France.

On la cultive en plein champ en Italie, en Espagne et en France. La variété à fleurs doubles a des propriétés thérapeutiques moins prononcées que l'espèce à fleurs simples.

Mode de végétation.

La camomille romaine (fig. 52) a des racines fibreuses. Ses tiges, hautes de $0^m,30$ à $0^m,40$, sont un peu rameuses, velues, faibles et rarement dressées. Ses feuilles sont pétiolées, glabres, composées de nombreuses lanières, courtes et bordées de dents aiguës. Ses fleurs sont blanches, solitaires et longuement pédonculées; elles s'épanouissent de juillet à septembre.

Les fleurs de la camomille romaine ont une odeur aroma-

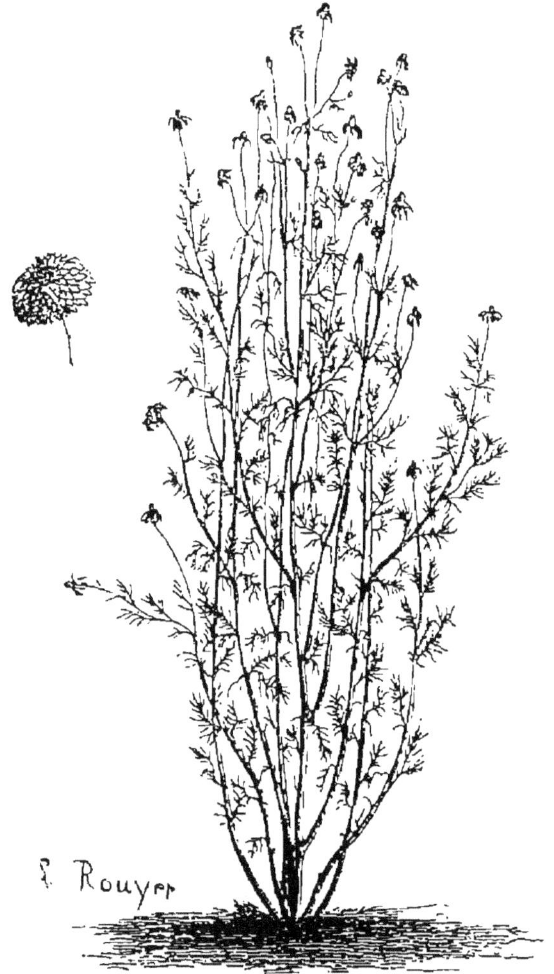

Fig. 52. — Camomille romaine.

tique très agréable, et une saveur amère, chaude et balsamique.

On en extrait une huile essentielle très fluide, d'une couleur verte peu foncée, qui disparaît avec le temps. Sa densité est de 0,924.

Culture.

Cette plante ne peut être cultivée que sur des terres légères, perméables, fraîches et substantielles. Elle redoute les sols froids, humides et compacts.

On la multiplie par éclats de vieux pieds qu'on sépare en automne. Ces divisions sont mises aussitôt en pépinière.

Au printemps suivant, au mois de mars ou d'avril, et lorsque les éclats sont enracinés, on les met en place sur un terrain préparé. On les plante en lignes. Ils doivent être espacés en tous sens de $0^m,25$ à $0^m,30$.

Pendant l'été, on opère les binages nécessaires, et on arrose pendant les fortes chaleurs, si les circonstances l'exigent et le permettent.

L'année suivante, on répète les mêmes soins d'entretien.

Tous les trois ou quatre ans on arrache les pieds, on les divise, et on exécute une nouvelle plantation sur un autre champ de même nature.

Récolte.

La camomille romaine fleurit abondamment à partir de la deuxième année.

La récolte des fleurs commence au mois de juin et se continue jusqu'en septembre.

Les premières fleurs sont demi-doubles, mais celles qui leur succèdent sont entièrement pleines et d'une blancheur remarquable.

On les cueille avant qu'elles soient complètement ouvertes.

A mesure qu'on les récolte, on les fait sécher à l'abri de la pluie et du soleil, sur des châssis garnis d'une toile sur laquelle on a collé du papier gris. On doit avoir la précaution de ne pas les exposer à la poussière et de les déposer dans un endroit humide.

Quand les fleurs sont bien sèches, on les emballe dans des tonneaux revêtus intérieurement de papier collé, qu'on place ensuite dans un local obscur, ni trop sec ni trop humide.

On a soin, pendant l'emballage, de rejeter les fleurs qui ne sont pas d'un beau blanc, et celles qui sont sans arome ou qui ont été mal desséchées.

Les agriculteurs qui cultivent la camomille romaine la vendent quelquefois à l'état frais. Alors, ils coupent les tiges avant l'apparition des boutons, et les réunissent ensuite en petites bottes.

Les plantes ainsi récoltées sont livrées aux pharmaciens, aux herboristes ou aux distillateurs.

100 kilog. de fleurs fraîches donnent 34 à 34 kilog. de fleurs sèches.

100 kilogr. de fleurs nouvellement récoltées produisent 130 à 180 grammes d'huile essentielle.

On fraude souvent les fleurs sèches de la camomille romaine en y mêlant des fleurs de *matricaire*, de *maroute*, de *fausse camomille*. Cette sophistication est facile à constater, si on se rappelle que les fleurs de la camomille romaine n'ont pas d'appendice jaune à la base des demi-fleurons.

Le prix des fleurs séchées varie entre 2 et 2 fr. 50 c. le kilog. L'essence de camomille se vend 200 fr. le kilog. Elle nous vient principalement de l'Allemagne.

Usages.

Les fleurs de camomille romaine sont toniques, stimulantes, carminatives, fébrifuges et antispasmodiques.

L'essence de camomille est utilisée en pharmacie, pour usage externe.

Succédanés de la camomille romaine.

La *matricaire officinale* (PYRETHRUM PARTHENIUM, L.) est vivace et assez commune dans les jardins. On la cultive pour l'élégance de ses fleurs qui apparaissent de juillet à septembre et qui doublent très facilement.

Les fleurs doubles sont plus stimulantes que les fleurs simples.

Cette plante développe une odeur pénétrante. On la multiplie au moyen de semis exécutés, en avril ou mai à une exposition chaude et abritée. On la met en place à la fin du printemps.

La *matricaire camomille* (MATRICARIA CHAMOMILLA, L.) est bisannuelle et abonde dans les moissons, les champs cultivés et les lieux pierreux. Ses fleurs possèdent à un faible degré les propriétés des fleurs de la camomille romaine.

Les fleurs de la *matricaire des champs* ou *fausse camomille* (ANTHEMIS ARVENSIS, L.) ont une amertume très prononcée et sont fort peu antispasmodiques. On les mêle quelquefois aux fleurs de la camomille romaine. Cette matricaire est commune dans les champs incultes et les moissons.

CHAPITRE X.

DATURA OU STRAMOINE.

DATURA.

Plante dicotylédone de la famille des Solanées.

Anglais. — Datura. *Indien.* — Umallai.
Allemand. — Steechapfel. *Sanscrit.* — Dhustura.

Les stramoines appartiennent bien aux plantes médicinales par leurs feuilles et leurs graines, qui sont à la fois narcotiques et vénéneuses.

Les espèces qui intéressent la pharmacie sont au nombre de quatre :

1. Datura stramonium.

Cette espèce, appelée *pomme épineuse* et *Datura capensis,* est indigène en France, en Italie, à la Réunion, etc. Elle est herbacée et annuelle et haute de 1 mètre à 1^{m},20 ; ses feuilles sont glabres et ovales ; ses fleurs sont grandes, blanches et dressées ; elles donnent naissance à des capsules hérissées d'aiguillons.

2. Datura tatula.

Ce datura est originaire de l'Amérique septentrionale et répandu à la Martinique ; il est annuel. Sa tige a aussi un mètre de hauteur. Ses fleurs sont violacées ; ses fruits sont épineux.

3. Datura metel ou Datura alba.

Cette espèce est herbacée, pubescente, très rameuse et haute de 0^{m},80 à un mètre. Ses feuilles sont ovales et dentées ; elles développent une odeur peu agréable quand on les froisse. Ses fleurs sont grandes, blanches et odorantes ; ses fruits presque ronds sont gros, hérissés de pointes longues et aiguës. Ce datura est commun en Cochinchine et dans les Indes orientales.

4. Datura fastuosa.

Cette espèce dite *datura noir, datura d'Égypte*, est très cultivée en Égypte et dans l'Inde. Elle a l'aspect d'un petit arbrisseau. Sa tige est rouge-brun ; ses feuilles sont alternes, ovales aiguës et dentées. Les fleurs axillaires exhalent une odeur très suave ; elles sont violettes en dehors et blanc jaunâtre en dedans ; ses fruits capsulaires sont moins développés et leurs pointes sont plus courtes.

Les fleurs des daturas sont grandes et ont la forme d'un entonnoir.

Les espèces précitées se propagent par leurs semences ; elles exigent des terrains riches en humus. Les semis ont lieu aussitôt qu'on n'a plus à craindre de gelées tardives ou après la saison des pluies. On les exécute en pépinière ou en place. Les plants doivent être espacés les uns des autres de $0^m,75$ à 1 mètre en tous sens.

Les feuilles et les semences des daturas constituent des calmants et des narcotiques puissants. Leur action est due à la *daturine* qu'ils contiennent. Ces feuilles et ces graines sont toxiques ou vénéneuses quand on les emploie à fortes doses. Elles entrent dans la préparation du *baume tranquille*. Dans certaines maladies on fume les feuilles sèches des daturas comme on fume celles de la digitale. Dans l'Inde, les natifs emploient souvent les daturas dans un but criminel.

CHAPITRE XI.

PAVOT BLANC.

PAPAVER SOMNIFERUM CANDIDUM.

Plante dicotylédone de la famille des Papavéracées.

Anglais. — White poppy.
Allemand. — Mohn.

Italien. — Papavero domestico.
Espagnol. — Dormidera.

Mode de végétation. — Variétés. — Mode de culture. — Récolte. — Produit par hectare. — Valeur commerciale. — Usages.

Le pavot blanc ou *pavot à fleur blanche*, ou *pavot médicinal*, est connu depuis les temps les plus anciens. Plusieurs auteurs font remonter sa découverte longtemps avant le siècle d'Hippocrate.

Mode de végétation.

Cette espèce de pavot est aussi annuelle. Sa racine est pivotante; ses tiges ont ordinairement plus d'un mètre de hauteur; elles sont cylindriques, glauques et rameuses comme celles du pavot-œillette. Ses feuilles sont amplexicaules, dentées inégalement, et glabres en dessus et en dessous. Ses fleurs sont très grandes, terminales et entièrement blanches. Ses têtes ou capsules (fig. 53) sont moins nombreuses que les têtes des deux variétés qu'on cultive comme plantes oléagineuses, mais elles sont beaucoup plus grosses; elles n'ont pas d'opercules et contiennent des graines blanc jaunâtre.

Variétés.

Le pavot blanc a donné naissance à deux races bien dis-

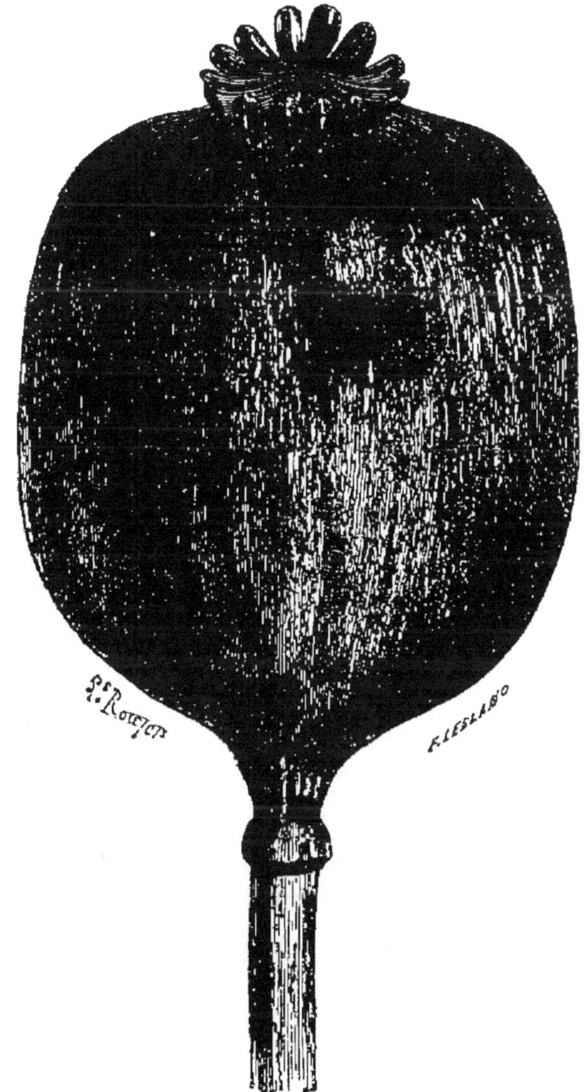

Fig. 53. — Pavot médicinal.

tinctes : 1° à celle qui produit des *capsules oblongues* ou *ovoïdes*, 2° à celle qui fournit des *capsules déprimées* ou un peu aplaties.

La variété à capsules déprimées est recherchée depuis quelques années par la pharmacie. On la cultive à Aubervilliers, près Paris, et dans le canton de Gonesse (Seine-et-Oise). M. Guibourt l'a désignée sous le nom de *papaver album depressum*.

Culture et récolte.

Le pavot médicinal se cultive comme le pavot-œillette. Il demande aussi des terres douces, profondes et substantielles. (Voy. tome Ier.)

Le pavot blanc étant principalement cultivé pour ses capsules, il est utile de ne pas le laisser trop longtemps sur pied. Les têtes bien mûres qui restent exposées à l'action des pluies prennent une teinte brunâtre ou se couvrent çà et là de taches brunes ou noires. Les capsules qui ont été ainsi altérées perdent beaucoup de leur valeur commerciale.

On récolte les capsules au fur et à mesure qu'elles mûrissent, en ayant soin de leur laisser une portion des tiges qui les portent longue de 0^m,20 à 0^m,30.

On les réunit ensuite en *glanes* ou chapelets de 50,100, et on les suspend dans des greniers ou des bâtiments à l'abri des rats et des souris.

Lorsqu'elles sont sèches, on les livre au commerce.

Suivant M. Cazin, les capsules recueillies dans le Midi un peu avant leur complète maturité, séchées à l'ombre et mises en caisse, se vendent comme têtes de *pavot blanc du Levant*.

Un pied de pavot blanc produit en moyenne 4 à 6 têtes. Comme un hectare ne contient pas au delà de 50.000 pieds, il en résulte qu'il fournit de 250.000 à 30.000 capsules ayant une valeur brute maximum de 2.000 à 2.500 fr.

Valeur commerciale.

Les têtes les plus estimées par le commerce sont celles qui ont une forme ronde. C'est par erreur que l'on répète que les capsules oblongues sont employées de préférence en médecine. On n'utilise ces dernières têtes qu'à défaut d'autres, et dans le commerce elles se vendent plus difficilement.

La *glane* se vend ordinairement comme suit :

```
Les grosses têtes.........  de  3 fr.      à 3 fr. 50
Les têtes moyennes .........     1 fr. 75 à 2 fr. »
Les petites têtes.............    0 fr. 94 à 1 fr. 25
```

Les têtes de pavot récoltées dans le centre et le nord de la France jouissent des mêmes propriétés médicinales que les têtes que l'on obtient dans les provinces méridionales.

Usages.

Les têtes sèches du pavot blanc servent à faire des décoctions calmantes, des infusions, des lotions narcotiques, ou à préparer le *sirop de diacode*. Leurs graines ne jouissent pas de propriétés narcotiques, mais on en extrait une huile grasse.

CHAPITRE XII.

CURCAS PURGATIF OU MÉDICINIER.

Curcas purgans, Jatropha curcas.

Plante dicotylédone de la famille des Euphorbiacées.

Cette Euphorbiacée est originaire de l'Amérique tropicale ; elle existe à la Guadeloupe, à la Réunion, au Sénégal, au Gabon, en Cochinchine. Elle occupe d'importantes surfaces dans l'Inde et dans les îles du Cap-Vert.

Cette plante est élégante et a le port d'un petit arbre ; mais elle développe une odeur vireuse peu agréable. Sa tige est arrondie, grisâtre et grosse comme le bras ; ses feuilles sont alternes, larges et longuement pétiolées ; ses fleurs sont pâles, jaunes et disposées en cymes corymbiformes ; les fleurs mâles sont terminales et les fleurs femelles axillaires ; elles produisent des fruits à trois coques monospermes contenant chacune une semence noire.

Les semences du curcas fournissent une huile très purgative. C'est pourquoi on désigne souvent ces graines sous les noms de *Pignon de l'Inde, noix des Barbades, Pignon de Barbarie, noisette purgative.*

A côté de cette espèce se rangent trois autres curcas :

1. Le *Jatropha glauca,* qui est indigène dans les terres incultes à Pondichéry. Cet arbrisseau, d'un mètre de hauteur, est ramifié ; les feuilles sont à 3 ou 5 lobes ovales et dentés en scie ; ses fleurs jaune foncé sont en corymbes ; les graines assez arrondies qu'elles produisent sont fauves avec des taches noires ou brunes.

2. Le *Jatropha glandulifera* est cultivé dans la province de Madras. Sa tige est aussi rameuse ; elle est rouge foncé et haute d'un mètre ; ses graines couleur café au lait, avec des taches foncées, sont un peu aplaties.

3. Le *Jatropha multifida* est répandu dans l'Amérique méridionale. Il a le port d'un grand arbrisseau. Ses fleurs sont écarlates ; ses fruits ont la grosseur d'une petite noix ; ils contiennent des graines qui sont purgatives et qui peuvent occasionner la mort.

L'huile qu'on extrait des semences de ces quatre espèces est jaune pâle ou jaune foncé. Sa densité égale 0,963. Elle devient solide à — 4° ou — 5°.

Cette huile a une saveur âcre ; comme l'huile de ricin, elle est très purgative et constitue un émétique très actif. Prise à dose élevée, elle devient un poison violent.

Un kilog. de graines contient, en moyenne, 460 grammes d'épisperme et 540 grammes d'amande. Ces graines donnent de 25 à 30 pour 100 de leur poids en huile.

Le curcas purgatif est connu au Sénégal sous les noms de *Pourguère, pulghère,* et *pangueira.* C'est pourquoi son huile est appelée dans le commerce *huile de Pulghère.*

Cette huile a des propriétés industrielles. On l'emploie dans l'éclairage parce qu'elle brûle bien. On l'utilise aussi pour lubrifier ou graisser les machines ou pour fabriquer les savons marbrés de Marseille.

Les feuilles du curcas purgatif, à cause de leurs propriétés rubéfiantes, servent à faire des cataplasmes.

Ces diverses euphorbes ne peuvent être cultivées que dans les Antilles, au Mexique, dans les Indes. On les propage par leurs graines semées en place ou en pépinière. Elles demandent des localités à la fois très chaudes et un peu humides.

CHAPITRE XIII.

CASSE OU CANÉFICIER.

CASSIA.

Plante dicotylédone de la famille des Légumineuses.

Les espèces qui appartiennent au genre canéficier, et qui fournissent les produits que la médecine utilise comme purgatif sous les noms de *casse*, de *séné* ou de *follicules*, sont assez nombreuses. Toutes appartiennent aux pays chauds.

1. CASSE. — Sous ce nom on désigne la gousse de plusieurs cassias. Ce fruit est cylindrique et noirâtre et long de 0^m,50 ; il renferme une pulpe noirâtre qui enveloppe les graines, qui est un peu sucrée, mais très laxative.

Les cassias sont répandus en Égypte, dans l'Éthiopie, les Indes, la Cochinchine, les Antilles, etc.

La casse est produite par trois espèces principales :

1. Le *Cassia fistula* est originaire des Philippines et est connu en Europe depuis 1731. Le séné que fournit la *casse fistuleuse* ou *casse purgative*, est utilisé à Constantinople depuis le treizième siècle.

Cet arbre est ornemental ; il atteint de 4 à 7 mètres de hauteur. Son tronc est gris cendré. Ses feuilles sont composées de 4 à 8 paires de folioles ovales, oblongues et glabres ; ses fleurs jaunâtres, odorantes et nombreuses, sont en grappes lâches et axillaires. Ses gousses sont pendantes, cylindriques, lisses et longues de 0^m,50 à 0^m,60 : on y remarque intérieurement des cloisons ligneuses, minces et transversales.

Cette espèce est commune en Cochinchine, au Brésil, au Mexique, dans les forêts de l'Inde jusque dans l'Hymalaya, aux îles Philippines, à Bornéo dans la Malaisie.

2. Le *Cassia Brasiliana* ou *cassia Jamaica* ou *canéficier du Brésil*, croît au Brésil, à la Guyane, à la Martinique, etc. Cet arbre atteint 10 mètres de hauteur. Ses feuilles sont composées de 10 à 15 paires de folioles oblongues ; ses fleurs roses sont en grappes lâches ; ses gousses sont rugueuses, comprimées, recourbées en sabre, et longues de 0^m,50 à 0^m,60.

La casse fournie par cette espèce est utilisée en Amérique ; on ne l'importe pas en Europe.

3. Le *Cassia emarginata* existe à la Jamaïque et la Martinique. Cet arbre atteint 5 mètres de hauteur ; ses feuilles sont composées de 2 à 4 paires de folioles oblongues, obtuses et échancrées ; ses gousses sont linéaires, glabres, luisantes ; leur pulpe est purgative.

2. SÉNÉ. — Le séné se compose de feuilles sèches et isolées qui varient de forme suivant les espèces qui les ont produites.

Les espèces les plus intéressantes sont au nombre de quatre :

1. Le *Cassia Ethiopica* ou *Cassia ovata*, qui croît en Afrique, dans la Nubie, l'Abyssinie, le Darfour. Cette espèce est le *Senna genuina* de Batka et le *Cassia lenitiva obtusifolia* de Bischoff.

Le séné que produit cette casse est importé à Tripoli du centre de l'Afrique. On le nomme *séné de Tripoli, séné d'Afrique, séné de Sennaar.*

2. Le *Cassia obovata* ou *Cassia obtusa*, est répandu dans la haute Égypte, la Syrie, l'Arabie, le Sénégal, l'Inde. Son rhizome est vivace et sa tige herbacée. Ses feuilles sont composées de 4 à 7 paires de folioles oblongues, ovales et obtuses. Ses fleurs sont jaune pâle et en épis axillaires ; ses

gousses oblongues, peu arquées, presque réniformes et très comprimées, sont aussi larges que longues.

Cette espèce fournit le *séné d'Alep*, le *séné du Sénégal*, le *séné de Syrie*, le *séné de la Thébaïde* et le *séné d'Égypte*. Dans l'Inde, elle remplace le CASSIA OFFICINALIS.

3. Le *Cassia acutifolia* ou *Cassia lanceolata* est originaire de l'Afrique. Il existe dans la haute Égypte, dans la Nubie et les Indes orientales. Il constitue un sous-arbrisseau. Ses feuilles ont de 5 à 7 paires de folioles membraneuses, lancéolées et aiguës; les gousses sont glabres, oblongues, étroites, minces et un peu arquées.

Cette espèce fournit le *séné d'Alexandrie*, le *séné de l'Inde*, le *séné de Bombay*, le *séné de Madras*.

4. Le *Cassia orientalis*, ou *Cassia lanceolata*, ou *Cassia elongata*, ou *Senna angustifolia* ou *Senna officinalis*, croît en Arabie, en Égypte, et dans l'Inde. C'est un sous-arbrisseau peu élevé. Ses feuilles, à 3 ou 4 paires de folioles ovales et lancéolées, sont un peu coriaces. Ses fleurs, en grappes axillaires et terminales, ont une belle couleur jaune. Ses gousses sont oblongues, allongées, lisses, aplaties et un peu recourbées; leur centre est noirâtre.

Les feuilles de cette espèce constituent le *séné de Moka*, le *séné de La Mecque*, le *séné de Sonamukki* des Hindous et le *séné de Tinnevelly* (Inde).

Le séné dont on fait usage en Amérique provient du *Cassia cathartica* qui croît au Brésil, du *Cassia ligustrina* qui est répandu dans la Virginie et à Cayenne, et du *Cassia orientalis* ou *emarginata*, qui est commun à la Jamaïque.

3. FOLLICULES DE SÉNÉ. — Les follicules de séné sont de petits fruits ou gousses de cassias aplaties, étroites, arquées, membraneuses, brunâtres, longues de $0^m,04$ à $0^m,06$ et larges de $0^m,01$ à $0^m,03$; elles ont deux valves et présentent intérieurement une suite de petites loges contenant chacune une graine rappelant un peu un pépin de raisin.

Les *follicules* de séné ont diverses origines. Les *follicules de Tripoli* viennent du Cassia ethiopica par le cassia angustifolia ; les *follicules de la Palte*, du Cassia lanceolata, et les *follicules de Moka*, les *follicules d'Alep et de Syrie*, du Cassia obovata.

Les follicules varient, comme les feuilles, en longueur et en largeur. Celles du C. lanceolota ont de $0^m,045$ à $0^m,050$ de longueur et $0^m,025$ de largeur ; du obtusifolia, 0^m035 de longueur et $0^m,018$ de largeur ; du obovata, $0^m,040$ de longueur et $0^m,014$ de largeur ; du angustifolia, $0^m,035$ à $0^m,050$ de longueur et $0^m,015$ de largeur.

Les cassias exigent un climat chaud et un sol profond et fertile. On les propage à l'aide de boutures ou de leurs graines qu'on sème en pépinière. Les plants provenant de ces semis sont mis en place, quand ils ont deux à trois ans de végétation.

Le séné est importé en balles. Les feuilles qui le constituent sont sèches, vert jaunâtre, avec une saveur âcre et un goût un peu amer. On les récolte dans la haute Égypte en septembre ou octobre. Dans diverses contrées, on opère deux récoltes de gousses ou de feuilles chaque année. Les follicules sont toutes sèches, aplaties, vertes ou brunâtres.

Le séné du Sénégal est peu recherché.

SIXIÈME PARTIE.

LES PLANTES FUNÉRAIRES.

Sous le nom de *plantes funéraires*, j'ai réuni l'immortelle d'Orient, l'immortelle blanche et la plante connue sous le nom de larmes de Job. Les deux premières servent à faire les couronnes qu'on dépose sur les tombeaux, et la troisième à confectionner des chapelets.

Ces plantes ne sont pas les seules qui symbolisent le deuil. A côté d'elles se placent le cyprès pyramidal, l'if, le thuya, puis la pensée, la scabieuse, le romarin, le basilic et l'amarante à épis pleureurs, qu'on plante près des tombeaux pour honorer la mémoire des morts.

Le cadre que j'ai adopté ne me permet pas de dire un mot de chacun des arbres résineux et des plantes florales que je viens de mentionner, et qu'on rencontre souvent dans les cimetières.

Depuis quelques années, on a un peu abandonné les couronnes d'immortelles pour les remplacer par des couronnes de fleurs naturelles ou artificielles, substitution qui occasionne souvent des dépenses élevées qui ne sont nullement justifiées, parce qu'elles ont une durée très éphémère.

CHAPITRE PREMIER.

IMMORTELLE D'ORIENT.

HELICHRYSUM ORIENTALE, Tourn. — GNAPHALIUM ORIENTALE, L.

Plante dicotylédone de la famille des Composées.

Historique. — Mode de végétation. — Climat. — Terrain. — Récolte des fleurs. — Opérations qui suivent la récolte. — Produit. — Valeur commerciale. — Immortelles à teintes artificielles. — Usages.

Historique.

L'immortelle d'Orient, que l'on désigne souvent sous les noms d'*éternelle, immortelle jaune*, est connue en Europe depuis 1629. On la croit originaire de l'île de Crète.

Cette plante n'est cultivée comme plante industrielle que depuis 1815. Avant cette époque, elle n'était connue que comme plante d'agrément. Alors, on conservait ses fleurs dans les appartements, ou on les utilisait dans l'ornement des églises, comme cela a lieu encore en Portugal.

Aujourd'hui, elles servent à faire les couronnes qui ornent les tombeaux.

L'immortelle est cultivée en grand à Ollioules, Valette, Solliès, Saint-Nazaire et à Bandols (Var), villages abrités des vents du nord par les hautes montagnes qui bordent, à quelques kilomètres, le littoral de la Provence.

M. Laure a calculé, en 1835, que le nombre de pieds qui existaient dans l'arrondissement de Toulon (Var) dépassait un million ; mais à cette époque, ces plantations nombreuses ne fournissaient pas toutes les immortelles dont la

France avait alors besoin. Chaque année, le commerce en importait pour 800.000 à 900.000 fr. de la Sicile et des îles Ioniennes.

Mode de végétation.

L'immortelle d'Orient est vivace (fig. 54). Ses feuilles

Fig. 54. — Immortelle d'Orient.

radicales sont obtuses, blanchâtres, et forment des touffes ayant quelquefois de $0^m,30$ à $0^m,40$ de diamètre. Elle produit des tiges tortueuses ou ascendantes, simples ou légèrement ramifiées, un peu ligneuses à leur base, hautes de 0ᵐ,50 à 0ᵐ,66, et munies de feuilles sessiles, linéaires, molles, cotonneuses et longues de 0ᵐ,05 à 0ᵐ,07. Les tiges portent à leur sommet des capitules longuement pétiolés et disposés en corymbe irrégulier et composé. Les involucres ont une consistance scarieuse; leurs folioles sont luisantes et d'un beau jaune doré.

Cette plante végète presque continuellement, mais elle ne développe ordinairement ses tiges que vers le milieu du printemps. Quant à ses fleurs, elle les épanouit pendant le mois de juin et juillet ou au plus tôt dans la seconde quinzaine de mai.

Les champs qu'elle occupe présentent, lorsqu'elle est en fleur, un aspect remarquable à cause de la couleur blanchâtre des feuilles qui composent les larges touffes et de la belle couleur d'or des nombreux capitules.

Climat.

L'immortelle d'Orient demande un climat chaud et sec, un sol bien abrité des vents du nord et incliné vers le midi; elle ne peut être cultivée en pleine terre que dans les parties les plus chaudes de la région du Midi.

Sa culture est impossible dans les régions du Centre, de l'Ouest, de l'Est et du Nord.

En général, elle ne résiste pas à 5° au-dessous de zéro.

En 1837, la plupart des pieds d'immortelles périrent sous l'influence du froid qui fut, cette année-là, très violent dans toute la Provence.

Cette plante redoute aussi les fortes rosées et les pluies abondantes et continues. Ces dernières occasionnent la *rouille* sur les feuilles et les tiges, altération qui nuit beaucoup à son développement.

Terrain.

On cultive l'immortelle d'Orient sur des terres légères perméables et caillouteuses reposant souvent sur un soussol rocheux.

Elle réussit très bien sur les gradins exposés au sud, que l'on observe sur les montagnes qui avoisinent le pittoresque village d'Ollioules.

Ordinairement, elle végète mieux sur les sols arides, mais meubles, que sur les terrains argileux et fertiles.

C'est en vain qu'on voudrait la cultiver sur les sols en plaine et les terres humides.

Culture.

On la multiplie de boutures qu'on exécute pendant le mois de juillet, en séparant les vieilles souches.

A cette époque, l'immortelle est presque sèche et pour ainsi dire morte.

Ces boutures, qui ne sont autres que des jeunes, pousses, doivent être plantées très rapprochées, dans un terrain bien ameubli. Dès que cette plantation est terminée ou à mesure qu'on l'exécute, on protège les boutures contre le soleil, si celui-ci est ardent, par les branchages ou ramilles de chêne vert ou d'oliviers.

Cette plantation se fait au moyen d'un plantoir ou à l'aide d'une cheville. On espace les boutures de $0^m,05$ à $0^m,06$ les unes des autres et on enterre leur partie inférieure de $0^m,03$ à $0^m,05$.

Elle est suivie d'un arrosage.

Quinze à vingt jours environ après leur plantation, les boutures ont développé des racines et produit quelques nouvelles feuilles.

La mise en place des boutures enracinées se fait en octobre ou l'année suivante, au mois de février ou mars, lorsqu'on ne redoute plus de gelées.

Le terrain doit être défoncé de $0^m,33$ à $0^m,50$ de profondeur.

On y applique peu de fumier, car ce dernier est plus nuisible qu'utile aux immortelles.

Les pieds doivent être éloignés les uns des autres de $0^m,50$, $0^m,60$ à $0^m,75$. Quelques cultivateurs les plantent à $0^m,30$ seulement, mais cette distance n'est pas assez grande pour que les touffes puissent facilement se développer. L'immortelle qui végète bien produit des touffes ayant $0^m,60$ à $0^m,75$ de diamètre.

Au fur et à mesure que les ouvriers creusent les trous, des femmes y plantent des boutures enracinées, en ayant la précaution de bien couvrir les racines de terre passée à la claie, si elles opèrent sur un terrain pierreux.

On termine la plantation en arrosant tous les pieds.

Plus tard, on exécute un ou plusieurs binages.

Ordinairement, un certain nombre de pieds produisent des fleurs pendant l'été qui suit l'époque de la mise en place. Il est utile de couper ces tiges aussitôt qu'elles apparaissent, afin qu'elles n'affament pas les plantes et nuisent par conséquent à leur développement. Le plus généralement, ce n'est qu'à la deuxième année que l'immortelle commence à donner un produit satisfaisant.

Chaque année, on laboure le sol à la houe et on donne ensuite les binages et les sarclages nécessaires.

On exécute la première opération en mars.

Le premier binage se fait en avril ou mai, avant que les tiges ne soient complètement développées.

Une culture d'immortelles bien conduite et bien entretenue persiste pendant huit à dix années.

L'immortelle d'Orient a pour ennemis les limaces et les

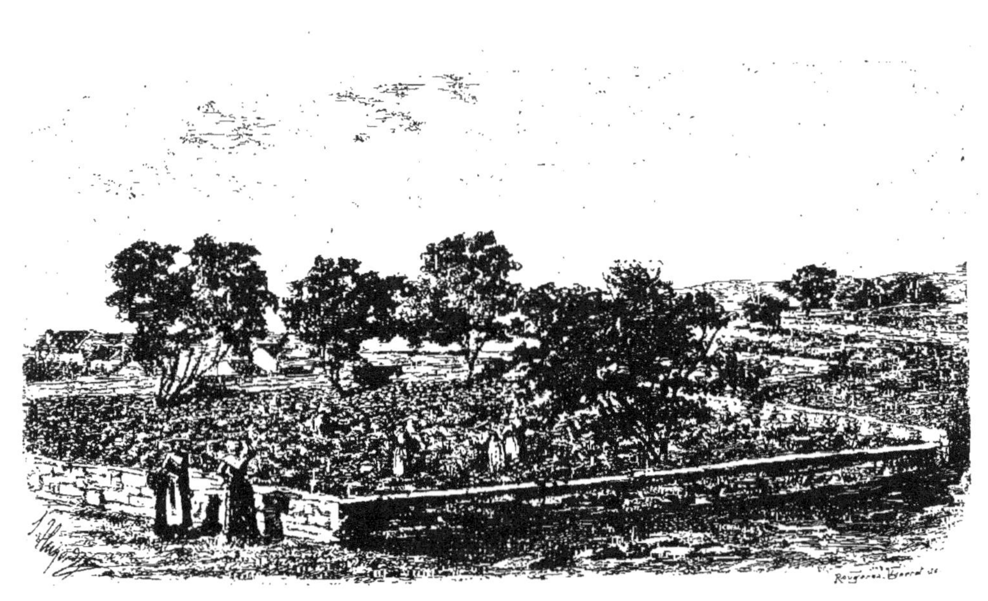

Fig. 55. — Récolte de l'immortelle d'Orient.

limaçons quand les printemps ou les automnes sont humides. Aussi est-il utile souvent de leur faire une chasse sévère soit le soir tardivement, soit le matin de très bonne heure.

Récolte des fleurs.

J'ai dit que l'immortelle d'Orient fleurissait en juin, mais la récolte des fleurs se fait pendant le mois de mai. Quelquefois, elle se prolonge jusqu'en juin.

On coupe les tiges à $0^m,25$ ou $0^m,30$ au-dessous des corymbes, avant l'épanouissement des boutons, c'est-à-dire à mesure que les capitules, qui ont une forme ovoïde, commencent à s'ouvrir et laissent apercevoir un petit trou à leur partie médiane.

On ne doit couper les tiges ni trop tôt ni trop tard. Le commerce refuse les fleurs qui ne sont pas assez formées et celles qui sont trop ouvertes ou trop épanouies.

Cette récolte est toujours confiée à des femmes (fig. 55).

Opérations qui suivent la récolte.

A mesure qu'on coupe les tiges, on les dépose sur les murs en pierres sèches qui enclosent les champs, puis, avant la chute du jour, on les réunit en paquets qu'on suspend les capitules en bas, dans un local aéré mais sombre, pour les faire sécher à l'ombre.

Lorsque les fleurs sont sèches et qu'on n'a point à craindre que, réunies en tas, elles fermentent et s'altèrent, on les confie à des jeunes filles pour qu'elles détachent le duvet ou l'enveloppe blanchâtre qui couvre les ramifications.

Après cette opération, on les met en paquets ou en bottes. On ne compte pas les tiges.

Chaque paquet a $0^m,15$ environ de circonférence à sa partie médiane, et doit peser de 320 à 380 grammes.

Ordinairement, un kilog. contient environ 400 tiges, munies chacune d'une vingtaine de fleurs.

Produit.

Chaque touffe d'immortelles produit, en moyenne, de 60 à 70 brins ou tiges portant de 20 à 30 fleurs.

Un hectare, contenant en moyenne 40.000 touffes, produit chaque année 2.400.000 à 2.800.000 tiges ; 16.000 à 20.000 paquets ; 5.000 à 7.000 kilog. d'immortelles.

En général, l'immortelle ne produit abondamment que tous les deux ans. Ainsi, elle fournit plus de tiges la deuxième, la quatrième, la sixième année, etc., que pendant la troisième, la cinquième, la septième année, etc. Toutefois, les jeunes touffes, par exemple celles qui n'ont qu'une année de plantation, donnent toujours des tiges moins développées, moins garnies de ramifications et de fleurs que les pieds plus âgés.

On emballe les immortelles dans des caisses lorsqu'on les expédie de Toulon à Marseille, Lyon, Bordeaux et Paris. Tous les paquets y sont placés symétriquement, de manière que toutes les fleurs ne soient pas en contact, pour ainsi dire, avec les parois intérieures.

Chaque caisse contient 100 paquets et pèse de 25 à 30 kilogrammes.

Les paquets qu'on ne livre pas au commerce aussitôt que les immortelles sont bien sèches doivent être conservés dans des locaux à l'abri des animaux rongeurs, qui les détériorent aisément.

Valeur commerciale.

Les immortelles se vendent ordinairement au paquet.
Chaque paquet se vend de 15 à 30 centimes.

Quelquefois on les vend au poids. Le prix des 100 kilog. varie entre 80 et 100 fr.

Les négociants qui achètent les immortelles aux paquets, font souvent refaire ces derniers pour diminuer leur grosseur. Ces paquets ne contiennent alors qu'une cinquantaine de tiges, et ils pèsent environ de 120 à 130 grammes.

Les immortelles se teignent de différentes couleurs. Ainsi, on les colore artificiellement en noir, en vert et en rouge ponceau. Cette dernière nuance est très belle, et la plus en vogue dans les contrées méridionales. On l'obtient au moyen d'une dissolution de borax.

Les prix des immortelles teintes varient suivant les couleurs.

Usages.

Les fleurs servent à faire des couronnes et des bouquets. Elles ont la propriété de conserver longtemps leur forme et leur belle couleur naturelle ou leurs nuances artificielles quand elles ne sont pas exposées à l'humidité.

CHAPITRE II.

IMMORTELLE BLANCHE.

GNAPHALIUM MARGARITACEUM, ANTENNARIA MARGARITACEA.

Plante dicotylédone de la famille des Composées.

Cette plante, appelée aussi *Immortelle de Virginie, Antennaire perlée*, est bien connue des jardiniers européens.

Elle est vivace et très traçante. Ses tiges dressées, cotonneuses, hautes de $0^m,40$ à $0^m,50$, portent des feuilles alternes, sessiles et tomenteuses. Ses fleurs, en capitules axillaires et terminaux, sont blanches et disposées en corymbes irréguliers ; elles s'épanouissent en juillet et août.

Cette immortelle végète bien sur les terrains secs, les sols rocailleux exposés au midi. On la multiplie par la division des pieds qu'on opère tous les trois ans au commencement du printemps.

On récolte ses fleurs avant leur complet épanouissement, en coupant les tiges qui les portent à $0^m,20$ environ au-dessus du sol ; puis on les fait sécher dans un local obscur, à l'abri de l'humidité.

Les fleurs de l'immortelle blanche servent, quand elles sont sèches, à confectionner des couronnes mortuaires ou des bouquets d'une longue durée.

CHAPITRE III.

LARMES DE JOB.

Coïx lacryma.

Plante monocotylédone de la famille des Graminées.

Cette plante est ancienne; elle a été signalée par Théophraste. Elle est originaire des Indes et est cultivée pour ses graines, qui ressemblent à de grosses perles un peu oblongues, brillantes, ou à des larmes gris de lin, et avec lesquelles on fabrique des chapelets, des bracelets, des colliers ou des couronnes mortuaires.

Le coïx lacryma produit une touffe assez forte et haute de 0ᵐ,75 à 1 mètre. Ses tiges sont rameuses. Ses feuilles sont planes, rubanées comme celles des millets. Ses fleurs sont disposées en épis fasiculés.

Cette graminée est annuelle. On la sème en place en avril ou mai en espaçant les touffes de 0ᵐ,50. Elle demande un sol léger, fertile, exposé au midi, et de nombreux arrosements pendant les fortes chaleurs. On récolte ses fruits quand ils ont acquis une grande dureté et qu'ils sont luisants. On les nomme alors *Larmes de* Job, *Larmes du Christ* ou *larmilles.*

Les semences du coïx lacryma renferment une fécule alimentaire. Autrefois en Europe, et de nos jours dans l'Inde, on les utilisait comme aliment pendant les temps de disette.

TABLE ALPHABÉTIQUE

DES MATIÈRES.

(Les plantes formant chapitre sont en **lettres grasses;** les noms
scientifiques des plantes sont en *italiques.*)